W0257096

ALLE · ZEIT · WACH
1842

Dieter Osteroth

Biomasse

Rückkehr zum ökologischen Gleichgewicht

Mit 77 Abbildungen

Springer-Verlag
Berlin Heidelberg New York
London Paris Tokyo
Hong Kong Barcelona
Budapest

Dieter Osteroth †

Dr. rer. nat., Diplom-Chemiker
Lehrbeauftragter an der Universität Karlsruhe
und an der Fachhochschule
Lippe in Lemgo
Uhlandstraße 23
4800 Bielefeld 1

ISBN-13:978-3-642-77410-2 eISBN-13:978-3-642-77409-6
DOI:10.1007/978-3-642-77409-6

Die Deutsche Bibliothek – CIP-Einheitsaufnahme
Osteroth, Dieter:
Biomasse : Rückkehr zum ökologischen Gleichgewicht / Dieter Osteroth. – Berlin ; Heidelberg ; New York ; Paris ; Tokyo ; Hong Kong ; Barcelona ; Budapest : Springer, 1992

Satz: Fotosatz-Service Köhler, Würzburg

51/3020 – 5 4 3 2 1 0 – Gedruckt auf säurefreiem Papier

Vorwort

Das vorliegende Buch ist zwar die Fortsetzung meines Buches „Von der Kohle zur Biomasse", bietet seinerseits aber eine in sich geschlossene Abhandlung des Themas „Biomasse". Schon bei der Abfassung des Manuskriptes zum vorausgehenden Buch erkannte ich, daß angesichts der mir vorliegenden Materialfülle dem Thema „Biomasse" eine gesonderte Darstellung zukommen sollte; ich bin daher dem Springer-Verlag dankbar, daß er meine Anregung sofort aufgriff. Die weltweite Diskussion über den Treibhauseffekt und seine (oft sehr unterschiedlich beurteilten) Folgen zeigt deutlich, daß noch viel intensiver darüber nachgedacht werden muß, wie wir den steigenden Bedarf der Weltwirtschaft an Energie und Rohstoffen decken können, ohne gleichzeitig unsere Lebensgrundlagen zu zerstören. Gibt es Alternativen zur Verwendung fossiler Energieträger (Kohle, Erdöl, Erdgas), die im großen Umfang weltweit Anwendung finden und zu einer durchgreifenden Verminderung der CO_2-Emissionen aus fossilen Quellen – Hauptursache des befürchteten Treibhauseffektes – führen können?

Diese Frage darf mit vorsichtigem Optimismus bejaht werden. Die Nutzung von Biomasse (nachwachsenden Rohstoffen) ist nur *eine der Möglichkeiten*, die zur Minderung des CO_2-Ausstoßes führen kann. Hierauf möchte ich mit allem Nachdruck hinweisen, um mich nicht dem (unberechtigten) Vorwurf auszusetzen, in der

Nutzung von Biomasse das Allheilmittel zu sehen. Andererseits bin ich der festen Überzeugung, daß Forschung und Entwicklung auf diesem Gebiet erheblich verstärkt werden müssen.

Zu den alternativen Energiequellen, die zur Minderung der CO_2-Emissionen beitragen, zählt auch die Kernenergie. Professor K. Knizia, angesehener Fachmann für Energiefragen und Vorstandsvorsitzender eines führenden deutschen Energieversorgungsunternehmens, äußerte sich kürzlich zur künftigen Entwicklung: „Kohle wird in weniger als einer Generation wieder die weltweit wichtigste Energiequelle sein und diese Rolle vermutlich über mehr als eine weitere Generation ausfüllen müssen, bevor sie hinter die Kernenergie zurücktreten kann". [1] Diese Meinung muß nachdenklich stimmen: Kernenergie als schließlich weltweit wichtigste Energiequelle?

Vollzieht sich die Entwicklung so, wie sie Knizia voraussieht, bedeutet das folgendes: Das Wirtschaftsmodell der Industriestaaten wird auf die Länder der Dritten Welt übertragen. Ist das aber der richtige Weg, um die tiefe Kluft zwischen den reichen und den armen Ländern zu überbrücken? Unstrittig ist, daß zur Verbesserung der Situation in den Entwicklungsländern die pro Kopf der Bevölkerung verfügbare Energiemenge fühlbar angehoben werden muß; zugleich muß beim Aufbau neuer Wirtschaftsformen in diesen Ländern von vornherein eine Abkoppelung des Wirtschaftswachstums vom Energieverbrauch angestrebt werden. Wir selbst haben erst dies vor gar nicht allzu langer Zeit durch effizientere Energienutzung erreicht (z. B. sparsamere Fahrzeuge und Geräte, Wärmeisolation). Charakteristisch für unsere Energieversorgung sind zentrale Kohle- und Kernkraftwerke, sowie ein flächendeckendes Stromversorgungsnetz, mit dem auch das letzte Dorf erreicht wird.

---

[1] FAZ vom 4. Dezember 1990, Nr. 282, S. B. 26.

Kann dieses Modell Vorbild für die Dritte Welt sein? Nur bedingt: So hat A. K. N. Reddy im Rahmen eines im Mai 1987 vorgeschlagenen „Langzeitplans zur Stromversorgung von Karnataka (LRPPP)" untersucht, ob eine Versorgung dieses südindischen Bundesstaates nach westlichem Standard überhaupt noch finanzierbar ist. [1] Das im Rahmen dieses Planes angestrebte Ziel lag bei 47520 GWh im Jahre 2000 und sollte durch wenige große Kohlekraftwerke und ein weiträumiges Energieverteilungsnetz erreicht werden. Hierfür wären jedoch Investitionen in Höhe von 27 Milliarden DM erforderlich – eine für diesen Bundesstaat astronomische Summe in Höhe des 25fachen seines Jahresetats. Die Realisierung dieses Planes wäre nach Meinung von Reddy „ein Musterfall liederlicher Verschwendungssucht", zumal dies ohnehin kaum noch finanzierbare Projekt nach dem Jahre 2000 keine ausreichende Energieversorgung gewährleistet hätte. Reddy beschränkt sich nicht auf negative Kritik, sondern schlägt eine Alternative vor, deren Verwirklichung nur etwa ein Drittel der genannten Kosten erfordern würde. Nach diesem Plan sollte ein großer Teil der Energie dezentral in kleinen Kraftstationen in den Dörfern selbst (z. B. auf Basis von Biogas) erzeugt werden. Der Gesamtverbauch könnte zusätzlich durch stromsparende Maßnahmen fühlbar verringert werden. Da zudem keine langen Planungsarbeiten erforderlich wären, stünde in kürzerer Zeit mehr Energie zur Verfügung als bei Realisierung des westlichen Modells, außerdem würde deutlich weniger CO_2 aus fossilen Brennstoffen emittiert. Ausdrücklich bemerkt Reddy, daß sein Vorschlag kein Patentrezept für die ganze Welt sein könne. Für Karnataka, das inzwischen den ursprünglichen Plan abgelehnt hat, ist sein Modell jedoch interessant. An diesem Beispiel werden die Grenzen der An-

[1] Spektrum der Wissenschaft 11/1990, S. 12.

wendbarkeit traditioneller westlicher Technik deutlich, die vielerorts als Neuinstallation nicht mehr finanzierbar ist. Neues Denken ist bei der Lösung der Probleme in der Dritten Welt gefordert, zumal ja die Fehler, die beim Aufbau von Wirtschaft und Industrie in den westlichen Ländern begangen wurden und zu gravierenden Umweltschäden geführt haben, keinesfalls wiederholt werden dürfen. Großkraftwerke, die auch in Zukunft nötig sind, müssen von vornherein so konzipiert sein, daß ihr Wirkungsgrad möglichst hoch ist und gleichzeitig möglichst wenig CO_2 pro erzeugte kWh emittiert wird. Dies kann z.B. durch Bau von Kombikraftwerken [1] erreicht werden. Modernste westliche Technik muß der Dritten Welt zur Verfügung stehen – im Interesse unserer Umwelt!

Auch die Nutzung von Biomasse, die in früheren Jahrhunderten überragende Bedeutung hatte, muß verstärkt werden. Zahlreiche technische Neuentwicklungen, die oft auf alte Verfahren zurückgreifen, stehen zur Verfügung und könnten einen wichtigen Beitrag auf dem Wege zu einer umweltverträglicheren Technik leisten. Der Abschied von den fossilen Energieträgern ist zudem langfristig gesehen unausweichlich, nicht zuletzt der Verfügbarkeit und des Schutzes unserer Umwelt wegen. Muß jedoch dieser Weg zu immer mehr Kernenergie führen? Mit diesen Themen beschäftigt sich das Buch, das keinesfalls Anspruch auf (auch nur angenäherte) Vollständigkeit erhebt. Es möchte in verständlicher Form viele Leser ansprechen, die sich um die Zukunft unseres von ausufernder Technik bedrohten Planeten sorgen.

Ohne Unterstützung durch viele Fachkollegen aus Forschungsinstituten und Industrie sowie von Verbänden wäre es mir nicht möglich gewesen, das kleine Werk in dieser Form vorzulegen; ihnen allen möchte ich an

[1] Osteroth, „Von der Kohle zur Biomasse“, Springer-Verlag Berlin, Heidelberg, New York 1989, S. 171f.

dieser Stelle danken. Besonders erwähnen möchte ich Herrn Andreas Kurzweil, Berlin, der mir zahlreiche Unterlagen für die Themen „Holzteer“ und „Holzkohle“ zur Verfügung stellte. Mein Bruder Helmut Osteroth, fertigte für mich eine Reihe von technischen Zeichnungen an.

Dem Rektor der Fachhochschule Lippe in Lemgo, Herrn Prof. Dr. sc. agrar. Dietrich Lehmann, danke ich dafür, daß ich Gelegenheit hatte, die in diesem Buch behandelten Themen in Vorlesungen abzuhandeln; dabei erhielt ich eine Fülle von Anregungen.

Bielefeld, im Februar 1992 Dieter Osteroth

Inhalt

Verzeichnis häufig verwendeter Abkürzungen

ARGE RME	Arbeitsgemeinschaft Rapsmethylester
ASAM	Alkalischer Sulfitaufschluß unter Zusatz von Anthrachinon und Methanol
atro	„absolut trocken", Bezug auf trockenes Holz
BMFT	Bundesministerium für Forschung und Technologie
CH_4	Methan
Cl_2	Chlor
$ClNO_2$	Chlornitrit
$ClNO_3$	Chlornitrat
CO_2	Kohlendioxid
DAA	Deutsche Agrar-Alkoholversuchsanlage
dz	Doppelzentner, 100 kg
EG	Europäische Gemeinschaft
EVS	Energie-Versorgung Schwaben
FCKW	Fluorchlorkohlenwasserstoff
fm	Festmeter, Raummaß für Holz
GV	Großvieheinheit, entspricht 500 kg Lebendgewicht
H_2SO_4	Schwefelsäure
ha	Hektar, 10 000 m^2
HCl	Chlorwasserstoff
HNO_3	Salpetersäure
HOCl	unterchlorige Säure
HTS	Holztrockensubstanz
IR	Infraroter (langwelliger) Teil des Spektrums
KOH	Kalilauge
MW	Megawatt
N_2O	Distickstoffoxid, Lachgas
NaOH	Natronlauge
Nm^3	Normkubikmeter
NO_x	nitrose Gase, Mischung von NO und NO_2
O_3	Ozon
pH	Maß für Säurestärke ($pH < 7$: sauer, $pH = 7$: neutral, $pH > 7$: alkalisch)
PVC	Polyvinylchlorid

rm	Raummeter, Stapelmaß für Holzstämme
SKE	Steinkohleeinheit, 1 t SKE entspricht $29 \cdot 10^3$ MJ Heizwert
SRU	Sachverständigenrat für Umweltfragen
UV	Ultravioletter (kurzwelliger) Teil des Spektrums
VABIO	Verfahren zur Verzuckerung von Lignocellulose
VDI	Verband Deutscher Ingenieure
VGO	Vakuumgasöl

ERSTES KAPITEL

Auch Erdöl und Kohle sind Biomasse

Droht unserer Erde eine Klimakatastrophe? Diese Frage steht zu Recht im Mittelpunkt lebhafter Diskussionen – es ist die Frage nach den Überlebenschancen der Menschheit, die sich auf dem Weg in die größte Naturkatastrophe ihrer Geschichte befindet. Diese Krise ist Folge der weltweit ausufernden Technik, deren immer schnellere Entwicklung offensichtlich einer Eigendynamik folgt und von immer mehr Umweltzerstörung begleitet ist. Sie ist weiter Folge des – verständlichen – Strebens der Dritten Welt nach Wohlstand, der für die Menschen in den Industrieländern zur Selbstverständlichkeit geworden ist. Durch Gestaltung der Wirtschaft nach westlichem Vorbild wird versucht, diesem Ziel näherzukommen.

Milliarden von Tonnen Kohlendioxid entweichen jährlich bei der Verbrennung der fossilen Brennstoffe Kohle, Erdöl und Erdgas, aber auch bei Brandrodungen zur Landgewinnung und Verbrennung riesiger Holzmengen in den Ländern der Dritten Welt ungehindert in die Atmosphäre! Werden sie zum gefährlichen Aufheizen, zum zusätzlichen „Treibhauseffekt" führen? Wird dieser Effekt – verstärkt durch weitere klimarelevante Spurengase aus menschlicher Tätigkeit – eine Katastrophe verursachen, deren apokalyptische Ausmaße alle bisherigen Katastrophen in den Schatten stellen werden? Ist es zum Handeln bereits zu spät, die Entwicklung nicht mehr aufzuhalten? Sind erste Vorboten von Klimaänderungen bereits erkennbar? Eine Frage schließt sich unmittelbar an: Hält die Technik, die diese Entwicklung ausgelöst hat, andererseits auch Mittel bereit, um eine Katastrophe abwenden zu können? Was können, ja was müssen wir tun?

Am Anfang der Überlegungen muß zuerst die Frage nach den Ursachen dieser Entwicklung gestellt werden. Die Antwort ist einfach: Allein mit Hilfe der Technik kann sich der Mensch in einer feindlichen Umwelt behaupten. Was die Natur ihm versagt hatte – ein Fell, das vor Kälte und Nässe schützt, natürliche Waffen usw. – glich er mit technischen Mitteln aus. In der Auseinandersetzung mit der Natur kam von jeher – und das mit steigender Tendenz – der Nutzung von Energie eine besondere Rolle zu. Die Zähmung des Feuers gehört zu den folgenreichsten Errungenschaften der Menschheit. Ein ausreichendes Angebot an stets verfügbarer Energie zu akzeptablen Preisen ist Basis des Wohlstandes in den Industrieländern. Dieser drückt sich sowohl in der weitgehend problemlosen Befriedigung aller materiellen Grundbedürfnisse aus, als auch in guter medizinischer Versorgung, hoher Lebenserwartung, gutem Angebot an Arbeits- und Ausbildungsplätzen, usw. Dies alles kann nicht Privileg einer Minderheit von Ländern sein. Auch die Menschen in den Ländern der Dritten Welt haben ein Anrecht auf Dinge, die für uns zur Selbstverständlichkeit geworden sind: Das beginnt bei einem reichhaltigen Nahrungsangebot und führt über Kühlschrank und Waschmaschine bis hin zum Auto und zu Flugreisen in (fast) jeden Teil unserer Erde. Voraussetzung für all das ist aber eine gesicherte Energieversorgung zu angemessenen Preisen. Der jährliche Pro-Kopf-Verbrauch an Energie kann (mit Einschränkungen) als Wohlstandsindikator gewertet werden, und die Unterschiede sind kraß: Er liegt in den USA bei etwa 10 t SKE, (Steinkohleeinheiten) in der Bundesrepublik bei etwa 6 t SKE, in Indien aber nur bei 0,4 t SKE. Zur Sicherung des Existenzminimums (Nahrung, Kleidung, Schutz gegen Klimaeinwirkungen usw.) sind nach Berechnungen des Brookhaven National Laboratory etwa 0,3 bis 0,4 t SKE erforderlich. Einigen hundert Millionen Menschen steht jedoch nicht einmal diese Energiemenge zur Verfügung: So liegt z. B. in Äthiopien der jährliche Pro-Kopf-Verbrauch bei 0,03 t SKE.

Gerade beim Energieverbrauch zeigt sich eine gefährliche Schieflage: Bezogen auf den Primärenergieverbrauch nimmt etwa ein Viertel der Weltbevölkerung rund drei Viertel für sich in Anspruch. Beim Stromverbrauch sind die Unterschiede noch krasser: Etwa 20% der Erdbevölkerung in den westlichen Industrie- sowie in den Comecon-Ländern beziehen etwa 80% der erzeugten Elektrizität. Insgesamt liegt der Weltverbrauch an kommerzieller Energie bei etwa 12 Milliarden t SKE pro Jahr. Diese Zahlen berechtigen zu den Aussagen:

Die bedrückende Armut in der Dritten Welt ist in erster Linie auf einen erheblichen Mangel an Energie zurückzuführen. Die Verbrauchszahlen der Industrieländer sind eine Provokation für die Menschen der Dritten Welt!
Diese Armut ist zugleich der gefährlichste Feind der Umwelt in den betroffenen Ländern: So sind die riesigen Rauchwolken von Brandrodungen in den tropischen Wäldern zumeist Fanale bitterster Not.
Ausreichende Versorgung aller Menschen mit der erforderlichen Energie unter strikter Beachtung der ökologischen Randbedingungen ist zur Überlebensfrage geworden. Das erfordert aber im Hinblick auf den Treibhauseffekt ein Umdenken bei der Energieversorgung.

In den Ländern der Dritten Welt leben heute knapp vier Milliarden Menschen an der Armutsgrenze. Infolge hoher Geburtenraten, sinkender Säuglingssterblichkeit und höherer Lebenserwartung steigt ihre Zahl ständig. Sie alle wollen unter menschenwürdigen Bedingungen leben, arbeiten, ein Dach für sich und ihre Familie über dem Kopf haben und an den Errungenschaften westlicher Technologie teilhaben. Zur Erfüllung all ihrer Wünsche und Träume muß immer mehr Energie bereitgestellt werden. Energie ist, wie K. Barthelt es ausdrückt, ein „Grundnahrungsmittel". Stark anwachsende Bevölkerung verursacht Landflucht und Verstädterung, erfordert den Aufbau einer Stromversorgung, führt zu steigendem Energieverbrauch auch im Transportwesen, zum Aufbau einer Schwerindustrie und zu immer mehr Umweltverbrauch.

Im Gegensatz zu den westlichen Industrieländern, wo sich der Primärenergieverbrauch seit der ersten „Ölkrise" verlangsamte, verzeichneten die Entwicklungsländer im Zeitraum von 1973 bis 1988 eine durchschnittliche Steigerung von jährlich 5%. Mithin ist der Verbrauch an Primärenergie innerhalb dieses Zeitraums um mehr als 100% angestiegen! Hauptenergieträger sind fossile Brennstoffe. Die Kernenergie hat in der Dritten Welt nur einen Anteil von ca. 2% an der Deckung des Primärenergiebedarfes.

Die Lagerstätten der fossilen Brennstoffe sind ziemlich ungleichmäßig über die Erde verteilt: Rund 90 Schwellenländer sind auf den Import fossiler Energieträger angewiesen. Hier aber liegt auch eine große Chance für den Erhalt unserer Umwelt – die jedoch nicht ohne Hilfe der Industrieländer wahrgenommen werden kann.

Unsere Zeit stellt uns vor eine große Herausforderung: Die ausreichende Versorgung der Weltbevölkerung mit Energie vor dem Hintergrund der Bevölkerungsexplosion in der Dritten Welt und dem hier herrschenden immensen Nachholbedarf – und das im Schatten drohender globaler Klimaveränderungen!

Die Bereitstellung von immer mehr Energie unter Wahrung eines ökologisch vertretbaren Rahmens erfordert steigende Nutzung alternativer Energiequellen. *Eine* der Möglichkeiten bietet die Nutzung nachwachsender Energieträger, die zugleich auch interessante Ausgangsstoffe für die chemische Industrie liefern. Nachwachsende Rohstoffe haben eine große Zukunft. Die häufig anzutreffende Skepsis bei Fachkollegen kann ich nicht teilen. Auch ich zweifele keineswegs daran, daß die dominierende Rolle der fossilen Brennstoffe in den nächsten Jahrzehnten weltweit erhalten bleibt. Die Anzahl der Kernkraftwerke wird – sicherlich nicht bei uns – weiter ansteigen, aber die Nutzung alternativer Energiequellen (und damit auch die Nutzung von nachwachsenden Rohstoffen) wird überproportional zunehmen. Beschreiten wir diesen Weg nicht, so schlittern wir weiter in die Krise.

Im Rahmen dieser Ausführungen darf eine Tatsache nicht verschwiegen werden: Sämtliche Prognosen über mögliche Veränderungen des Weltklimas beruhen auf einer Vielzahl von Annahmen, die bei weitem nicht alle wissenschaftlich abgesichert sind. Es sind jedoch genügend Faktoren bekannt, die nach dem heutigen Stand unseres Wissens zu Klimaveränderungen führen müssen. Trotz vieler Unsicherheiten muß gehandelt werden. Wir dürfen nicht noch mehr Zeit damit verlieren, wissenschaftliche Erkenntnisse bis ins letzte abzusichern! Irreversible Schäden in unserer Umwelt könnten dazu führen, daß das globale Experiment der Menschheit, sich die Natur zu unterwerfen und die Erde allein nach dem Prinzip der (oft nur scheinbaren) Nützlichkeit umzugestalten, in einer vielleicht sogar tödlichen Katastrophe endet. Schon heute sind die Risiken für das Weltklima so groß, daß eigentlich vorübergehende Wachstumseinbussen hingenommen werden müßten, um zu einer Reduzierung des Kohlendioxid-Ausstoßes zu kommen und Umstellungen auf weniger umweltbelastende Technologien durchzusetzen. Die ökologische Herausforderung darf nicht durch kurzsichtiges Wohlstandsdenken nach dem Motto „Das können wir uns nicht leisten" bis zu dem Zeitpunkt blockiert werden, an dem die Natur uns gnadenlos diktiert, was wir uns nicht mehr leisten können und was wir uns leisten müssen, um überleben zu können.

Als Mittel gegen den Treibhauseffekt wird neuerdings auch die CO_2-Meeresendlagerung diskutiert, die Teil eines grösseren Maßnahmenbündels sein könnte. Hier steht die Forschung erst ganz am Anfang. So besteht keine Einigkeit unter den Experten, ob die Versenkung von „Trockeneis" (festes CO_2) oder das Einpressen von unterkühltem CO_2 in die Tiefsee der vorteilhaftere Weg ist. Auch die ökologischen Auswirkungen solcher Maßnahmen sind noch nicht untersucht. Es steht z. Zt. noch kein ausgereiftes Verfahren zur Abscheidung von Kohlendioxid aus Rauchgasen zur Verfügung. Zweifellos bahnt sich hier aber eine interessante Entwicklung an, auf deren Ergebnisse man gespannt sein darf. Hoffnungen, die auf diesen Weg gesetzt werden, dürfen aber keinesfalls andere Entwicklungen bremsen, die gleichfalls die Gefahr des Treibhauseffektes bekämpfen sollen.

Ohne Nutzung der fossilen Brennstoffe Kohle, Erdöl und Erdgas ist unsere Wirtschaft nicht denkbar. Das Fauchen der ersten von Th. Newcomen (gest. 1729 in London) gebauten atmosphärischen Dampfmaschinen kündete im zweiten Jahrzehnt des 18. Jahrhunderts den Beginn des industriellen Zeitalters an. Von England aus griff diese Entwicklung allmählich auf den Kontinent über. Mit seiner doppeltwirkenden Dampfmaschine mit Drehbewegung entwickelte der britische Ingenieur J. Watt (1736–1819) zwischen 1781 und 1784 das erste wirklich betriebssichere Antriebsaggregat, das länger als ein Jahrhundert – wenngleich in vielfach abgewandelter und verbesserter Bauart – als „Kraftmaschine" absolut dominierte. An jedem beliebigen Platz auf der Erde konnte es zuverlässig seinen Dienst versehen und blieb bis in unsere Gegenwart das Herzstück der Dampflokomotive. Zwei Ingenieure, der Brite C. A. Parsons (1854–1931) und der Schwede C. G. P. de Laval (1845–1913) verhalfen in den letzten beiden Jahrzehnten des 19. Jahrhunderts der Dampfturbine zum Durchbruch, die erst das Großkraftwerk moderner Konzeption ermöglichte. Die beiden deutschen Erfindungen, der Dieselmotor (R. Diesel, 1858–1913) und der Ottomotor (N. Otto, 1832–1891) revolutionierten den Verkehr und leiteten am Ende des vorigen Jahrhunderts eine neue Ära der Technik ein.

Alle genannten Maschinen verwenden fossile Energieträger, bei deren Verbrennung Kohlendioxid (CO_2) entsteht. – So ist ihr Siegeszug mit einem ständigen Anstieg der CO_2-Belastung für die Atmosphäre verbunden. Die möglichen Folgen für das Weltklima stehen im Mittelpunkt weltweiter Diskussionen. Mit einer kurzen Darstellung der befürchteten Auswirkungen auf das Weltklima soll der Einstieg in das Thema „Biomassen" erfolgen.

1.1 Der Treibhauseffekt

Wieso herrschen auf der Erde klimatische Bedingungen, die Leben ermöglichen? Die Frage ist nicht neu, wohl aber die Antwort: Dies verdanken wir dem *Treibhauseffekt*. Die Gefahren für das Weltklima drohen von einem zusätzlichen Treibhauseffekt. Zum besseren Verständnis sollen die Grundlagen dieses Phänomens kurz gestreift werden.

Hätte die Erde keine Atmosphäre, würde zwar die Erdoberfläche durch die auftreffende Sonnenstrahlung erwärmt (maßgeblich ist hierfür der kurzwellige Ultraviolett-(UV)-Anteil), gleichzeitig würde laufend irdische Strahlungswärme (langwellige Infrarot-(IR)-Strahlung) zurück in den interplanetarischen Raum abgestrahlt. Dabei müßte sich eine über die ganze Erdoberfläche gemittelte Temperatur von −18 °C einstellen. Tatsächlich beträgt aber die in bodennahen Luftschichten ermittelte durchschnittliche Jahrestemperatur +15 °C. Diese Differenz von +33 °C verdanken wir einigen lebensnotwendigen klimarelevanten „Treibhausgasen" in der Atmosphäre.

Schon der schwedische Physikochemiker und Nobelpreisträger von 1903 S. Arrhenius (1859–1927) hat die Vermutung geäußert, daß für den Wärmehaushalt der Erde das CO_2 in der Atmosphäre eine wichtige Rolle spielt. Seine Vermutung wurde Jahrzehnte später bestätigt. Inzwischen sind weitere Spurengase in der Luft wie Wasserdampf, Methan (CH_4), Distickoxid (N_2O) und Fluorchlorkohlenwasserstoffe (abgekürzt FCKWs) als klimarelevant erkannt. Ihnen allen ist gemeinsam, daß sie zwar einfallendes Sonnenlicht ungehindert passieren lassen, jedoch die von der Erde emittierte IR-Strahlung absorbieren und dann als „Wärme" wiederabgeben, wobei insgesamt mehr IR-Energie eingefangen bleibt, als in den Weltraum zurückgestrahlt wird. Dadurch kommt es zwangsläufig zur Erwärmung der bodennahen Luftschichten. Diese Prozesse spielen sich im unteren Stockwerk der Atmosphäre, in der sog. Troposphäre ab, die in unseren Breiten bis in eine Höhe von etwa 11 km reicht.

Dieser Effekt der Atmosphäre gleicht dem einer Glasscheibe, die zwar einfallendes Sonnenlicht (viel UV-Licht) ungehindert passieren läßt, jedoch die umgewandelte Wärmestrahlung weitgehend reflektiert. In einem geschlossenen Glashaus muß sich die Luft daher zwangsläufig erwärmen: Es wirkt wie eine „Wärmefalle" mit eigenem Klima. So gesehen gleicht unsere Erde einem

Tabelle 1. Heutiger Treibhaus-Effekt der wichtigsten klimarelevanten Spurengase

Spurengas	heutige Konzentration in der Atmosphäre	heutiger Erwärmungs-effekt
Wasser(dampf) (H_2O)	2 ppm – 3% [a]	20,6 °C
Kohlendioxid (CO_2)	350 ppm	7,2 °C
Ozon, bodennah (O_3)	0,03 ppm	2,4 °C
Distickstoffoxid (N_2O)	0,3 ppm	1,4 °C
Methan (CH_4)	1,7 ppm	0,8 °C
weitere		ca. 0,6 °C
Summe		ca. 33 °C

[a] Standardmittelwerte für feuchte Luft:
Stickstoff N_2 76,06%
Sauerstoff O_2 20,40%
Wasserdampf 2,60%
Argon Ar 0,91%
Kohlendioxid 0,035% (350 ppm).

Entnommen aus: Schönwiese/Diekmann, Der Treibhauseffekt, Reinbek bei Hamburg, 1989.

riesigen Treibhaus, dessen „Glasscheibe" die Atmosphäre mit ihren Treibhausgasen ist.

Die Zusammensetzung der Luft, ihren Gehalt an klimarelevanten Spurengasen und deren Anteil am Treibhauseffekt weist Tabelle 1 aus.

Den größten Anteil an der Temperaturerhöhung hat Wasserdampf. Eine schematische Darstellung des Treibhauseffektes zeigt Bild 1.

Das CO_2 in der Atmosphäre unterliegt einem gigantischen Kreislauf, der durch Sonnenenergie ständig in Bewegung gehalten wird und die Grundlage allen Lebens auf der Erde bildet: Die grünen Pflanzen sind durch ihr Chlorophyll imstande, aus den einfachen anorganischen Verbindungen CO_2 und Wasser (H_2O) unter Ausnutzung von Sonnenenergie organische Sub-

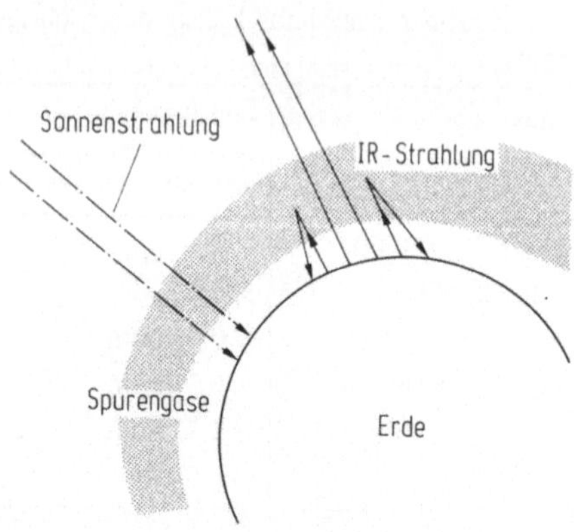

Bild 1. Schematische Darstellung des Treibhauseffektes. Die auf die Erde auftreffende Sonnenstrahlung (der energetisch wichtige Anteil ist UV-Strahlung) erwärmt den Erdboden und wird von diesem als Wärmestrahlung reflektiert. Die klimarelevanten Spurengase absorbieren und reflektieren einen Teil dieser langwelligen Strahlung, bevor er in den Weltraum gelangen kann

stanz aufzubauen. Etwa die Hälfte der so durch Photosynthese gebildeten „Biomasse" wird von den Pflanzen als Energieträger für die eigenen Lebensprozesse verbraucht, d.h. unter Rückbildung von CO_2 „veratmet"; die andere Hälfte wird schließlich durch Fäulnis- und Verwesungsprozesse (z.T. als Nahrung und Futter oder Bau-, Brenn- und Rohstoffe) gleichfalls wieder zu CO_2 abgebaut. All dies CO_2 wird an die Atmosphäre abgegeben: Der Kreislauf schließt sich.

Da innerhalb dieses Kreislaufs CO_2 in andere Substanzen eingebaut wird und in chemisch gebundener Form als „Biomasse" (Cellulose, Stärke, Zucker, Eiweiß usw.) auftritt, ist es bei quantitativen Betrachtungen sinnvoll, nur den Weg des Kohlenstoffanteils dieser Moleküle zu verfolgen. Man spricht dann vom natürlichen Kreislauf des Kohlenstoffs in der Natur (siehe Bild 2).

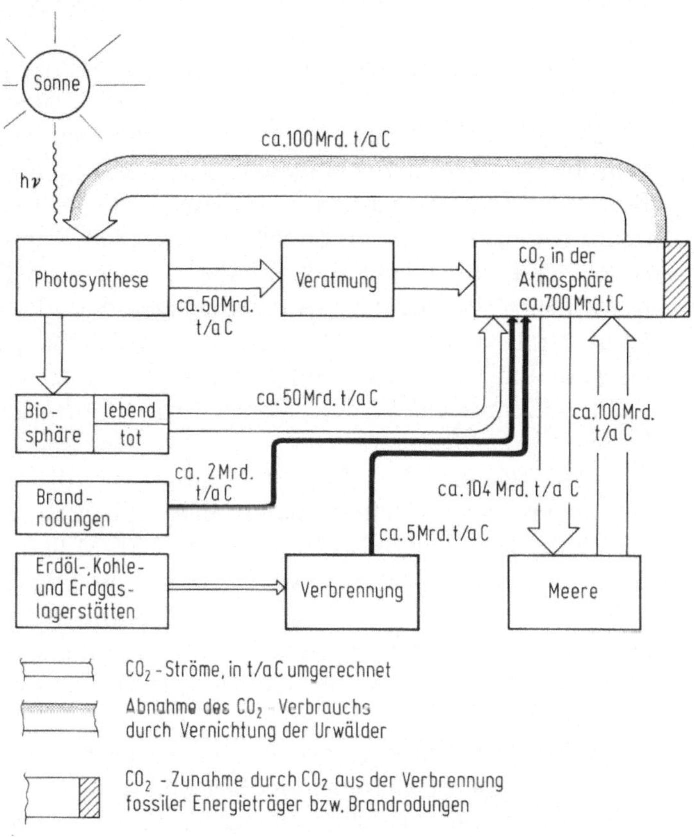

Bild 2. Störung des natürlichen Kohlenstoffkreislaufs durch zusätzliches CO_2 aus der Verbrennung fossiler Energieträger und durch die Zerstörung der tropischen und subtropischen Wälder. Hieraus resultiert folgende *Nettozunahme* des CO_2 in der Atmosphäre: Außerhalb des natürlichen Kohlenstoff-Kreislaufes entweichen noch

5 Mrd t/a C	aus der Verbrennung fossiler Brennstoffe
+2 Mrd t/a C	aus Brandrodungen
=7 Mrd t/a C	– aus anthropogenen Quellen
−4 Mrd t/a C	– die zusätzlich von den Meeren aufgenommen werden
=3 Mrd t/a C	– Nettozufuhr, die zum CO_2-Anstieg und damit zum Treibhauseffekt beiträgt

Am Beginn des Industriezeitalters um 1750 lag die CO_2-Konzentration in der Luft bei etwa 280 ppm (0,028%), wie Untersuchungen von Luftblasen ergaben, die in polarem Eis eingeschlossen waren und aus Bohrkernen isoliert wurden. Auf dieser Höhe hielt sich der CO_2-Gehalt in der Luft noch bis etwa 1800. Seitdem ist ein erst allmählicher, dann aber immer schneller werdender Anstieg des CO_2-Anteils nachgewiesen, dessen Konzentration heute bei 350 ppm liegt. Dieser Anstieg ist in erster Linie auf den ständig wachsenden Verbrauch fossiler Brennstoffe (Erdöl, Kohle, Erdgas) zurückzuführen.

Die Menge CO_2 in der Atmosphäre, die den derzeitigen Treibhauseffekt maßgeblich bedingt, wird – berechnet als purer Kohlenstoff – auf etwa 700 Milliarden Tonnen geschätzt. Jährlich werden von den Pflanzen weltweit etwa 100 Milliarden Tonnen Kohlenstoff aus diesem Vorrat entnommen und in Biomasse umgesetzt. Eine etwa gleichgroße Menge Kohlenstoff wird (in Form von rückgebildetem CO_2) in den großen atmosphärischen Speicher zurückgeführt. Zusätzlich gelangen jährlich etwa 5 Milliarden Tonnen Kohlenstoff (als CO_2) aus der Verbrennung fossiler Brennstoffe (mit steigender Tendenz!) in die Lufthülle, für deren Verwertung keine neuen Verbraucher (zusätzliche grüne Pflanzen) vorhanden sind, so daß die CO_2-Konzentration zwangsläufig ansteigen muß. Da infolge der Zerstörung von tropischen und subtropischen Wäldern durch Raubbau und Brandrodungen einerseits natürliche CO_2-Verbraucher ausgeschaltet werden, andererseits hierdurch zusätzliche Mengen CO_2 in die Atmosphäre gelangen, kommt es zu einer weiteren erheblichen Verstärkung der CO_2-Zufuhr, die auf jährlich mindestens 2 Milliarden Tonnen Kohlenstoff geschätzt wird. Neben diesem Kreislauf spielt aber noch ein weiterer eine ganz entscheidende Rolle im CO_2-Haushalt unserer Erde: Jahr für Jahr werden gewaltige

Mengen von Kohlendioxid zwischen der bodennahen Troposphäre und der warmen sog. ozeanischen Mischungsschicht ausgetauscht, wobei insgesamt mehr CO_2 von den Meeren aufgenommen als von ihnen in die Atmosphäre zurückgegeben wird. Dadurch wird sein Anstieg in der Luft abgepuffert, d. h. die Nettozufuhr von Kohlenstoff ist viel niedriger, als sie sich aus der Menge verbrannter fossiler Brennstoffe bzw. aus den Brandrodungen errechnet.

Als Ursache für einen anthropogen hervorgerufenen zusätzlichen Treibhauseffekt kommt in erster Linie CO_2 in Betracht, dessen Anteil etwa 50% ausmacht.

Weitere wichtige klimarelevante Spurengase sind schon genannt: Methan und Distickstoffoxid. Als Methanquellen sind in erster Linie die Feuchtgebiete der Erde anzuführen, worauf schon der alte Name „Sumpfgas" hinweist. So steigen aus den feuchtgehaltenen Reisfeldern in Ost- und Südostasien, die zur Ernährung einer rasch anwachsenden Bevölkerung laufend erweitert werden müssen, große Mengen Methan in die Luft. Weitere Großproduzenten sind Rinder, die dies Gas als normales Stoffwechselprodukt abgeben. Ihre Zahl wird weltweit auf mehr als 1,2 Milliarden geschätzt.

Auch bei Brandrodungen entsteht Methan! Die vielen Mülldeponien sind gleichfalls nicht zu vernachlässigen, ebenso wie Kohlengruben, deren „Grubengas" Ursache der gefürchteten „schlagenden Wetter" sein kann. „Erdgas", fast reines CH_4, entweicht aus Undichtigkeiten der Gasgewinnungs- und -versorgungseinrichtungen. Lag die Methankonzentration in der Luft um 1750 erst bei 0,7 ppm, so ist sie bis heute auf 1,5 ppm angestiegen. Mit einer jährlichen Zuwachsrate von ca. 1,5% übertrifft sie die von CO_2 um etwa das Vierfache! Weiterhin muß dem Anstieg der N_2O-Konzentration große Aufmerksamkeit geschenkt werden. Seine Bildung ist in erster Linie auf den verstärkten Einsatz

Tabelle 2. Kumulativer Treibhauseffekt

Spurengas	angenommene Konzentrations-erhöhung	Temperatur-effekt
Kohlendioxid (CO_2)	300 → 600 ppm	+2–4 °C
Ozon (bodennah) (O_3)	0,03 → 0,06 ppm	+ 0,9 °C
Fluorierte Chlorkohlen-wasserstoffe (FCKWs)	0 → 1 ppb	+ 0,6 °C
Distickstoffoxid (N_2O)	0,3 → 0,6 ppm	+ 0,4 °C
Methan (CH_4)	1,7 → 3 ppm	+ 0,3 °C
Summe (bei CO_2 ist ein Mittelwert von 3 °C angenommen)		+ 5,2 °C

Die Zahlen sind entnommen aus: Schönwiese/Diekmann, Der Treibhauseffekt, Reinbek bei Hamburg, 1989.

von Düngemitteln in der Landwirtschaft zurückzuführen.

Ohne auf diese Probleme näher einzugehen, wird der kumulative Temperatureffekt einiger wichtiger Treibhausgase auf Tabelle 2 aufgeführt, der sich in Zukunft etwa bei einer Verdoppelung der heutigen Werte einstellen könnte.

Um die Auswirkungen von scheinbar geringfügigen Veränderungen der Durchschnittstemperatur um nur wenige Grad Celsius richtig einschätzen zu können, sei erwähnt, daß die mittlere Temperatur auf dem Höhepunkt der letzten Eiszeit vor 18000 Jahren um nur ca. 4 °C niedriger war als heute! Die damalige CO_2-Konzentration (in der Luft) lag bei etwa 190 ppm. Die Unterschiede der Durchschnittstemperatur während der letzten 10000 Jahre betragen nur ca. 1,5 bis 2 °C.

1.2 Das Ozonloch und die Crutzen-Arnold-Theorie

Seit 1958 werden in der Antarktis, 76° südlicher Breite und 27° westlicher Breite, in einer von der „British

Antarctic Survey" unterhaltenen Station kontinuierlich Messungen der Ozon-Konzentration in der Stratosphäre durchgeführt. Dort stellten Wissenschaftler 1981 fest, daß die mittlere Ozon-Konzentration des Monats Oktober seit 1979 stark zurückgegangen war. Zunächst glaubten sie an einen Meßfehler und ersetzten ihr Meßgerät, ein Dobson-Photometer, durch ein anderes, neu geeichtes Instrument, doch auch die folgenden Messungen zeigten unverändert den beobachteten Trend. 1985 wurden die Ergebnisse in der britischen wissenschaftlichen Zeitschrift „Nature" veröffentlicht und lösten einen Schock aus: Das antarktische „Ozonloch" war in das Bewußtsein der Öffentlichkeit gedrungen.

Jeweils am Ende der südlichen Polarnacht verschwindet über der Antarktis fast alles Ozon in Höhen zwischen etwa 15 und 25 km: Im schützenden Ozonmantel, der die lebensfeindliche UV-Strahlung im Wellenlängenbereich von 200 bis 340 nm zurückhält, tritt ein Riss auf, der von Jahr zu Jahr breiter wird. Als „Ozon-Killer" wurden fluorierte Chlorkohlenwasserstoffe „FCKWs", wie CCl_2F_2 oder CCl_3F, erkannt, die als Treibgase in Spray-Dosen, als Kältemittel in Kühlmöbeln und Klimaanlagen, oder als Blähmittel bei der Herstellung von Schaumstoffen weitverbreitete Anwendung fanden und noch immer finden. Diesem Verdacht wurde allerdings von anderer Seite heftig widersprochen: Warum entsteht das Ozonloch ausgerechnet über der Antarktis, einem menschenleeren, 15000 km weit von den FCKW-Hauptverbrauchern in Nordamerika und Westeuropa entfernten Gebiet auf der südlichen Hemisphäre? Dieses Phänomen sollte sich doch auf der nördlichen Hemisphäre über der Arktis einstellen!

Eine mit Beobachtungen und Messungen übereinstimmende, plausible Antwort gaben P. J. Crutzen und F. Arnold im Jahre 1988. Eine Schlüsselstellung nehmen in ihrer Theorie die sog. polaren Stratosphärenwolken in

Höhen zwischen 15 und 25 km ein. Während es sich bei Wolken üblicher Art um Nebel aus flüssigen Wassertröpfchen handelt, kamen die beiden Forscher aufgrund theoretischer Überlegungen zu der Überzeugung, daß die polaren Wolken aus festen Schwebeteilchen bestehen, die zur Hälfte aus Salpetersäure (HNO_3), zur anderen Hälfte aus Wasser zusammengesetzt sind, bei Temperaturen unterhalb von $-80\,^{\circ}C$ ausfrieren und feste Salpetersäure-Wasser-Aerosole bilden. Salpetersäure entsteht aus Stickoxiden und Wasser. Im Verlauf von rund zehn Jahren steigen die in die Atmosphäre gelangten, übrigens gleichfalls klimarelevanten FCKW's allmählich in die Stratosphäre. Erst hier zerfallen diese außerordentlich stabilen Verbindungen unter dem Einfluß energiereicher UV-Strahlung und setzen dabei reaktionsfreudige Chloratome frei. Diese „Ozon-Killer" werden jedoch sofort von anderen in der Stratosphäre anwesenden Spurengasen als „Reservoirgase" abgefangen und in Form von Chlorwasserstoff (HCl) oder Chlornitrat ($ClNO_3$) unschädlich gemacht. An den festen Salpetersäure-Wasser-Aerosolen spielen sich jedoch oberflächenkatalysierte Prozesse ab, in deren Verlauf drei neue Chlorverbindungen entstehen: Chlornitrit ($ClNO_2$), unterchlorige Säure (HOCl) und molekulares Chlor (Cl_2), die sämtlich photolabil sind und bei Belichtung unter Bildung von Chloratomen zerfallen. In den eisigen Höhen über der Antarktis ist nun „eine Bombe scharfgemacht": Fällt am Ende der antarktischen Nacht Licht in die Stratosphäre, beginnt der Zerfall, und die „Ozon-Killer" können nun ihre schlimme Wirkung entfalten.

Ein zusätzlicher Treibhauseffekt könnte auch zum Entstehen eines Ozonlochs über der Arktis führen. Der gefährliche Ozon-Abbau setzt ja erst bei Temperaturen unterhalb von $-80\,^{\circ}C$ ein, die über der Arktis nur selten erreicht werden. Wird jedoch infolge eines zusätzlichen Treibhauseffektes die Troposphäre über der Arktis erwärmt, so muß es andererseits durch das Abfangen der Wärmestrahlung (der Erde) im stratosphärischen Raum zur Abkühlung kommen. Dabei könnte auch über dem Nordpol die „kritische Temperatur“ von −80 °C erreicht bzw. unterschritten werden, bei der Salpetersäure zu einem festen Aerosol erstarrt und der geschilderte Prozeß einsetzt. Bisher sind aber noch keine Anzeichen für die Bildung eines Ozonloches über der Arktis ähnlich dem über der Antarktis zu erkennen.

Ozon absorbiert, wie bereits erwähnt, UV-Strahlung und noch etwa zehn Prozent des sichtbaren Lichts der Sonne. Geht Ozon verloren, könnte dieser Verlust gleichfalls zum Sinken der Temperatur in der Stratosphäre beitragen: Die kritische Temperatur würde noch schneller erreicht bzw. unterschritten, und die dadurch vermehrte Bildung polarer Wolken würde über eine solche „Rückkopplung“ den Ozon-Abbau noch weiter verstärken.

1.3 Die Bevölkerungslawine

Der Anstieg klimarelevanter Spurengase in unserer Atmosphäre, der einen zusätzlichen Treibhauseffekt auslösen könnte, ist auf anthropogene Einflüsse zurückzuführen. Seit eh und je sind menschliche Aktivitäten mit mehr oder weniger tiefen Eingriffen in die Umwelt verbunden, so durch Abholzen und Roden von Wäldern zur Gewinnung von Brennholz, Bauholz und Grubenholz sowie Acker- und Weideland, durch Gewinnung von Rohstoffen wie Erzen, fossilen Brennstoffen oder mineralischen Baustoffen, durch Maßnahmen zur Wassergewinnung und Wasserspeicherung, durch künstliche Bewässerung usw. – die Liste ist unüberschaubar lang. Im Verlauf der weiteren Ausführungen wird an Beispielen gezeigt, daß seit Jahrhunderten ausschließlich durch Menschen verursachte Umweltschäden bekannt sind. Umweltzerstörung ist jedoch schon eine Begleiterscheinung längst versunkener Kulturen: Vielerorts wogten dort einmal Getreidefelder, wo sich heute Wüste dehnt.

Zwangsläufig stellt sich die Frage, warum die Menschen aus solchen oft schmerzlichen Erfahrungen keine Lehren gezogen haben. Mußte die Umweltzerstörung das heute nur zu oft anzutreffende bedrohliche Ausmaß erreichen? Die Antwort ist bestürzend einfach: Die früher beobachteten Umweltschäden hatten *lokale* Ausdehnung, z.B. um Orte mit Hütten- oder Glas-„Industrie". Heute hat die Umweltzerstörung *globale* Ausmaße angenommen, und die hieraus entstehenden Gefahren bedrohen die Existenz der ganzen Menschheit. Hinzu kommt ein weiterer entscheidender Unterschied: Die größten Gefahren, nämlich Treibhauseffekt und Ozonloch, ferner „saurer Regen" und nichtabbaubare Chemikalien, konnten nur mit Hilfe moderner wissenschaftlicher Methoden in interdisziplinärer Zusammenarbeit, z.T. mit vor wenigen Jahren noch unbekannten technischen Hilfsmitteln erkannt werden – und dies zu einem Zeitpunkt, als sie bereits die ganze Erde umspannten und allein durch internationales Vorgehen noch in den Griff zu bekommen wären.

Die eigentliche Ursache hierfür ist die Bevölkerungsexplosion. Mit ihr ist die Übernutzung der irdischen Ressourcen verbunden, zu denen – aus heutiger Sicht sogar in erster Linie – Luft und Wasser zählen, deren Aufnahmekapazität für Schadstoffe noch bis weit in unser Jahrhundert für fast unbegrenzt gehalten wurde.

Schon an dieser Stelle muß klar festgestellt werden:

Alle Maßnahmen zur Abwehr der Gefahren durch den zusätzlichen Treibhauseffekt werden zu keinem Erfolg führen, wenn es nicht gelingt, dem explosionsartigen Anstieg der Weltbevölkerung vor allem in den Ländern der Dritten Welt wirksam Einhalt zu gebieten.

Die Entscheidungen über geeignete Maßnahmen zur Eindämmung der Bevölkerungslawine in der Dritten Welt liegen ausschließlich im Aufgabenbereich der dortigen Politiker. Deren Handlungsspielraum ist jedoch durch zahlreiche kulturell und religiös geprägte Denk- und Handlungsweisen der Menschen eingeengt.

Zu Beginn unserer Zeitrechnung mögen vielleicht 250 Millionen Menschen auf der Erde gelebt haben, und es hat wohl bis zur Mitte des 17. Jahrhunderts gedauert, ehe ihre Zahl auf eine halbe Milliarde angewachsen war. Erst um die Mitte des 19. Jahrhunderts überstieg die Weltbevölkerung die Milliardengrenze und wuchs bis zur Mitte unseres Jahrhunderts auf 2,5 Milliarden an. 1987 wurde die 5-Milliarden-Grenze überschritten, und bis zum Jahre 2025 rechnet die UNO mit einem Anstieg auf 8,5 Milliarden Menschen. Heute leben rund 4 Milliarden Menschen in Ländern der Dritten Welt. Der künftige Zuwachs wird zum größten Teil in diesen Ländern erfolgen. Selbst bei optimistischer Beurteilung kann nicht damit gerechnet werden, daß Wirtschaft und Industrialisierung in diesen Ländern auch nur annähernd mit der Bevölkerungszunahme werden Schritt halten können. So wird das Wohlstandsgefälle zwischen den „reichen Ländern“ und den „armen Ländern“ noch größer werden.

Der Mangel an Nahrungsmitteln in vielen Teilen der Welt ist in erster Linie Folge eines Energiemangels. Um gute Ernten zu erzielen, reichen Sonnenschein und Niederschläge allein nicht aus: Um die wachsende Weltbevölkerung mit genügend Nahrungsmitteln zu versorgen, werden zur Steigerung der Ernteerträge pro Hektar zusätzlich riesige Mengen von Düngemitteln und Pflanzenschutzmitteln benötigt, deren Produktion weitere

Energie erfordert. Der Übergang von z. T. noch mittelalterlicher extensiver zu moderner intensiver Landwirtschaft wird mit Einsatz von immer mehr Traktoren verbunden sein, für deren Betrieb zusätzliche Mengen flüssiger Treibstoffe, in erster Linie Dieselöl, bereitgestellt werden müssen. Steigender Bedarf an Futtermitteln für die Ernährung grösser werdender Viehbestände ist gleichfalls mit Energie-Mehrbedarf verbunden. Fortschreitende Industrialisierung und Urbanisierung gehen mit Bedarf an Stahl, Baustoffen, Kunststoffen usw. einher, die mit großem Energieaufwand produziert werden. Zusätzliche Energiemengen müssen für die Produktion von Textilien und Konsumgütern für immer mehr Menschen zur Verfügung gestellt werden. Dieser zusätzliche Energiebedarf, der aus heutiger Sicht überwiegend durch Verbrennung fossiler Brennstoffe gedeckt werden wird, ist so groß, daß er zum weiteren raschen Anstieg des CO_2-Gehaltes in der Luft führen muß. Tabelle 3 zeigt, aufgeschlüsselt nach Ländergruppen, die Entwicklung des CO_2-Anstiegs durch Verbrennung fossiler Energieträger und weist insbesondere den steigenden Anteil der Länder der Dritten Welt aus. Bemerkenswert ist die Entwicklung in China.

Dieser Trend wird sich in den nächsten Jahrzehnten fortsetzen. Die gegenwärtige Situation (Stand 1987) zeigt Tabelle 4.

Die Verminderung der CO_2-Emissionen aus der Verbrennung fossiler Brennstoffe ist das Gebot der Stunde; aber sie ist nur im Rahmen globaler Maßnahmen möglich. Ein schrittweiser Übergang zu alternativen Energiequellen ist unvermeidbar. Im Hinblick auf die immensen Kosten für die notwendigen Strukturänderungen sind in erster Linie die Industrieländer gefordert, die allein über die notwendigen Gelder und das technische Know-how verfügen. Im Hinblick auf die Tatsache, daß sie mehr als die Hälfte der CO_2-Emissionen verursachen,

Tabelle 3. CO_2-Ausstoß aus fossiler Energie nach Ländergruppen

Ländergruppe	1950		1980		1986	
	10^9 t C	%	10^9 t C	%	10^9 t C	%
Nordamerika	0,723	44,7	1,380	26,7	1,57	28,0
Westeuropa	0,379	23,4	0,853	16,5	0,87	15,5
UdSSR und Osteuropa	0,291	18,0	1,251	24,2	1,20	21,5
Japan und Australien	0,045	2,8	0,300	5,8	0,67	12,0
Asien (Planwirtschaft)	0,023	1,4	0,439	8,5	0,73	13,0
Entwicklungsländer	0,092	5,7	0,631	12,2	0,56	10,0
Sonstige	0,053	3,9	0,310	6,0		
Summe	1,616	99,9	5,164	99,9	5,60	100,0

Die Zahlen sind entnommen aus: Schönwiese/Diekmann, Der Treibhauseffekt, Reinbek bei Hamburg, 1989.

Tabelle 4. Globaler CO_2-Ausstoß im Jahre 1987, umgerechnet in Mrd. t C

Gesamtmenge 7,0294 Mrd. t C

Ländergruppe	Brennstoff	Anteil in %
Industrieländer	fossil	58
Entwicklungsländer	fossil	19
	Holz	23
		100

Entnommen aus: A. K. N. Reddy und J. Goldemberg, Spektrum der Wissenschaft 11/1990, S. 106.

sind sie dazu moralisch verpflichtet. Eine der großen Zukunftsaufgaben besteht darin, Sorge zu tragen, daß bei der Industrialisierung der Dritten Welt tunlichst die Fehler der Industrieländer vermieden werden, die zur heutigen Situation geführt haben. Zweifellos werden die Länder der Dritten Welt beim Aufbau ihrer Wirtschaft vorwiegend auf die „bewährten alten Technologien" für Energiegewinnung zurückgreifen und „Experimente" mit neuen Technologien schon deshalb vermeiden, weil ihnen hierzu die Mittel fehlen. Für Maßnahmen zur Eindämmung der CO_2-Emissionen ist hier kaum Interesse zu erwarten: Menschen, die hungern, rufen nach Brot und fragen nicht nach Umwelt! Nur mit Unterstützung der Industrieländer wird es möglich sein, in diesen Teilen unserer Welt schon in der „Aufbauphase" umweltverträgliche Technik in möglichst großem Umfang einzusetzen.

Die Industrieländer müssen ihre Anstrengungen zur Luftreinhaltung forcieren[1]. Keinesfalls kann sich die übrige Menschheit aber deswegen aus der Verantwortung stehlen: Allein schon der Kohlenstoffeintrag in die Atmo-

[1] Über technische Möglichkeiten informiert: D. Osteroth „Von der Kohle zur Biomasse", Springer-Verlag, Berlin Heidelberg New York 1989.

sphäre durch Brandrodungen nimmt alarmierende Ausmaße an. Daher gilt:

Die verantwortungsvolle Gestaltung unseres Lebensraumes Erde ist eine Aufgabe, die der gesamten Menschheit gestellt ist, und deren Lösung über ihr Sein oder Nichtsein entscheiden könnte.

1.4 Das Gleichgewicht ist gestört

Die physikalischen Grundlagen des Treibhauseffektes sind unbestritten, über die Folgen eines zusätzlichen Treibhauseffektes auf das Weltklima etwa bei Verdoppelung des CO_2-Gehaltes in der Atmosphäre gehen die Meinungen weit auseinander: Die verschiedenen Klimamodelle haben zu recht unterschiedlichen Ergebnissen geführt, wobei einige erste „Horror-Szenarien" inzwischen als weitgehend unrealistisch erkannt sind. Naturgemäß können die Ergebnisse solcher Modelle, die helfen sollen, in die Zukunft zu blicken, stets nur so gut sein wie die ihnen zugrundeliegenden Annahmen. Bis heute ist aber das komplizierte klimatologische Wechselspiel zwischen Landflächen, Meeren, Eiskappen, Vegetation und Atmosphäre bei weitem noch nicht vollständig verstanden. Nach Meinung von C.-D. Schönwiese sind die in der jüngsten Zeit aufgestellten Klimamodelle sogar eher ins Wanken geraten. Die Annahme, das Polareis könne in den nächsten Jahrhunderten oder gar nur Jahrzehnten schmelzen, hält er für unwahrscheinlich. Außerpolare Gletscher könnten verstärkt abschmelzen, das grönländische Eis am Südrand könnte langsam zu schmelzen beginnen und der Eisschild nach Norden zurückweichen; andererseits zeigt zumindest der antarktische Eisschild derzeit eher eine Zunahme als eine Abnahme. Der zusätzliche Treibhauseffekt führt zu wärmeren Wintern und damit vermehrten Schneefällen, die sich zu Eis verdichten. Die Prognosen für den Anstieg des Meeresspiegels liegen daher auch „nur“ zwischen 0,20 und 1,50 m. Selbst dieser scheinbar so geringe Anstieg würde an flachen Küsten der Dritten Welt verheerende Auswirkungen haben. Viele Millionen Menschen leben dort in einer Höhe von weniger als zwei Metern über dem Meeresspiegel und wären den steigenden Fluten hilflos preisgegeben. Den Industrieländern, deren Küstenregionen natürlich ebenso betroffen wären (z. B. die Niederlande) stehen dagegen finanzielle und technische Mittel zur Verfügung, um die Katastrophe für sich abzuwenden.

Als größter Unsicherheitsfaktor in den Klimamodellen gilt heute das Verhalten der Wolken und der Ozeane. So können sich infolge von Erwärmung der Weltmeere verstärkt Wolken bilden, die einerseits den Treibhauseffekt durch Absorption der von der Erde emittierten Wärmestrahlung fördern, andererseits aber auch durch Reflexion von auffallendem Sonnenlicht zurück ins Weltall („Albedo“) einen Abkühleffekt bewirken können. Welcher Effekt überwiegen würde, darüber herrscht Uneinigkeit; überwiegend wird die Meinung vertreten, daß der Abkühlungseffekt sich stärker auswirkt.

Eine Verschiebung der Klimazonen durch Änderung des Weltklimas hätte katastrophale Folgen für die Landwirtschaft. So könnte der durch Verdoppelung des CO_2-Gehaltes bedingte Temperaturanstieg dazu führen, daß sich die tropische Zone von heute 25 % der Erdoberfläche auf 40 % ausdehnt, die der Savannen und Steppen von 18 auf 29 %. In Nordafrika bewirkt ein Temperaturanstieg der Luft um nur 0,1 °C eine Verlagerung der Wüstengrenze um etwa 50 bis 100 km. Die Erwärmung der Meere würde dazu führen, daß kalte Refugien immer seltener werden und folgenschwere Verschiebungen der Fischfanggebiete die Folge wären.

Der Nadelwaldgürtel, der heute weite Teile von Kanada bedeckt, stand am Ende der letzten Eiszeit dicht am Eisrand viel weiter südlich. Als sich die Temperatur in jeweils tausend Jahren um etwa 1 bis 2 °C erhöhte, folgte der Wald dem sich langsam nach Norden zurückziehenden Eis mit einer Geschwindigkeit von etwa 1 km/Jahr. Eine Temperaturerhöhung um etwa 3° (±1,5°) C, wie sie sich bei Verdoppelung des CO_2-Gehaltes in der Luft infolge eines zusätzlichen Treibhauseffektes innerhalb von nur wenigen Jahrzehnten ergeben sollte, hätte sehr schnelle Verschiebungen der Klimazonen zur Folge, denen der Wald nicht folgen kann. Darüberhinaus sind viele Ökosysteme überhaupt nicht zu Wanderungen fähig! Eine weltweite Temperaturerhöhung würde vor allem die Dritte Welt durch Dürrekatastrophen bedrohen. K. M. Meyer-Abich macht in diesem Zusammenhang darauf aufmerksam, daß seit Jahrzehnten in den nördlichen Breiten immer mehr Regen fällt, hingegen südlich des 35. Breitengrades immer weniger. Klimaänderungen hätten zudem – daran kann kein Zweifel bestehen – unabsehbare sozioökonomische Probleme zur Folge – übrigens nicht nur in den Ländern der Dritten Welt! Man stelle sich nur die Situation in den USA vor, wenn Klimaveränderungen die Verlagerung der Weizenproduktion vom mittleren Westen in nördliche Bundesstaaten erzwingen würden.

Um dem zusätzlichen Treibhauseffekt wirksam entgegentreten zu können, bieten sich zwei grundsätzlich unterschiedliche Wege an:

1. *Eindämmen der Kohlenstoffzufuhr in die Atmosphäre* durch weniger Verbrennung, Veratmung, Verrottung, Verfaulung usw. Geeignete Maßnahmen hierfür sind:

   ▷ Stoppen der Bevölkerungslawine vor allem in den Ländern der Dritten Welt.

   ▷ Stoppen der Brandrodungen in der Dritten Welt.

▷ Sparsamerer Verbrauch von Energie.

▷ Rationellere Verwendung von Energie.

▷ Verstärkte Nutzung alternativer Energiequellen, zu denen auch die Kernkraft gerechnet werden muß.

2. *Abfuhr von Kohlenstoff aus der Atmosphäre.* Geeignete Maßnahmen sind:

▷ Schaffung neuer Pflanzenmassen durch Aufforstung und Rekultivierung.

▷ Schutz von Meeren und Gewässern; besonders bedroht sind u.a. die Nordsee und die Ostsee sowie Teile der Adria.

▷ Gesunderhaltung und Pflege von Mutterboden durch Maßnahmen gegen Bodenversauerung, durch gezielten, sparsameren Verbrauch von Düngemitteln, eingeschränkte Verwendung von Pestiziden, Vermeidung der Bodenverdichtung durch schwere landwirtschaftliche Maschinen usw.

Der Anstieg des CO_2-Gehaltes und weiterer Spurengase in der Luft hängt wie ein Damoklesschwert über der gesamten Menschheit. Eine Patentlösung für dieses Problem gibt es nicht. Seine Bewältigung wird an den verschiedenen Orten auf der Erde unterschiedlich ausfallen und muß den lokalen Gegebenheiten und Ressourcen angepaßt sein. So ist die Nutzung geothermischer Energie (Erdwärme) nur an wenigen Stellen wirtschaftlich. Das Potential der Wasserenergie ist hierzulande fast ausgeschöpft, und Windenergie kann nur dort genutzt werden, wo der Wind lange und stark genug weht, etwa bei uns an der Küste. Vielerorts wird sich eine kombinierte Nutzung verschiedener alternativer Energien anbieten, so etwa die von Sonnen- und Windenergie (genau genommen ist Windenergie auch eine Form von Sonnenenergie!).

Dies gilt ebenso für die Nutzung von Biomasse. So ist – ich möchte hier dem Text vorgreifen – der Einsatz von Holzkohle in den Hochöfen von Stahlwerken, wie er z. T. bei uns noch vor einhundertfünfzig Jahren erfolgte, für hiesige Verhältnisse indiskutabel; in Brasilien wird er jedoch in großem Umfang durchgeführt. Dies gilt in gleicher Weise für die Verzuckerung von Holz, die in Deutschland im Rahmen der Autarkiebestrebungen in den Dreißiger Jahren zu technischer Reife entwickelt war; die Anlagen wurden nach dem Kriege außer Betrieb gesetzt und abgebrochen. In der Gemeinschaft unabhängiger Staaten (GUS) ist dieser Prozeß aber noch gang und gäbe, und er könnte z. B. für Kanada von Interesse sein. In Ländern der Dritten Welt wird die Nutzung von Biogas in großem Umfang betrieben, so in Indien und China. In der Bundesrepublik sind nur wenige Anlagen in Betrieb. Auch das „pro-alcool"-Programm der brasilianischen Regierung zur Treibstoff-Versorgung mit Bioalkohol läßt sich nicht auf unsere Verhältnisse übertragen, so wie eben das Thema „Biogas" bei uns eher ein Randgebiet ist.

Es ist nicht die Absicht des Autors, ein systematisches Lehrbuch über „Chemie und Technik der Biomassen" vorzulegen, vielmehr soll anhand zahlreicher Beispiele aus aller Welt gezeigt werden, wie in den verschiedenen Regionen der Erde Biomassen genutzt werden könnten bzw. genutzt werden, z. T. heute schon in sehr großem Maßstab. Eine besondere Variante ist die industrielle Aufbereitung von Biomasse in den EG-Ländern: Hier bemüht man sich, durch Verwertung landwirtschaftlicher Produkte in der Industrie zu einem Abbau des subventionierten Produktionsüberschusses zu kommen. Das Stichwort heißt „Industriepflanzenanbau". Im Vordergrund steht die Absicht, der Landwirtschaft neue Absatzmärkte zu erschließen. Die positiven Auswirkungen der Nutzung von Biomasse auf unsere Umwelt sind eher ein angenehmer „Nebeneffekt". Die hierfür erforderlichen technischen Prozesse knüpfen oft an „Uraltprozesse" an. Das „Gestern, Heute und Morgen" bildet dabei ein die gesamte Thematik umschließendes Band.

Jahr für Jahr werden nach heutiger Schätzung weltweit 150 Milliarden Tonnen Biomasse gebildet. Dieser gigantische Wachstumsprozeß beruht auf der Fähigkeit der grünen Pflanzen, in Gegenwart des grünen Pflanzenfarbstoffs Chlorophyll aus den einfachen anorganischen Bausteinen Kohlendioxid und Wasser Glucose (Traubenzucker) aufzubauen, wobei die Sonne die Energie für den endothermen (d. h. energieverbrauchenden) Prozeß liefert:

$$6\,CO_2 + 6\,H_2O \xrightarrow{\text{Licht}} C_6H_{12}O_6 + 6\,O_2$$

Die Photosynthese ist demnach ein Prozeß zur materiellen Fixierung von Sonnenenergie: Ausgehend von Glucose wird in einem dichten Geflecht chemischer Reaktionen die unübersehbare stoffliche Vielfalt der belebten Natur gebildet. Dabei muß berücksichtigt werden, daß im Gegensatz zu den autotrophen grünen Pflanzen die übrigen Lebewesen heterotroph sind: Sie selbst sind nicht in der Lage, aus einfachen anorganischen Stoffen organische Materie aufzubauen, sondern sie sind auf Zufuhr von „Nahrung", d. h. von den durch Pflanzen vorgebildeten organischen Stoffen angewiesen. Am Anfang von „Nahrungsketten" stehen also pflanzliche Produkte, z. B. Heu → Rind → Mensch.

Wie bereits erwähnt, läuft in der Natur ein gigantischer Kohlenstoffkreislauf ab, der durch Zufuhr von zusätzlichem CO_2 aus fossilen Quellen gestört wird. Zwar handelt es sich auch bei Erdöl, Erdgas und Kohle um Produkte, die aus biologischem Material entstanden sind. Deren Kohlenstoff wurde dem Kreislauf aber über Jahrmillionen langsam entzogen, während ihn unsere Zivilisation vergleichsweise schlagartig wieder freisetzt. Die großen „Verbraucher" (Ozeane, Pflanzendecke, Karbonatfüllung) hinken nun nach. Die Nutzung von Biomasse ist dagegen in den heutigen Kohlenstoffkreislauf *eingebunden* und sozusagen „CO_2-neutral". Parallel hierzu muß durch land- und forstwirtschaftliche Maßnahmen dafür gesorgt werden, daß der natürliche CO_2-Verbrauch durch die Pflanzenwelt nicht durch deren verstärkte Ausbeutung zurückgeht, also die natürliche „CO_2-Senke" erhalten bleibt. So muß z. B. durch umfassende Rekultivierung und Aufforstung dafür gesorgt werden, daß sich Abholzen und Aufforsten in den Wäldern der Erde zumindest im Gleichgewicht befinden. Angesichts der riesigen Waldzerstörung in vielen Teilen der Erde durch Brandrodungen und Raubbau besteht hier sogar ein erheblicher Nachholbedarf.

Für die EG-Länder gibt es, wie bereits angedeutet, noch einen weiteren Grund für eine verstärkte Nutzung von Biomassen: Jahr für Jahr werden große landwirtschaftliche Überschüsse produziert. Wichtigster Grund hierfür ist der Übergang zu immer intensiveren Bewirtschaftungsmethoden unter Verwendung von immer mehr Düngemitteln und Pflanzenschutzmitteln, wie aus Tabelle 5 zu entnehmen ist.

Die Landwirte der Bundesrepublik setzen heute fast das Zweieinhalbfache an mineralischen Stickstoffdüngern pro Hektar und fast das Vierfache an Pflanzenschutzmitteln ein wie vor 27 Jahren. Im gleichen Zeitraum stiegen die Getreideerträge um rund 90%. Der Ernteertrag ist zwar deutlich gestiegen, jedoch weit hinter den eingesetzten Produktionsmitteln zurückgeblieben: Die Produktionssteigerung wird mit Belastungen von Boden und Grundwasser durch Überdüngung und Pestizidrückständen erkauft. Hinzu kommt die gefährliche Bodenverdichtung durch Einsatz schwerer Ackergeräte.

Tabelle 5. Durchschnittswerte für die Landwirtschaft der Bundesrepublik Deutschland

	1960/61	1987/88	1960/61	1987/88	1959/61	1987/88
Stickstoff-Dünger kg/ha	87	204				
Pflanzen-schutz-mittel kg/ha			0,7	2,7		
Getreide-ertrag dz/ha					28,7	54,7

Nach Globus G 8094 (1990).

Die Überschüsse aus der Landwirtschaft legen es zwingend nahe, große Anbauflächen aus der landwirtschaftlichen Produktion herauszunehmen und für andere Produkte außerhalb der Palette der Nahrungsmittel zu nutzen. Die Angaben für die Größe der freizusetzenden Flächen liegen für den EG-Raum bei ca. 10 Millionen ha und mehr, für die Bundesrepublik bei etwa 1 bis 2 Millionen ha. Die Landwirtschaft muß natürlich weiterhin erhalten bleiben, d. h. für die Landwirte müssen neue Verdienstmöglichkeiten außerhalb der Produktion von Nahrungsmitteln geschaffen werden, damit kein Land brach liegt und der Bodenerosion ausgesetzt wird. Eine Alternative zu Nahrungs- und Futterpflanzen könnte der Anbau von Industrie- und Energiepflanzen sein.

Der vor Jahren erhoffte große Durchbruch bei der Verwendung von „Nachwachsenden Rohstoffen" anstelle fossiler Rohstoffe ist bislang nicht eingetreten. Grund hierfür ist die Preisentwicklung beim Erdöl, die anders verlief, als es die Experten erwartet hatten. Bei den derzeitigen Preisen für erdölstämmige Produkte verbietet sich – rein wirtschaftlich gesehen – der Einsatz von

Tabelle 6. Vom Mensch weltweit genutzte Menge an Biomasse

Biomasse	Menge in t/Jahr	Anteil in %
Getreide	$1\,400 \cdot 10^6$	32
Holz	$750 \cdot 10^6$	17
Futterstoffe	$700 \cdot 10^6$	16
Zuckerrübe/-rohr	$550 \cdot 10^6$	12
Kartoffeln	$350 \cdot 10^6$	8
Obst	$250 \cdot 10^6$	5,5
tierische Nahrungsmittel	$250 \cdot 10^6$	5,5
Samenfrüchte	$150 \cdot 10^6$	3,5
Naturfasern	$20 \cdot 10^6$	0,5
Gesamt	$4\,420 \cdot 10^6$	100,0

Aus: J. Thiem, Chem. Ind. 11/89, S. 94.

Biomasse in den meisten Fällen. Dennoch werden weiterhin große Anstrengungen unternommen, um die industrielle und energetische Nutzung von Biomasse voranzutreiben und der Land- und Forstwirtschaft neue Möglichkeiten zu erschließen. Die „Dritte Erdölkrise" von 1990 sollte endlich die Politiker dazu bringen, politische Rahmenbedingungen zu schaffen, um diese Entwicklung zu beschleunigen und wirtschaftlich attraktiv zu gestalten.

Welche Aufgabe hier vorliegt, zeigt Tabelle 6. Die Summe der jährlich neu erzeugten Biomasse wird auf 150 Milliarden Tonnen geschätzt, hiervon werden gegenwärtig aber nur weltweit 4,4 Milliarden Tonnen – überwiegend für die Nahrungsmittelproduktion – eingesetzt.

Die Nutzung von Biomasse bietet auch für hochindustrialisierte Länder eine Reihe von nicht zu übersehenden Vorteilen, die u.a. im „Bericht des Bundes und der Länder" (Juli 1989) aufgeführt sind:

- ▷ Langfristige Rohstoffsicherung im energetischen wie im chemischen Bereich.

▷ Weniger umweltbelastende Produktion, Verwendung und Entsorgung.
▷ Zusätzliche Produktions- und Einkommensmöglichkeiten für die europäische Landwirtschaft.

Pflanzliche Rohstoffe, die für energetische und industrielle Nutzung große Bedeutung zukommt, sind in erster Linie:

▷ Pflanzliche Öle
▷ Holz und weitere Lignocellulosen
▷ Zucker
▷ Stärke.

Bevor in der zweiten Hälfte des vorigen Jahrhunderts Steinkohlenteer als Rohstoffquelle ersten Ranges erkannt und zur Basis für die nun aufkommende synthetisch-organische chemische Industrie (erste Produkte waren „Teerfarben") wurde, standen für die Produktion von nur wenigen im technischen Maßstab hergestellten „Organika" lediglich Biomassen als Rohstoffe zur Verfügung. Solche Produkte waren Holzkohle und Holzteer, Seife, Kerzen, Alkohol, Essigsäure und einige weitere Erzeugnisse. Die Produktionsstätten in der vorindustriellen Zeit waren teilweise schon zu beachtlicher Größe entwickelte Handwerksbetriebe. Alte handwerkliche Technologien bilden nicht selten Ausgangspunkte für neue Entwicklungen: Daher erscheint mir auch ein Blick in die Vergangenheit der Nutzung von Biomassen nicht weniger interessant als ein Blick auf heutige Entwicklungen und zukünftige Möglichkeiten.

1.6 Wo stehen wir heute?

Die weltweite Klimadebatte, ausgelöst durch die Gefahr eines zusätzlichen Treibhauseffektes und die dadurch hervorgerufene globale Erwärmung, ist gekennzeichnet durch stark voneinander abweichende Meinungen: Während einige Wissenschaftler eine so starke Erwärmung befürchten, daß die Erde unbewohnbar wird, halten dem andere entgegen, daß solche Voraussagen keineswegs wissenschaftlich abgesichert, ja oft sogar unhaltbar seien. Während einerseits Wissenschaftler die Politiker zu raschem Handeln drängen, warnen andere vor überhasteten Maßnahmen und Umwelthysterie – oft aus Sorge vor negativen Folgen für die heimische Wirtschaft. Diese Polarisierung im Lager der Wissenschaftler überträgt sich auch auf die Öffentlichkeit.

Es ist verständlich, daß die Öffentlichkeit den Ergebnissen verschiedener Modellrechnungen mit unterschiedlichsten Ergebnissen zunehmend mißtraut und Anstoß daran nimmt, daß fundierte, nicht anzuzweifelnde Beweise bislang noch ausstehen. Ungeachtet dessen hat sich jedoch zunehmend die Meinung durchsetzen können, daß der Mensch dabei ist, unseren Planeten tiefgreifend umzugestalten, mit inzwischen unübersehbaren katastrophalen Auswirkungen auf unsere Umwelt. Führten auch die verschiedenen Computermodelle oft zu stark voneinander abweichenden Voraussagen, so sind doch andererseits die weltweit durchgeführten Messungen der ansteigenden Konzentration klimarelevanter Spurengase in der Atmosphäre absolut zuverlässig. Die Wissenschaftler befinden sich hier in einem Dilemma: Das wirkliche Klimageschehen ist viel zu schwer zu erfassen, als daß in einem einzigen Computermodell alle Parameter von so komplexen Vorgängen wie den Wechselwirkungen zwischen Meer, Land und Atmosphäre darin Eingang finden könnten. Nur schrittweise gelingt der Weg zu immer weiter verfeinerten Modellen. Angesichts der Größe der Erdoberfläche können die Wissenschaftler auch nur ein sehr grobmaschiges „fiktives Netz“ über unsere Erde stülpen und das Geschehen nur an dessen „Knotenpunkten“ erfassen, wobei die „Maschenweite“ oft 500 und mehr Kilometer beträgt.

Nach Meinung zahlreicher Wissenschaftler, der sich auch der Autor anschließt, darf aber die zweifellos bestehende Unsicherheit niemals den Vorwand dafür liefern, alles so zu belassen, wie es heute ist: Zu groß sind die möglichen irreversiblen globalen Schäden. Die skizzierten Möglichkeiten sollten ohne Hysterie und Weltuntergangsstimmung, doch zielstrebig und zügig realisiert werden.

Die industrielle Erschließung nachwachsender Rohstoffe ist eine von vielen Möglichkeiten, um dem Anstieg von CO_2 in der Atmosphäre entgegenzuwirken. Sie bietet zugleich im EG-Raum den Ausweg, von der Nahrungsmittelüberproduktion fortzukommen, ohne Arbeitsplätze zu verlieren, gewachsene bäuerliche Strukturen verändern zu müssen und Ackerland zu Brache verkommen zu lassen. Die Auswirkungen auf den CO_2-Ausstoß sind dabei eine sehr erwünschte Nebenerscheinung.

Der Treibhauseffekt ist zwar das komplexeste Problem innerhalb der gesamten Umweltproblematik, aber nur eines aus einer Vielzahl: Grundwasserverseuchung, Bodenkontaminierung, Bodenauslaugung, Müll-Lawinen, aussterbende Tier- und Pflanzenarten, Waldsterben, Zerstörung der Natur durch übermäßigen Tourismus, das sind weitere Punkte in einem umfangreichen Sorgenkatalog. Es gilt, auch diese Herausforderungen anzunehmen und ohne Hysterie, wohl aber zügig und zielbewußt anzugehen. Unsicherheit darf nicht Vorwand für ein „Auf-die-lange-Bank-Schieben“ sein! Die Zeit drängt, denn die Umweltzerstörung schreitet unablässig weiter. Wieviel Zeit haben wir noch? Diese Frage ist offen.

ZWEITES KAPITEL

Pflanzliche Öle und Fette als Rohstoffe

2.1 Die Technik und ihre Folgen

Unsere von Naturwissenschaften und Technik geprägte westliche Lebensweise wird von vielen Menschen mit Unbehagen betrachtet. Die durch den Einsatz der Technik verursachten Schäden in unserer Umwelt sind nicht zu übersehen; die Prognosen für die zukünftige Entwicklung schauen oft düster aus. Nun sind Skepsis oder gar Feindschaft der Technik gegenüber keine neuen Phänomene und haben sie begleitet, solange es Technik im modernen Sinn gibt. Neu ist aber, daß sie in unserer heutigen Gesellschaft so weit verbreitet sind. Häufig wird die Meinung vertreten, die technische Entwicklung sei außer Kontrolle geraten und die dadurch verursachten Probleme wären mit technischen Mitteln kaum noch lösbar – es sei denn durch radikale Maßnahmen wie Abschalten von Kernkraftwerken oder Stillegung chemischer Betriebe.

Der Hauptgrund hierfür ist die immer stärkere Verzahnung der Technik mit den Naturwissenschaften, deren Fachsprachen sie für immer mehr Menschen unverständlich machen. (Das Räderwerk einer mechanischen Uhr ist leicht zu durchschauen – wer aber versteht die Funktionsweise einer Quarzuhr oder ihre wissenschaftliche Beschreibung?). Diskussionen über die Ursachen der Katastrophen von Seveso, Bhopal oder Tschernobyl sind für die meisten Zeitgenossen völlig unverständlich; sie sehen sich der Flut von Informationen hilflos ausgeliefert.

Fehlende Einsicht führt zu Ablehnung – oft verstärkt durch Furcht vor dem Unbekannten, vor der „Dämonie der Technik“. Dabei darf eine Tatsache keinesfalls übersehen werden: Die Risiken, die mit dem Betrieb von Kern- und *auch* von Kohlekraftwerken oder chemischen Produktionen verbunden sind, wurden vielfach falsch eingeschätzt oder abgestritten. Dies gilt nicht nur für die Anlagen. Der „Faktor Mensch“ wird ebenfalls selten genügend berücksichtigt.

Angesichts einer sich abzeichnenden globalen Bedrohung der menschlichen Existenz müssen Möglichkeiten und Grenzen der Technik kritisch überdacht werden. Eine Rückbesinnung auf die Vorteile „altbewährter Technik“ muß dabei unbedingt mit einbezogen werden. Vor allem aber müssen Denk- und Handlungsweise der verantwortlichen Planer und Betreiber neu ausgerichtet werden, sie sollte für die Berücksichtigung ökologischer Gesichtspunkte zur Selbstverständlichkeit werden.

Vor der Einführung einer neuen Technologie empfiehlt es sich, deren Folgen und Risiken in einer umfassenden Analyse *anhand von Modellen* eingehend zu studieren. „Technikfolgenabschätzung“ muß jedem Schritt in technisches Neuland vorausgehen! Auch die verstärkte Nutzung nachwachsender Rohstoffe kann davon nicht ausgenommen werden! Nicht nur Fragen nach der Wirtschaftlichkeit des Anbaus von Pflanzen außerhalb des Nahrungssektors müssen klar beantwortet werden: Eine objektive Diskussion der möglichen Nachteile im Anbau von Energie- und Industriepflanzen tut Not.

Ehe diese Entwicklung in der Bundesrepublik im großen Maßstab eingeleitet wird – der Autor möchte sich ganz klar in positivem Sinn für eine intensive

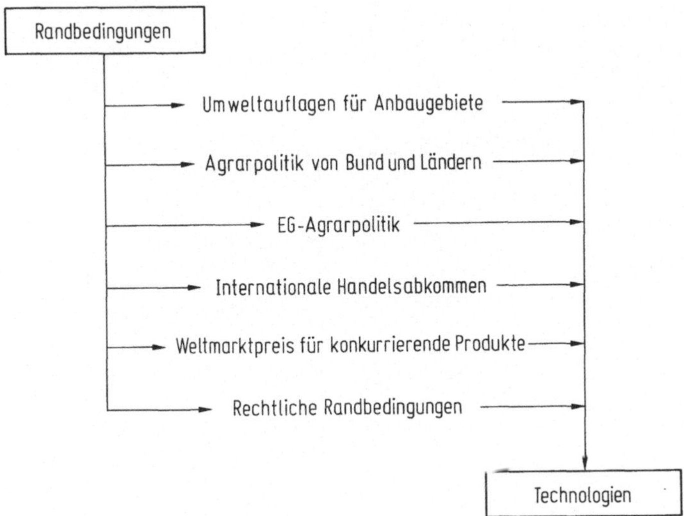

Bild 3. Einfluß von Randbedingungen auf die Technologien

Nutzung von Biomassen aussprechen – müssen ihre Chancen und Risiken, vor allem auch die möglicher Umweltbeeinträchtigung vorurteilsfrei gegeneinander abgewogen werden. Weitere Punkte sind die Auswirkungen auf die Beschäftigungslage im betroffenen Anbaugebiet, die damit verbundene Umstrukturierung im Sozialgefüge und die Verknüpfung mit dem heimischen oder EG- bzw. Weltmarkt. Bild 3 gibt eine Übersicht über die wichtigsten Randbedingungen zur nationalen und internationalen Einbindung.

Lassen die Randbedingungen eine solche neue Technologie zu, so muß die Frage nach ihrer mittelbaren und unmittelbaren Umweltverträglichkeit beantwortet werden. Jede Produktion hat Einfluß auf die Umwelt, der sich zunächst fast zwangsläufig in Naturverbrauch ausdrückt. Beispiele hierfür bieten die notwendigen Eingriffe in große Grünflächen bei der Gewinnung von Rohstoffen. Mittelbare Belastungen unserer Umwelt (Boden,

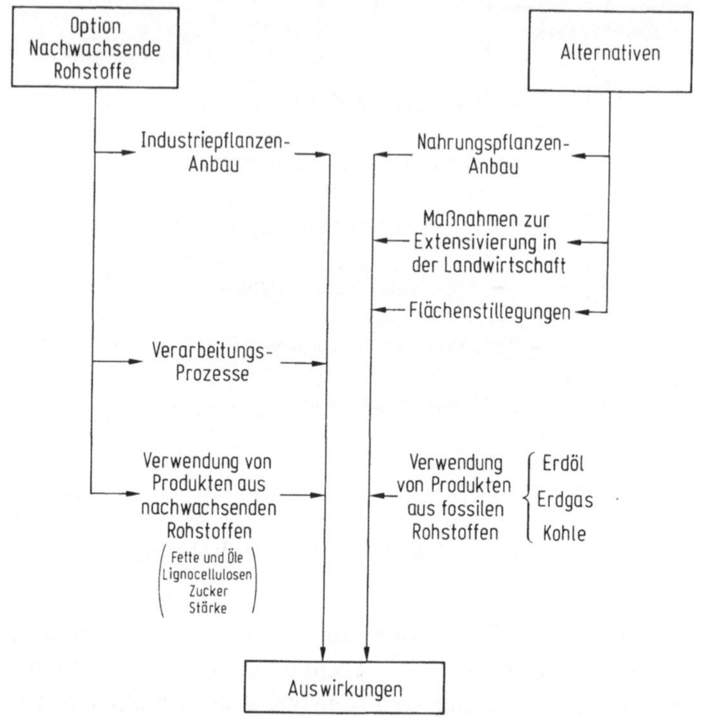

Bild 4. Schema für Technikfolgenabschätzung bei Verwendung nachwachsender Rohstoffe außerhalb des Nahrungssektors

Luft, Wasser) sind Abfälle, die sowohl beim Produzenten wie auch beim Verbraucher entstehen. Insgesamt muß kritisch abgewogen werden, ob die negativen Auswirkungen einer Industrie für nachwachsende Energieträger geringer oder größer werden als bei Einsatz konkurrierender Alternativen, also fossile Brennstoffe und Kernkraft (Bild 4).

Die Folgenabschätzung bei Verwendung nachwachsender Rohstoffe muß von Züchtung und Aussaat bis hin zur Ernte alle Stufen umfassen, also auch die Folgen pflegerischer Maßnahmen wie Einsatz von Dünge- und Pflanzenschutzmitteln, mechanische Boden-

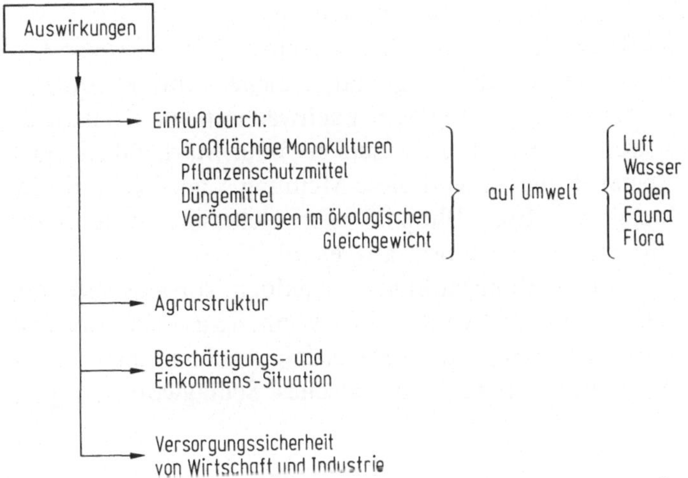

Bild 5. Mögliche Auswirkungen beim Übergang von fossilen Brenn- und Rohstoffen auf Nachwachsende Rohstoffe

bearbeitung usw. Das Ergebnis verantwortungsbewußter Untersuchungen dieses großen Komplexes ist Voraussetzung für die nachfolgende Projektbewertung (Bild 5).

Ein besonders interessierter Abnehmer für nachwachsende Rohstoffe ist die chemische Industrie, die in der Bundesrepublik heute schon ca. 10% ihres Bedarfs an organischen Rohstoffen mit Produkten aus dem Pflanzen- und Tierreich deckt (wertmäßig sind es sogar 20%). Doch gerade dieser Industriezweig stellt besonders hohe Anforderungen an die qualitative Gleichmäßigkeit der Rohstoffe, die ganz anders gewichtet sind als die Ansprüche der Nahrungs- und Genußmittelindustrie. Die Landwirtschaft steht damit vor völlig neuen Aufgaben.

An dieser Stelle muß einer weit verbreiteten, allerdings irrigen Vorstellung entgegengetreten werden: Es ist falsch, die herkömmliche Chemie als „harte", weil „umweltfeindliche" Technologie zu klassifizieren und die chemische Verarbeitung von Biomasse mit dem Gütesiegel „sanfte Chemie" zu versehen. Wer sich vor Ort einmal davon überzeugt hat, welche Umweltprobleme bei der Verarbeitung von nachwachsenden Rohstoffen auftreten, etwa in einer Zucker- oder Stärkefabrik oder in einer Brauerei, wird diese Meinung schnell korrigieren. Zugegeben: Ein „Bhopal" wird sicherlich nicht direkt von einer Zuckerfabrik ausgehen!

Anwendungspolitisch ist jedoch Vorsicht geboten: Selbst chemische Kampfstoffe können aus nachwachsenden Rohstoffen produziert werden. Auch aus dieser Sicht ist „sanfte Chemie" ein falsches Schlagwort: Es gibt keine „sanfte Chemie"!

2.2 Natürliche Öle und Fette – chemisch betrachtet

Natürliche Öle und Fette sind Produkte des Tier- und Pflanzenreiches. Bevor auf einige neue Möglichkeiten ihrer Verwendung außerhalb des Ernährungsbereiches eingegangen wird, sollen die wichtigsten chemischen Grundlagen der Fettchemie zum besseren Verständnis der weiteren Ausführungen dargestellt werden.

Chemisch gesehen handelt es sich bei den Fetten um Ester. Ehe auf die chemische Natur dieser Stoffgruppe eingegangen wird, soll der Begriff „Ester" näher erklärt werden. Diese bilden sich durch Umsetzung von Alkoholen mit Säuren nach der allgemeinen Reaktionsgleichung

$$\underset{\text{Alkohol}}{R{-}OH} + \underset{\text{Säure}}{H{-}X} \rightleftharpoons \underset{\text{Ester}}{R{-}X} + \underset{\text{Wasser}}{H_2O}$$

Man spricht von *Veresterung* der Säuren (bzw. Esterbildung). Als einfaches Beispiel sei die Veresterung von Essigsäure mit Ethanol zu Ethylacetat gewählt:

$$C_2H_5{-}OH + HOOC{-}CH_3 \overset{H^{\oplus}}{\rightleftharpoons}$$

Ethanol Essigsäure

$$C_2H_5{-}OOC{-}CH_3 + H_2O$$

Ethylacetat Wasser

Zur raschen Einstellung des Gleichgewichtes wird die $H^{\oplus}$-Ionen-Konzentration (z. B. durch Zugabe von wenig Schwefelsäure) erhöht.

Essigsäure gehört zur Stoffklasse der gesättigten Monocarbonsäuren (Alkansäuren) mit der allgemeinen Formel $C_nH_{2n+1}COOH$, die auch als Fettsäuren bezeichnet werden, weil ihre höheren Vertreter (ab C_6) als Bestandteile der Fette auftreten. Charakteristisch für diese Verbindungen ist die Carboxylgruppe

$$R{-}C\begin{matrix}{\nearrow\!\!\!\!\!/}O \\ \searrow OH\end{matrix}$$

als Träger der sauren Eigenschaften:

$$R{-}C\begin{matrix}{/\!\!/}\overline{O}| \\ \backslash \overline{\underline{O}}{-}H\end{matrix} + H_2O \rightleftharpoons R{-}C\begin{matrix}{/\!\!/}\overline{O}| \\ \backslash \overline{\underline{O}}|^{\ominus}\end{matrix} + H_3O^{\oplus}$$

In den gesättigten Fettsäuren bedeutet R– einen Alkylrest C_nH_{2n+1}. Daneben existieren zahlreiche einfach-ungesättigte Fettsäuren (Alkensäuren), die sich von den Alkansäuren durch das Vorhandensein einer ungesättigten $-C{=}C-$-Doppelbindung unterscheiden. Weiter gibt es noch mehrfach-ungesättigte Fettsäuren mit mehreren Doppelbindungen im Molekül. Die wichtigsten Fettsäuren sind in Tabelle 7 aufgeführt.

Der allen Ölen und Fetten zugrundeliegende Alkohol ist das dreiwertige Glycerin

$$
\begin{array}{l}
CH_2-OH \\
| \\
CH-OH \\
| \\
CH_2-OH
\end{array}
$$

Es wird z.B. in Körperpflegemitteln, Seifen usw. als „Rückfetter“ eingesetzt, dient aber auch als Rohstoff für die Herstellung von Nitroglycerin. Fette sind Triglyceride, d.h. sämtliche drei Hydroxylgruppen des Glycerins sind mit Fettsäuren verestert. Sie weisen folgenden Bau auf:

$$
\begin{array}{l}
CH_2-O-CO-R_1 \\
| \\
CH-O-CO-R_2 \\
| \\
CH_2-O-CO-R_3
\end{array}
$$

R = Alkylrest, z.B. $C_{17}H_{35}-$; Stearinsäure hat die Formel $C_{17}H_{35}-COOH$. R_1 bzw. R_2 bzw. R_3 bedeuten Alkylreste, die unterschiedlich oder aber auch gleich sein können.

Bei der Hydrolyse von Fetten, der sog. „Fettspaltung“, fallen Fettsäuren und Glycerin an:

$$
\underset{\text{Triglycerid („Fett“)}}{\begin{array}{l}
CH_2-O-CO-R_1 \\
| \\
CH-O-CO-R_2 \\
| \\
CH_2-O-CO-R_3
\end{array}} + \underset{\text{Wasser}}{3\,H_2O} \xrightleftharpoons[\text{(Säure o. Base)}]{\text{Katalysator}}
$$

$$
\underset{\text{Glycerin}}{\begin{array}{l}
CH_2-OH \\
| \\
CH-OH \\
| \\
CH_2-OH
\end{array}} + \underset{\text{Fettsäuren}}{\begin{array}{l}
R_1-COOH \\
\\
R_2-COOH \\
\\
R_3-COOH
\end{array}}
$$

Dieser Prozeß wird im großtechnischen Maßstab durchgeführt. Fettsäuren und Glycerin sind wichtige Aus-

Tabelle 7. Die wichtigsten natürlichen Fettsäuren

Trivialname	Zahl der C-Atome im Molekül	Formel
gesättigte Fettsäuren		
Laurinsäure	12	$CH_3-(CH_2)_{10}-COOH$
Myristinsäure	14	$CH_3-(CH_2)_{12}-COOH$
Palmitinsäure	16	$CH_3-(CH_2)_{14}-COOH$
Stearinsäure	18	$CH_3-(CH_2)_{16}-COOH$
ungesättigte Fettsäuren		
Ölsäure	18	$CH_3-(CH_2)_7-CH=CH-(CH_2)_7-COOH$
Linolsäure	18	$CH_3-(CH_2)_4-CH=CH-CH_2-CH=CH-(CH_2)_7-COOH$
Linolensäure	18	$CH_3-CH_2-CH=CH-CH_2-CH=CH-CH_2-CH=CH-(CH_2)_7-COOH$
Erucasäure	22	$CH_3-(CH_2)_7-CH=CH-(CH_2)_{11}-COOH$

gangsprodukte für zahlreiche chemische Erzeugnisse. Bei der sauren Fettspaltung erhält man in der Regel ein Gemisch aus mehreren Fettsäuren, weil Fette komplex zusammengesetzte Triglycerid-Mischungen sind. In jedem einzelnen Glyceridmolekül liegen zumeist verschiedene Säuren gebunden vor. Außerdem sind sowohl zwei- und dreisäurige, aber auch (in der Minderzahl) einsäurige Glyceride im Fett anzutreffen. Bei der Fettspaltung durch Alkalien erhält man Glycerin und die Alkalisalze der Fettsäuren (Seifen). Daher heißt der Prozeß auch Verseifung. Die Eigenschaften eines Fettes hängen wesentlich von der Kettenlänge des Alkylrestes sowie vom Gehalt an ungesättigten Fettsäuren ab, weiterhin auch von ihrer Position am Glycerinmolekül. Ohne auf nähere Einzelheiten einzugehen, sei angeführt, daß z. B. in der Kakaobutter, die im wesentlichen Palmitin-, Stearin- und Ölsäure enthält, die Ölsäure ganz überwiegend mit der mittelständigen HO-Gruppe verestert (β-Stellung), z. B.:

$$\begin{array}{l} C^{\alpha}H_2-\text{Palmitinsäure-Rest} \\ | \\ C^{\beta}H-\text{Ölsäure-Rest} \\ | \\ C^{\alpha'}H_2-\text{Stearinsäure-Rest} \end{array}$$

während die gesättigten Fettsäuren hauptsächlich in α- bzw. α'-Stellung anzutreffen sind.

Eine weitere wichtige Rolle spielt die sog. Umesterung, eine Reaktion zwischen Estern und Alkoholen, z. B.

$$R_1-COO-R_2 + R_3-OH \xrightleftharpoons{\text{Katalysator}} R_1-COO-R_3 + R_2-OH$$

Auf diese Weise lassen sich z. B. Triglyceride mit Methanol zu Fettsäuremethylestern umsetzen:

$$
\begin{array}{l}
CH_2-O-CO-R_1 \\
| \\
CH-O-CO-R_2 + 3\,CH_3OH \longrightarrow \\
| \\
CH_2-O-CO-R_3
\end{array}
$$

Triglycerid Methanol

$$
\begin{array}{ll}
CH_2-OH & R_1-COOCH_3 \\
| & \\
CH-OH + & R_2-COOCH_3 \\
| & \\
CH_2-OH & R_3-COOCH_3
\end{array}
$$

Glycerin Fettsäuremethylester

Zu den wichtigsten großtechnisch durchgeführten Reaktionen in der Fettchemie zählt die sog. „Fetthärtung". Darunter versteht man die katalytische Hydrierung der olefinischen Doppelbindungen ungesättigter Fettsäuren, z.B. die Hydrierung von Ölsäure zu Stearinsäure:

$$
\begin{array}{l}
CH_2-O-CO-(CH_2)_7-CH=CH-(CH_2)_7-CH_3 \\
| \\
CH-O-CO-(CH_2)_7-CH=CH-(CH_2)_7-CH_3+2H_2 \\
| \\
CH_2-O-CO-(CH_2)_{16}-CH_3
\end{array}
$$

Dioleat-Stearat Wasserstoff

$$
\begin{array}{l}
CH_2-O-CO-(CH_2)_{16}-CH_3 \\
| \\
\longrightarrow CH-O-CO-(H_2)_{16}-CH_3 \\
| \\
CH_2-O-CO-(CH_2)_{16}-CH_3
\end{array}
$$

Tristearat

Diese von W. Normann um die Jahrhundertwende entdeckte Hydrierung, die in Gegenwart von Nickelkatalysatoren unter bis zu etwa 50 bar Druck bei 150 bis 180 °C in flüssiger Phase durchgeführt wird, hat insbesondere für die Herstellung von Speisefetten große Bedeutung erlangt. Sie ermöglicht die Umwandlung von Ölen, die reich an ungesättigten Fettsäuren sind, in Fette mit höherem Schmelzpunkt, die u.a. bei der Margarine-Herstellung Verwendung finden.

Unter energischeren Hydrierungsbedingungen von etwa 200 bar Druck und Temperaturen von 250 °C wird in Gegenwart von Kupferchromit-Katalystatoren die Carboxylgruppe in eine Hydroxylgruppe umgewandelt, z. B.

$$H_3C-(CH_2)_{10}-C\begin{matrix}\nearrow O \\ \searrow OH\end{matrix} + 2H_2 \xrightarrow{\text{Katalysator}}$$

Laurinsäure — Wasserstoff

$$H_3C-(CH_2)_{10}-CH_2-OH + H_2O$$

Laurylalkohol

Auf diese Weise werden Fettalkohole gebildet, die große Bedeutung u. a. für die Herstellung von Waschrohstoffen haben.

Das älteste Waschmittel ist Seife, die z. B. aus Fettsäuren durch Neutralisation mit Natronlauge gewonnen wird. Als Körperreinigungsmittel hat sie bis heute ihre Bedeutung nicht eingebüßt. Feste Seifen $R-COONa$ sind also die Natriumsalze natürlicher Fettsäuren. Der bei uns übliche „Fettansatz" besteht aus 80% Rindertalgfettsäure und 20% Cocosölfettsäure.

Auch bei der Herstellung von Kunstharzen wird auf Fettrohstoffe zurückgegriffen. So sind Alkydharze eine wichtige Gruppe von Grundstoffen, die in der Lackindustrie weitverbreitete Anwendung finden. Es handelt sich dabei um sog. Polyester, die durch Polykondensation von mehrwertigen Alkoholen mit mehrwertigen aliphatischen und aromatischen Säuren (bzw. deren Anhydriden) entstehen; als Alkohol-Komponente dient u. a. auch Glycerin. Eine besondere Rolle spielen ölmodifizierte Alkydharze, die unter Verwendung geeigneter hochungesättigter Öle wie Leinöl gewonnen werden und sich u.a. als Autolacke seit Jahrzehnten hervorragend bewähren.

Die hier genannten Prozesse werden seit vielen Jahrzehnten, im Fall der Seife sogar seit Jahrhunderten technisch durchgeführt. Dabei wurde insbesondere die Entwicklung von Waschrohstoffen auf der Basis natürlicher Öle und Fette intensiv vorangetrieben. Heute ist eine breite Palette für jeden Zweck maßgeschneiderter „Tenside“ und Lackrohstoffe bekannt.

Die Weltproduktion von „Biofetten“ liegt heute bei jährlich etwa 80 Millionen Tonnen, die zu rund 80% für Ernährungszwecke verwendet werden. Je weitere rund 10% werden chemisch-technisch und hauptsächlich als Futtermittel genutzt. Von der Weltproduktion entfallen etwa 60 Mio. t auf Öle und Fette aus dem Pflanzenreich, der Rest stammt aus dem Tierreich, wobei Butter, Schmalz und Talg je etwa ein Drittel ausmachen.

Die Gewinnung von Pflanzenfetten aus Samen (Sojabohnen, Erdnüsse, Kokosnüsse, Rapssamen, Sonnenblumenkerne usw.) erfolgt entweder durch Auspressen, durch Extraktion mit Lösungsmitteln, vorwiegend n-Hexan C_6H_{14}, oder durch Kombination beider Verfahren. Aus ölreichen Samen wird zuerst ein Teil des Öls ausgepreßt und der Rückstand (Schrot) anschließend extrahiert. Das Fließbild der Ölgewinnung aus Samen zeigt Bild 6.

Die Lösung von Ölen wird als Miscella bezeichnet. Das Lösungsmittel wird nach der Extraktion verdampft, wieder kondensiert und erneut zur Extraktion eingesetzt.

Fruchtfleischfette werden auf andere Weise gewonnen. So werden die Früchte der Ölpalme zerkleinert und mit Wasser ausgekocht; die leichte Ölphase wird anschließend von der Wasserphase separiert. Olivenöl erhält man durch Auspressen der Oliven. Während Samen lagerfähig sind, müssen die Ölfrüchte unmittelbar nach

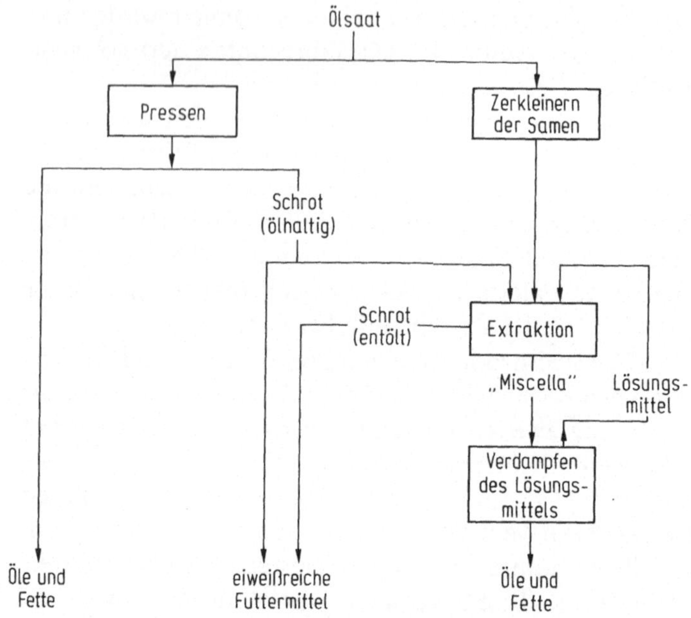

Bild 6. Gewinnung von Ölen und Fetten aus Samen

der Ernte verarbeitet werden, weil sie sonst sehr rasch verderben.

Ob ein Triglycerid als Fett oder Öl bezeichnet wird, ist willkürlich: Öle sind bei den üblichen Außentemperaturen flüssig, Fette dagegen fest. Je nach Klima eines Landes wird die Bezeichnung unterschiedlich ausfallen: Bei uns ist das „Cocosöl" der Tropen fest und wird daher als „Cocosfett" bezeichnet. Der übergeordnete Begriff ist jedoch Fett.

1985 wurden im gesamten EG-Raum 2,7 Millionen Tonnen Öle und Fette für chemisch-technische Zwecke eingesetzt, davon 0,7 Mio. t in der Bundesrepublik. Das Absatzpotential im EG-Raum wird auf 3,5 Mio. t geschätzt. In diesen Zahlen ist jedoch nicht der potentielle Markt für die Verwendung von Pflanzenölen als Treibstoffe für Dieselmotoren berücksichtigt.

2.3 Die gelbe Blume: Raps

Die Situation der Landwirtschaft im EG-Raum ist seit vielen Jahren durch beträchtliche Produktionsüberschüsse bei sinkenden Preisen gekennzeichnet. Verständlicherweise führte das zu einer intensiven Diskussion über Möglichkeiten, wie landwirtschaftliche Produkte außerhalb des Agrarsektors als Industrierohstoffe und Energiequellen genutzt werden könnten. Unter dem Eindruck der Ölpreisschocks („Ölkrisen") in den 70er Jahren stand zunächst die Verwendung nachwachsender Rohstoffe als alternative Energieträger im Vordergrund des Interesses. Heute geht es in erster Linie darum, die Überschußproduktion an Nahrungsmitteln zu verringern, und gleichzeitig Arbeitsplätze und Einkommen in der Landwirtschaft zu sichern.

Mit der Einführung der EG-Fettordnung im Jahre 1966 sollte die Versorgung der EG-Länder mit pflanzlichen Fetten und Eiweißfuttermitteln verbessert werden. Die günstige Preisentwicklung bei Ölsaaten machte deren Anbau zunehmend attraktiv und führte bei Raps seit 1980 zu einer beträchtlichen Ausweitung der Anbauflächen. Sie umfassen heute im EG-Raum insgesamt 1,7 Millionen ha (ca. 3,5% der gesamten Ackerfläche), in der Bundesrepublik rund 430000 ha (ca. 5,5% der Ackerfläche in den alten Bundesländern). Maßgeblichen Anteil an dieser Entwicklung hat die Züchtung neuer Rapssorten, deren Öl im Vergleich zu Öl aus alten Sorten wohlschmeckender und arm an Erucasäure, dagegen reicher an Ölsäure und Linolsäure ist. Fütterung von erucasäurereichem Rüböl führte bei Ratten zu Herzverfettung und Necrosen, die allerdings beim Menschen nicht beobachtet wurden. Weiterhin enthalten die neuen Rapssorten kaum noch Senföle (chemisch gebunden an Zucker in Form von Glycosiden), die bei der Ölgewinnung im Rapsschrot verbleiben und dessen ernährungsphysiologischen Wert als Eiweißfuttermittel beträchtlich mindern. Auch technische Fortschritte bei Mähdreschern, die heute verlustarmes Ernten ermöglichen, begünstigten den Anbau von „0.0-Raps“ (frei von Erucasäure und Senfölen). Raps ist übrigens die für unsere Breiten geeignetste Ölpflanze. Er wird hier seit Ende des Mittelalters angebaut. Inzwischen hat der Selbstversorgungsgrad bei Rapsöl im EG-Raum 140% erreicht, so daß Rapsüberschüsse exportiert werden.

Die Mechanisierung in der Landwirtschaft führte zur Verdrängung der früher unentbehrlichen Zugpferde durch schwere Dieseltraktoren. Auf den alten Futteranbauflächen (für Hafer) wachsen nun Getreide, die heute vielfach zu den „Überschüssen“ beitragen. Dies belegen Zahlen aus Österreich besonders deutlich, wo zu Beginn der fünziger Jahre rund 280000 Pferde gehalten wurden; jetzt sind es gerade noch rund 40000. Dadurch wurde eine zusätzliche Ackerfläche von etwa 240000 ha frei, die heute für Getreideanbau genutzt wird. Aus einem Getreideimportland, das noch 1955 etwa 1 Mio. t Getreide einführte, wurde seit Mitte der 70er Jahre ein Getreideexportland. Die jährlichen Getreideexporte lagen in den letzten Jahren zwischen 800000 und 1 Mio. t. Zugleich importiert Österreich jährlich rund 500000 Tonnen Eiweißfuttermittel, die einer Anbaufläche von rund 250000 ha (!) entsprechen und vielfach aus Ländern stammen, wo Mangel an Nahrungsmitteln herrscht. Als ob deren Ackerflächen nicht sinnvoller genutzt werden könnten, als zur Versorgung von Rindern und Schweinen in Europa! Rapsschrot könnte einen Teil der importierten Eiweißfuttermittel ersetzen. Nicht grundlegend anders dürften die Verhältnisse in der Bundesrepublik sein, wo 1950 noch die Arbeitskraft von 2,3 Millionen Pferden in der Landwirtschaft erforderlich war. Inzwischen sind die Pferde praktisch vollständig durch Ackerschlepper ersetzt, die mit Dieselöl betrieben werden.

Diese Situation könnte durch Anbau von Raps (und auch anderen Ölsaaten) grundlegend geändert werden, wenn zugleich Rapsöl als *Treibstoff* für die Dieselmotoren der Ackerschlepper eingesetzt würde. Die Landwirte, die ja früher den Energiebedarf ihrer „lebenden Zugmaschinen" durch Anbau von Futterpflanzen dekken mußten, könnten dann erneut den Energiebedarf ihrer (nun Diesel-)Zugmaschinen sicherstellen und zugleich einen Beitrag zur Minderung des Bedarfs an fossilen Treibstoffen leisten. Es bedarf keiner weiteren Diskussion darüber, daß dadurch die Einkommenssituation in der ohnehin bedrängten Landwirtschaft nicht beeinträchtigt werden darf.

Zur Eindämmung der landwirtschaftlichen Überproduktion müßten im gesamten EG-Raum etwa 10 bis 15 Millionen ha Land aus der Bewirtschaftung genommen werden, davon in der Bundesrepublik etwa 1 bis 3 Millionen ha. Die Bauernverbände gehen davon aus, daß bereits 1990 nur noch 80% der 7,2 Millionen ha Ackerfläche in der Bundesrepublik für eine ausreichende Nahrungsmittelproduktion benötigt werden. Würden die derzeit etwa 1,25 Millionen Tonnen Dieselöl, die in der Landwirtschaft eingesetzt werden, durch Rapsöl ersetzt, so müßten hierfür etwa 1,4(!) Mio. ha Ackerfläche zusätzlich für den Rapsanbau zur Verfügung gestellt werden, und Ackerland in Brache umzuwandeln würde sich erübrigen! Die Subventionen für Dieselöl, das in der Landwirtschaft verbraucht wird, könnten entfallen. Allerdings müßten dann (vermutlich) Ausgleichszahlungen an deren Stelle treten, um Einkommenseinbußen der Landwirte auszugleichen, denn das Preisverhältnis Rüböl: Dieselöl muß mit etwa 3:1 (bei Erzeugungskosten von Rüböl von 1,60 bis 2,10 DM pro kg) angesetzt werden.

Hier erhebt sich die Frage, ob Rüböl überhaupt als Kraftstoff in Dieselmotoren eingesetzt werden kann (für

Ottomotoren ist es nicht geeignet). R. Diesel hat schon um die Jahrhundertwende versucht, Pflanzenöle in seinem Motor zu verwenden.

Die niedrigen Erdölpreise trugen von Anfang an dazu bei, daß der Dieselmotor ausschließlich für die Verwendung von erdölstämmigem Dieseltreibstoff weiterentwickelt wurde. Die neuen Versuche haben gezeigt, daß ein durch Filtrieren oder Zentrifugieren entschleimtes Rapsöl für Dieselmotoren mit Direkteinspritzung ungeeignet ist: Bei längerem Betrieb führen Verbrennungsrückstände und Verkrustungen zu Leistungsabfall, unregelmäßigem Lauf und schließlich zum Ausfall des Motors. Es bieten sich zwei Wege an, um Dieselöl durch Rapsöl zu ersetzen:

- ▷ Anpassung von Rapsöl an den Motor. Dies gelingt durch Umesterung des Rapsöls mit Methanol bzw. Ethanol. Die anfallenden Ester eignen sich hervorragend als Dieseltreibstoff („Biodiesel").
- ▷ Anpassung des Motors an die Eigenschaften von Rapsöl: Dieser Weg führte (endlich!) zu neuen Konzeptionen beim Motorenbau (Elsbettmotor).

Für beide Ansätze stehen technische Lösungen zur Verfügung, die in der Praxis erprobt werden.

2.3.1 Diesel aus Raps- und Sonnenblumen

In Österreich wird zur Erschließung von Raps und Sonnenblumen als Rohmaterial für Dieseltreibstoffe der Weg über Umesterung der Saatöle zu den entsprechenden Methylestern verfolgt. Ziel dieser Bemühungen ist die Substitution von 300000 Tonnen Dieselöl, die jährlich in der österreichischen Landwirtschaft verbraucht werden, durch „Treibstoffe vom Acker".

Die ARGE RME (Arbeitsgemeinschaft Rapsmethylester) in Graz strebt Selbstversorgung der heimischen

Landwirtschaft mit Dieseltreibstoff und Eiweißfuttermitteln von eigener Scholle an. Diese Erzeugnisse werden also nicht über den Handel vertrieben, sondern dienen der Eigenversorgung von bäuerlichen Betrieben. Hierzu wird der Bau von Kleinanlagen mit jährlichen Verarbeitungskapazitäten von 500 bis 5000 Tonnen Rapssaat bzw. Sonnenblumenkernen vorangetrieben.

Eine erste kontinuierlich arbeitende bäuerliche Preß- und Umesterungsanlage mit einer jährlichen Kapazität von 1500 Tonnen Rapssaat bzw. Sonnenblumenkernen ist seit 1989 in Asperhofen bei Neulengbach in Betrieb, nachdem sich 293 Höfe der Region zu einer Genossenschaft zusammengeschlossen hatten. Jeder Bauer produziert diese Ölfrüchte und erhält bei Ablieferung die seiner Menge entsprechenden Ausbeuten an „Ökodiesel“ und Ölkuchen zurück. Grob gerechnet kann man 1/3 Öl und 2/3 Ölkuchen ansetzen. Zwei weitere Anlagen dieser Art befinden sich im Bau.

Einen Überblick über die Produktion gibt das Fließbild (siehe Bild 7).

Mit Hilfe einer Schneckenpresse wird Öl aus der Ölsaat gepreßt und anschließend durch Filtration von störenden Trüb- und Schleimstoffen befreit. Die nachfolgende Umesterung erfolgt bei Raumtemperatur in Gegenwart von Kalilauge (KOH) als Katalysator. Nach Beendigung der Reaktion wird die Glycerinphase abgetrennt und der Katalysator mit Hilfe eines Ionenaustauschers aus der Ölphase entfernt, damit keine „Aschelieferanten“ im Treibstoff verbleiben. Der Ökodiesel kann sowohl für sich allein wie auch im Gemisch mit Mineral-Dieselöl (ist steuerlich nicht zulässig) in herkömmlichen Dieselmotoren verwendet werden. Die Glycerinphase wird gereinigt und als Rohstoff an die pharmazeutische Industrie verkauft, die Ölkuchen (Preßrückstände) dienen als hochwertiges Eiweißfutter.

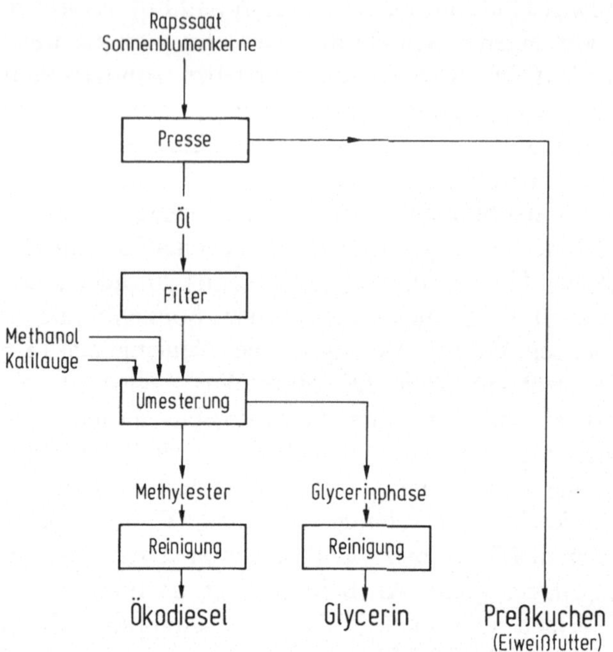

Bild 7. Herstellung von Dieseltreibstoff aus Ölsaaten durch Umesterung mit Methanol

Nach den bisher vorliegenden Ergebnissen erhält man pro ha Anbaufläche rund 1000 l Ökodiesel. Zur Versorgung der österreichischen Landwirtschaft wären demnach etwa 300000 ha Ackerfläche erforderlich, um Dieselöl vollständig zu ersetzen. Derzeit werden auf etwa 200000 bis 250000 ha Agrarfläche nur schwer absetzbare Getreideüberschüsse erzeugt. Würde man auf 300000 ha Fläche Ölfrüchte für Treibstoffgewinnung anbauen, ließe sich folgendes erreichen:

▷ Selbstversorgung der österreichischen Landwirtschaft mit Dieseltreibstoff.
▷ Vermeidung von schwer auf dem Weltmarkt absetzbaren Getreideüberschüssen.

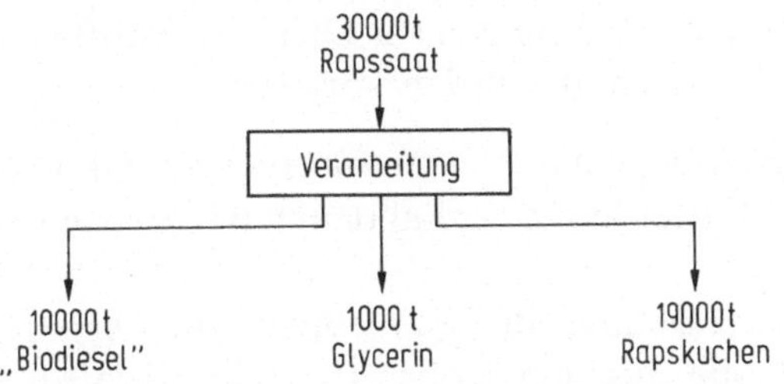

Bild 8. Herstellung von „Biodiesel“: Übersicht über Ausbeuten

▷ Substitution der Hälfte heute importierter Eiweißfuttermittel (Sojakuchen) durch heimische Erzeugnisse.

Der Vergleich des Schadstoffausstoßes von Mineral-Dieselöl mit Ökodiesel hat folgendes Ergebnis gebracht: Die Schadstoffwerte im Abgas eines 52 kW-Schleppermotors lagen – mit Ausnahme des NO_x-Wertes – bei Betrieb mit dem Pflanzenprodukt günstiger. Beim Betrieb mit Ökodiesel trat allerdings ein typischer Geruch nach Pommes frites auf, und die Motorleistung lag um etwa 3 bis 8% tiefer. Aber nochmal: Dieser Motor war kein Kind jahrelanger Hightech-Forschung auf dem Gebiet Pflanzendiesel!

In Aschach/Donau in Oberösterreich wird ein zweites Projekt „Biodiesel“ durchgeführt. Hier betreibt die Oberösterreichische Warenvermittlung eine erheblich größere Preß- und Umesterungsanlage für eine jährliche Verarbeitung von 30000 Tonnen Rapssaat aus oberösterreichischem Anbau (entspricht 10000 ha Anbaufläche). Über den Mengenfluß gibt Bild 8 eine Übersicht.

Die Produktion unterscheidet sich prinzipiell nicht von der beschriebenen Kleinproduktion im bäuerlichen Rahmen, denn der wichtigste Schritt ist auch in diesem Fall die Umesterung mit Methanol. Wohl aber ist mit dem Bau dieser Anlage ein erster Schritt in eine neue Richtung getan: Der Weg zur „Agroraffinerie“. Zwei unterschiedliche Richtungen für Dieseltreibstoffversorgung der Landwirtschaft wurden vorgestellt:

- ▷ Integrierung einer *Kleinproduktion* von Ökodiesel und Eiweißfutter in die vorhandenen bäuerlichen Strukturen.
- ▷ *Großproduktion*, die schließlich zur Agroraffinerie führt, die aus den Rohstoffen einer großen Region eine breite Palette von Produkten erzeugt, unter denen Biodiesel und Eiweißfutter auch weiterhin eine dominierende Rolle spielen.

Unter einer *Raffinerie* versteht man traditionell eine Produktionsstätte, in der Erdöl zu einer Fülle von Produkten verarbeitet wird, ohne die eine moderne Wirtschaft nicht denkbar ist: Benzin, Dieselöl, Heizöl, Flugbenzin usw., aber auch unentbehrliche Rohstoffe für die chemische Industrie wie Naphta, aromatische Kohlenwasserstoffe, Wasserstoff, Schwefel und viele andere Produkte. Zuckerherstellung ist ein anderer ziemlich „raffinierter" Industriezweig.

Die Erdölpreisschübe in den 70er Jahren haben dazu geführt, die Verfahren der bis zum Beginn der 50er Jahre dominierenden, dann aber von der Petrochemie Zug um Zug verdrängten Kohlechemie erneut zu durchleuchten. Aufbauend auf alten Erfahrungen und neuen Erkenntnissen, wurde das Konzept der *Kohleraffinerie* entworfen, in der an Stelle von Erdöl synthetisches Kohleöl zur Produktfülle der Erdölraffinerie aufgearbeitet wird. Zwar könnte die Kohleraffinerie (mit riesigem technischen Aufwand!) die Versorgung mit flüssigen Treibstoffen und Heizölen sowie vielen Rohstoffen für die chemische Industrie übernehmen, doch wird damit kein Beitrag zur Minderung des zusätzlichen Treibhauseffektes geliefert, denn Kohle ist wie Erdöl ein fossiler Energieträger. Im Gegenteil wird durch die Kohleraffinerie der Ausstoß von CO_2 aus fossilen Quellen noch erhöht: Für die Synthesen werden zusätzlich Energie und Wasserstoff benötigt und bei deren Gewinnung zusätzliches CO_2 erzeugt! (Abhilfe könnte die Integrierung eines Hochtemperatur-Kernreaktors in die Kohleraffinerie bringen).

Die *Agroraffinerie* weist einen neuen Weg: Eingebettet in den natürlichen Kohlenstoffkreislauf liefert sie flüssige Treibstoffe und Heizöle (pflanzliche Öle können ohne weiteres an die Stelle von leichtem Heizöl treten!) und leistet so einen Beitrag zum Abbremsen des CO_2-Eintrages aus fossilem Kohlenstoff.

Ehe dieser Schritt großtechnisch getan wird, muß unbedingt eine sorgfältige Technikfolgenabschätzung durchgeführt und die Frage nach allen Richtungen hin geprüft werden, ob durch eine Kombination aus Energiepflanzenanbau und industrieller Großproduktion nicht neue Gefahren entstehen:

▷ Unzulässige Überdüngung der zum Industriepflanzenanbau genutzten Agrarflächen, um möglichst hohe Hektarerträge zu erzielen: Gefahr von Grundwasserverseuchung (Nitrat).

▷ Gefahren für den Boden durch:
- Auslaugung als Folge großflächiger Monokulturen.
- Zerstörung von Lebensräumen der natürlichen Feinde von Pflanzenschädlingen bei verstärktem Einsatz von Pflanzenschutzmitteln mit all seinen Folgen für das Grundwasser.

▷ Bodenverdichtung durch den Einsatz schwerer Ackermaschinen.

Diesen möglichen Gefahren muß von vornherein bei der Erstellung der neuen Konzeptionen begegnet werden (Integrierter Pflanzenbau)!

2.3.2 Der Bio-Dieselmotor

Die Alternative zur Verwendung von Fettsäuremethylestern aus natürlichen Ölen in herkömmlichen Dieselmotoren ist ein direkter Einsatz der Pflanzenöle in hierfür geeigneten neukonstruierten Dieselmotoren. Dieser Weg wird konsequent von Ludwig Elsbett und seinen Mitarbeitern beschritten: Die Firma Elsbett-Konstruktion in Hilpoltstein nahe bei Nürnberg hat einen Pflanzenölmotor entwickelt, der richtungsweisend ist!

Bei der Verbrennung von Pflanzenölen bilden sich Ablagerungen an den Brennraumwänden, die einen normalen Betrieb des Motors verhindern. Im Elsbett-Motor wird diese Erscheinung durch den patentierten Trick des „Duotherm-Verfahrens" umgangen: Die angesaugte Verbrennungsluft wird bei der Kompression in einer tiefen Kolbenmulde in Rotation versetzt. Der Kraftstoff (neben Pflanzenölen können auch normaler Dieseltreibstoff und sogar Normalbenzin verwendet werden) wird in die Mitte des Luftwirbels gespritzt (siehe Bild 9) und hier verbrannt, während eine relativ kühle äußere Luftschicht die heiße Flammzone von den Brennraumwänden abschirmt. Der „Duotherm-Luftwirbel" vermeidet Ablage-

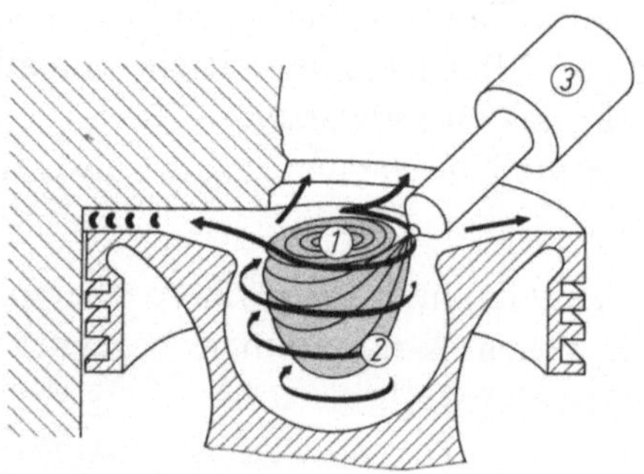

Bild 9. Duotherm-Brennverfahren beim Elsbett-Motor. *1* Brennzone, *2* Luftmantel, *3* Düse

rungen an den Wänden. Zugleich wird auch erreicht, daß der Motor ohne Wasserkühlung auskommt und teure, weil hochwarmfeste Werkstoffe für Kolben und Brennraum nicht notwendig sind. Dieser geräuscharme Vielstoffmotor wird derzeit in einer Reihe von Fahrzeugen erprobt. Der Treibstoffverbrauch eines Pkw-optimierten Elsbett-Dreizylindermotors von 60 kw (81,6 PS) Leistung bei 2900 U/min liegt mit 4 bis 5,5 Liter pro 100 km erfreulich niedrig. Das ist selbst für intelligent konstruierte Triebwerke wie dieses erstaunlich. Zum Vergleich: Ein „Sparbenziner“ dürfte für diese Ausbeute höchstens 1 l Hubraum haben und müßte mit 7000–9000 U/min drehen.

2.3.3 Erdnußfelder statt Bohrturmwälder?

Eine Begrünung der Nordsahara, die noch zu Zeiten der Römer fruchtbar war, steht im Mittelpunkt eines Modells, das L. Elsbett und seine Mitarbeiter entworfen haben. Das hierfür notwendige Wasser sollen riesige Luftbefeuchter aus dem Meer entnehmen und an die Luft abgeben. Es werden bis zu 200 m lange „Tragflügelnebler“ vorgeschlagen, die sich – an Seilen aufgehängt – um einen zentralen Drehturm (siehe Bild 10) bewegen. Der Arbeitsdurchmesser einer solchen Maschine beträgt

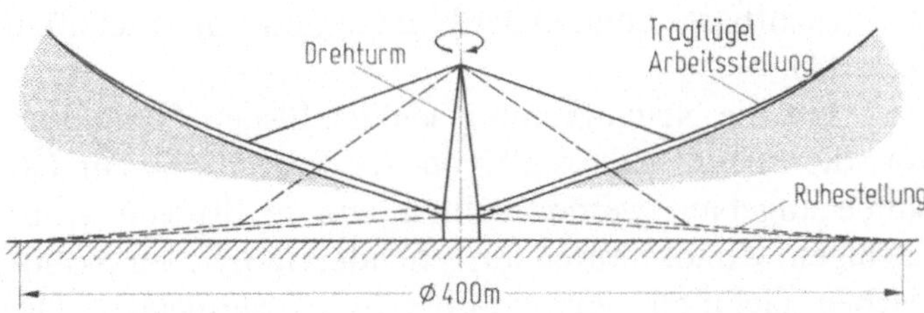

Bild 10. Tragflügelnebler (2000 kW mit 3 m³/s Wasserverdunstung) (Nach L. Elsbett)

400 m. Die Türme sollen in Küstennähe heißer, trockener Länder aus dem Meer herausragen (bzw. auf dem Land in unmittelbarer Küstennähe stehen. Die langen rotierenden Flügel sind mit Wasserdüsen ausgerüstet.

Die Konstruktion ermöglicht es, das versprühte Wasser in eine möglichst große Luftmenge „einzurühren", damit sich aus dem feinen Wassernebel (Tröpfchen!) leicht Wasserdampf bilden kann. Die Wassermengen sollen gerade so bemessen sein, daß sie von den landwärts strömenden Luftmengen (Seewind) aufgenommen werden können, ohne daß unter Energieverschwendung sinnlos Wasser versprüht wird. Seewind entsteht durch den Aufstieg erhitzter Luftmassen im Landesinneren, die von See her ersetzt werden.

Das Verdampfen des Meerwassers sollte über dem Meer erfolgen, damit das dabei auskristallisierende Salz zurück ins Meer fällt.

Für Reparatur- und Wartungsarbeiten können die Tragflügel abgesenkt werden. In diese Ruhestellung werden sie auch gebracht, wenn die Luftströmung nicht landwärts weht.

Der Antrieb der Befeuchter erfolgt mit Elsbett-Motoren. Nach Berechnungen von Elsbett kann die jährliche Leistung einer aus 6000 Einzelaggregaten bestehenden Luftbefeuchter-Kette von 3000 km Länge mit jährlich rund 120 Milliarden (!) Tonnen Wasserverdunstung angesetzt werden, die ausreichen sollten, 3,6 Millionen km^2 fruchtbares Land in der Nordsahara neu zu schaffen (Bild 11).

Für die Neubegrünung schlägt Elsbett Ölpflanzen vor, die in fünf „Etagen" von der Erdnuß bis zur Ölpalme angebaut werden sollten, um so die von großflächigen Monokulturen ausgehenden möglichen ökologischen Gefahren von vornherein zu vermeiden. Die höchsten Ölerträge pro km^2 werden mit Ölpalmen erzielt. Die Bewässerung erfolgt durch Regen, der sich aus

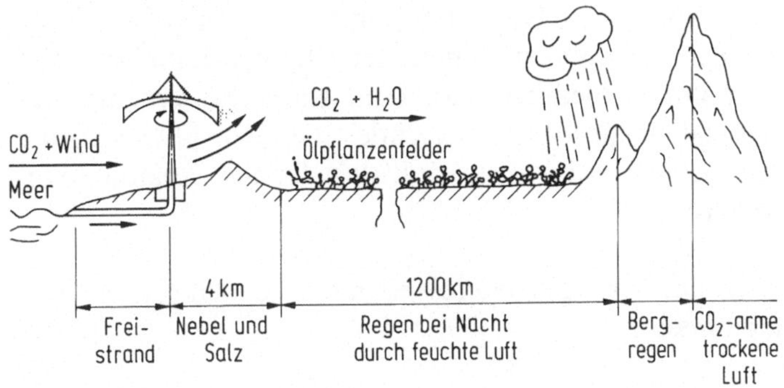

Bild 11. Schematische Darstellung der Sahara-Begrünung und CO_2-Entsorgung mit technischen Mitteln

der feuchten Luft bei Nachtabkühlung bildet. Elsbett ist davon überzeugt, daß auf einer Fläche von 3,6 Millionen km^2, wo sich heute Wüste befindet, nach seinem Konzept so viel Pflanzenöl produziert werden könnte, wie heute weltweit Erdöl gefördert wird. Eine Neubegrünung aller nordafrikanischen Wüstengebiete sollte zu einer Ölmenge führen, die ein Mehrfaches hiervon beträgt.

Ob dieser Plan einer großflächigen Verdunstung von Meerwasser längs der nordafrikanischen Küste wirklich zu einer Umwandlung großer Teile der Sahara in fruchtbares Land nach dem von Elsbett geschilderten Mechanismus führen kann, wird von meteorologischer Seite angezweifelt. Welche Klimaveränderungen hervorgerufen werden, bedarf zudem einer sorgfältigen Technikfolgenabschätzung. Die Diskussion über diese Probleme muß den Fachleuten überlassen bleiben. Offen ist auch, ob die vorgeschlagenen Tragflügelnebler angesichts ihrer riesigen Dimensionen allen Stürmen widerstehen können und betriebssicher sind; erinnert sei an die erheblichen Schwierigkeiten beim Bau großer Windkraftanlagen. Weiterhin sei aber auch darauf hingewiesen, daß sich die jeweils günstigsten Lösungen für die Vermeidung des zusätzlichen Treibhauseffektes aus den vorliegenden lokalen Möglichkeiten herleiten, die von Land zu Land sehr unterschiedlich sind. Und wäre eine erneute Abhängigkeit der Industrieländer bei der Ölversorgung von Ländern in einer politisch labilen Region wünschenswert?

Diese Fragen interessieren hier jedoch erst in zweiter Linie:

Angesichts der globalen Bedrohung durch den zusätzlichen Treibhauseffekt und der drängenden Zeitnot sind Wissenschaftler, Techniker und vor allem die Politiker dringend dazu aufgefordert, einer kreativen Fantasie breiten Raum zu geben und selbst utopisch anmutende Pläne zur Diskussion zu stellen. „Der Fortschritt ist nur eine Verwirklichung von Utopien" – dieses Wort von Oscar Wilde gilt heute mehr denn je!

Der Plan von Elsbett mag in der vorliegenden Form in vieler Hinsicht utopisch klingen und mit Mängeln und Fehlern behaftet sein: Dieser kühne Entwurf eines neuen Weges zur Versorgung der Welt mit biogenen Treibstoffen sollte nicht aus den Augen verloren werden! Welche Dimensionen hier vorliegen, zeigt ein Blick auf die heutige Situation: Jährlich werden mehr als 3 Mrd. t Erdöl gefördert, denen 80 Mio. t Biofette gegenüberstehen. Das sind bescheidene 2,7%! Schon eine zusätzliche Erzeugung von vielleicht 50 oder 100 Mio. t Pflanzenöl jährlich für technische Zwecke wäre ein gigantisches Vorhaben!

Von September 1988 bis Ende 1990 lief auf dem Prüfstand des Entwicklungszentrums der Firma Porsche in Abstimmung mit dem BMFT sowie dem BM für Ernährung, Landwirtschaft und Forsten ein Großversuch mit der Zielsetzung, das Betriebsverhalten von Dieselmotoren beim Lauf mit Rapsöl reproduzierbar zu untersuchen. Der Leistungsbereich der Maschinen lag zwischen 40 und 275 kW. [1] Die Versuche haben die Erwartungen der Motorenhersteller sowie der Befürworter des Rapsölmotors weitgehend bestätigt: Rapsöl *kann* als Ersatz für herkömmlichen Dieseltreibstoff dienen.

Zugleich haben die Versuche auch gezeigt, daß die Ausrichtung der Motoren auf die speziellen Eigenschaften des Rapsöls noch erheblicher Verbesserungen bedarf (Merke: Optimierung ist im Otto- und Dieselmotorbau seit 100 Jahren selbstverständlich!). So ist der Abgasgeruch im Vergleich zum üblichen Dieselkraftstoff in allen Fällen intensiver (Geruch nach Pommes frites), und bei einigen Motoren überraschte der hohe Gehalt an Aromaten im Abgas.

Es sind noch eine Reihe von Fragen offen, die sowohl den Betrieb mit Rapsöl wie auch mit Rapsölmethylester betreffen. Für den Betrieb mit Rapsöl sind Dieselmotoren mit Direkteinspritzung nicht geeignet, wohl aber solche, die mit dem Vor- oder Wirbelkammerverfahren arbeiten. Dringend erforderlich sind schnelle Untersuchungen über die vom Gesetzgeber bisher nicht limitierten Abgaskomponenten (Aldehyde, Ketone), die bei den Biotreibstoffen auftreten und zugleich ein Beispiel für die Notwendigkeit der Technikfolgenabschätzung bieten. Auch den Aromaten muß besondere Beachtung geschenkt werden.

Inzwischen hat es sich in unserem Land herumgesprochen, daß nachwachsende Rohstoffe eine riesige Chance bieten für:

▷ unsere Umwelt,
▷ die Wirtschaft in ländlichen Gebieten,
▷ die Entwicklungsländer.

---

[1] Die Firma Elsbett beteiligte sich nicht an diesem Projekt.

Rund 25% der heute im EG-Raum für Nahrungsmittelproduktion genutzten landwirtschaftlichen Flächen werden für diesen Zweck in naher Zukunft nicht mehr verwendet werden (können); dies gilt auch für die deutsche Landwirtschaft! An Stelle von *Flächenstillegungen* sollte besser – und so rasch wie möglich! – *Flächennutzung* durch Anbau von nachwachsenden Rohstoffen für Energiegewinnung treten und die erforderlichen Rahmenbedingungen geschaffen werden. Inzwischen ist auf diesem Gebiet Bewegung zu erkennen!

Im südlichsten Bundesland wurde ein Gesamtkonzept „Nachwachsende Rohstoffe in Bayern" gestartet [1]; es umfaßt *35* Großvorhaben in den Jahren 1990–1994. Ein Drittel der Vorhaben betrifft die Energiegewinnung aus Biomassen, wobei die Verwendung von Pflanzenölen als Treibstoffe einen Schwerpunkt bildet. Sowohl der Weg über „Biodiesel" wie auch die direkte Verwendung der Öle als „Naturdiesel" werden verfolgt. Darüber hinaus hat Bayern ein EG-Demonstrationsvorhaben „Euro-Biodiesel" angeregt, in dem deutsche, französische, italienische und griechische Fachleute zusammenarbeiten.

Im Oktober 1990 wurde in Paris die Europäische Wirtschaftliche Interessenvereinigung Euro-Biodiesel gegründet. Es geht voran – zwar noch immer mit kleinen, leisen Schritten, aber doch mit Schritten in die richtige Richtung: Entlastung unserer Umwelt.

Da können auch die Kommunen nicht nachstehen. Ein Beispiel für viele andere: Kürzlich haben die Paderborner Stadtwerke den Übergang ihrer dieselbetriebenen Fahrzeuge und Arbeitsmaschinen auf Biodiesel beschlossen; in der Versuchsphase werden zunächst 8 der insgesamt 54 Dieselfahrzeuge umgestellt.

---

[1] Dies ist nur ein Beispiel; auch in anderen Bundesländern laufen Projekte mit dem Ziel, Einsatzmöglichkeiten für nachwachsende Rohstoffe aufzuzeigen.

2.3.4 *Agro- oder Mineralölraffinerie?*

Der Bau einer Agroraffinerie zur Gewinnung von Biodiesel und weiterer Produkte ist mit erheblichen Investitionen verbunden. Im Auftrag des Niedersächsischen Ministers für Ernährung, Landwirtschaft und Forsten wurde daher (zunächst nur im Labormaßstab) die Frage untersucht, ob die Verarbeitung von Rapsöl auch in den Konversionsanlagen einer herkömmlichen Mineralölraffinerie möglich ist: Im positiven Fall ließen sich größere Investitionen vermeiden. Dies neue Modell wurde im März 1990 in Darmstadt anläßlich einer Tagung des VDI von M. Rupp vorgestellt.

In den Mineralölraffinerien wird Rohöl in zwei Schritten destillativ aufgearbeitet[1]: Im ersten Schritt werden unter atmosphärischen Bedingungen die leichten Fraktionen bis zum Siedebereich 350 °C (Gase, Benzin, Kerosin, sowie leichtes und schweres Mitteldestillat) abgetrennt. Der Rückstand aus der atmosphärischen Destillation geht zur Vakuumdestillation, wo im zweiten Schritt Vakuumgasöl (VGO) mit einem Siedebereich bis zu 550 °C anfällt. Das VGO wird entweder in einem katalytischen Cracker zu Benzin oder im Hydrocracker (in Gegenwart von Wasserstoff) zu einem Gemisch aus etwa gleichen Teilen Benzin und Dieselöl aufgespalten.

Der neue Vorschlag ist, im Hydrocracker VGO gemischt mit bis zu 20% Rapsöl gemeinsam zu verarbeiten. Moderne Hydrocracker haben eine Verarbeitungskapazität von 1,5 Mio. t/a und könnten also etwa 300000 t Rapsöl zusammen mit 1,2 Mio. t VGO durchsetzen. Die Versuche haben ergeben, daß dieser Prozeß weitgehend problemlos abläuft und sich aus Rapsöl paraffinische Kohlenwasserstoffe bilden (die olefinischen Doppelbindungen, wie sie in Ölsäure oder Linolsäure vorliegen,

[1] D. Osteroth; „Von der Kohle zur Biomasse“, S. 14f.

werden hydriert). Dabei wird lediglich die Qualität der sog. Mitteldestillate beeinflußt (Rapsölzusatz führt zu einer Verschlechterung der Kälteeigenschaften von Dieseltreibstoff). Nachteilig bei diesem Verfahren ist der hohe Verbrauch von (teurem) Wasserstoff sowie vermehrte Gasbildung (Methan, Propan). Im wesentlichen verläuft die Hydrierung nach folgendem Schema:

$$\begin{array}{l} CH_2-O-CO-R_1 \\ | \\ CH-O-CO-R_2 \\ | \\ CH_2-O-CO-R_3 \\ \text{Triglycerid} \end{array} \xrightarrow[\text{Katalysator}]{18\,(!)\,H_2}$$

$$\begin{array}{llll} CH_3 & R_1-CH_3 & & \\ | & & & \\ CH_2 \; + & R_2-CH_3 & + & 6\,H_2O \\ | & & & \\ CH_3 & R_3-CH_3 & & \\ \text{Propan} & \text{Paraffine} & & \text{Wasser} \end{array}$$

Dabei wird aus Ölsäure bzw. Linolsäure Octadecan $C_{18}H_{38}$ gebildet. Weiterhin entsteht dabei auchMethan:

$$\cdots -O-CO- \cdots \xrightarrow[\text{Katalysator}]{4\,H_2} 2\,H_2O + CH_4$$

Natürlich lassen die Versuchsergebnisse noch zahlreiche Fragen offen, so z. B. nach der Qualität des einzusetzenden Rapsöls. Sicherlich muß dies zuvor von Schleimstoffen befreit werden, die sonst zu Verkrustungen in den Reaktoren, Wärmetauschern, Rohrleitungen usw. führen könnten. Rapsöl in vorhandenen (mit einigen Apparaturen ergänzten) Anlagen zu umweltverträglichem Benzin und Dieselöl zu verarbeiten, ist zweifellos ein interessanter Gedanke. Man stelle sich vor: In einer ergrünten Wüste wird Erdöl gefördert und Pflanzenöl erzeugt, und beides wird vor Ort zu umweltfreundlicheren Treibstoffen verarbeitet! In den Erdölförderländern am Golf stehen in den Raffinerien große Methanolanlagen, so daß nach Errichtung von Umesterungsanlagen auch Biodiesel erzeugt werden könnte.

DRITTES KAPITEL

Holz als Rohstoff – nicht nur für Papier

3.1 Die Wälder der Erde

Die Oberfläche der Erde beträgt rund 52 Mrd. ha (rund 520 Mio. km^2), von denen jedoch nur 15 Mrd. ha Landfläche sind. Etwa zwei Drittel der Landfläche eignen sich für die Erzeugung größerer Mengen von Biomasse, doch nur etwa 1,5 bis 2 Mrd. ha sind als Kulturland im eigentlichen Sinn anzusehen, werden also landwirtschaftlich genutzt. Die restlichen 5 Mrd. ha Land bestehen aus Savannen, Buschland, Tundren und Wüsten.

Mehr als ein Viertel der Landfläche, rund 4 Mrd. ha, ist mit Wald bedeckt, von dem etwa die Hälfte in tropischen Regionen liegt. Knapp 4 % der Waldbestände befinden sich in Europa, davon etwa 1 % allein in der Bundesrepublik, die mit einem Bedeckungsanteil des Waldes von knapp 30 % der Gesamtfläche etwas über dem Weltdurchschnitt liegt.

Der Weltjahresverbrauch (1989) an Primärenergie beträgt 11,4 Mrd. t SKE (1 t *S*tein*k*ohlen*e*inheit entspricht dem Heizwert von 1 t Steinkohle = 29 000 MJ) und wird zu 88 % aus fossilen Energieträgern gedeckt. Er entspricht etwa einem Zehntel der Energiemenge, die in der jährlich nachwachsenden Biomasse enthalten ist!

Mit einem Anteil von rund 90 % sind die Wälder der Erde der weitaus größte Biomasseproduzent. Somit steht der Menschheit eine fast unerschöpfliche, sich ständig erneuernde Energie- und Rohstoffquelle zur Verfügung, deren Nutzung und Erhaltung durch planmäßige Forstwirtschaft das Problem des zusätzlichen Treibhauseffektes gegenstandlos machen könnte, wenn es gelänge, die technischen, weltwirtschaftlichen und politischen Voraussetzungen hierfür zu schaffen.

Zwar werden etwa 60% aller Waldflächen forstwirtschaftlich, doch nur etwa 10% forstlich nachhaltig genutzt. Das Prinzip der Nachhaltigkeit besteht darin, daß auf einer bestimmten Fläche in einer bestimmten Zeit nicht mehr Holz genutzt wird, als im gleichen Zeitraum nachwachsen kann, wobei zugleich möglichst viel wertvolles Holz produziert werden soll.

Unter allen sonstigen Nutzpflanzen zeichnen sich Bäume dadurch aus, daß die letztlich geerntete Biomasse, das Derbholz, bis zu 99,7% aus Photosyntheseprodukten besteht. Besonders vorteilhaft ist sein geringer Gehalt an Aschebestandteilen, der etwa 10mal kleiner als in anderen erntefähigen Pflanzenteilen ist.

Es ist eine faszinierende *Vision*: Eine Welt ohne Kohle, Erdöl und Erdgas, die ihren Bedarf an Energieträgern und organischen Rohstoffen allein aus nachwachsenden Materialien deckt. Wie hätte sich wohl die technische Entwicklung vollzogen, wären nicht die riesigen Lagerstätten von fossilen Schätzen entdeckt worden? Diese Frage mag zunächst rein rhetorisch klingen – *technisch* machbar, daran besteht kein Zweifel, ist eine Substitution fossiler Brenn- und Rohstoffe durch Holz und weitere Biomassen allemal: Stromerzeugung, Gewinnung flüssiger Treibstoffe (eine besonders wichtige Aufgabe!), Herstellung von Heiz- und Synthesegas, aber auch Synthesen von Kunststoffen, Lackrohstoffen, Textilfasern, Waschrohstoffen, Lösungsmitteln usw. sind auf dieser Basis möglich. Anstelle von Erdölfeldern mit Wäldern aus stählernen Bohrtürmen oder Bohrinseln in den Shelfgebieten, Kohlenzechen mit Fördertürmen, Halden und riesigen Tagebauen mit turmhohen Baggern würden Energieplantagen dafür sorgen, daß die Wirtschaft, eingebettet in den natürlichen Kohlenstoffkreislauf, sich im Vergleich zur heutigen Situation geradezu in Harmonie mit der Natur befindet und dennoch der Bedarf der Menschheit an Energie, Nahrungsmitteln und Gütern aller Art gedeckt werden kann.

Wenden wir den Blick auf die *Realität*: Holz und andere nachwachsende Rohstoffe können in absehbaren Zeiträumen die Rolle der fossilen Energieträger nicht übernehmen: Die züchterische Betonung besonderer Eigenschaften, Entwicklung rationellerer Erntemethoden, Aufbau einer neuen Infrastruktur sowie neuer Transportsysteme sind einige der vielen Aufgaben, deren Bewältigung noch aussteht. Zudem muß sich die Lösung der durch einen zusätzlichen Treibhauseffekt verursachten globalen Probleme auch an den vorgegebenen lokalen Gegebenheiten und Möglichkeiten (Nutzung von Wind- und Wasserenergie, Nutzung von Solarenergie nach verschiedenen technischen Prinzipien) orientieren und an diese anpassen. Die Erschließung der Biomassen zur Deckung des weltweiten Energie- und Rohstoffbedarfes – daran kann kein Zweifel bestehen! – wird aber in Zukunft immer mehr an Bedeutung gewinnen.

Bei der Nutzung von Holz gelten folgende Kriterien:

▷ *Stammholz*: macht in unseren Breiten etwa 65% des Einschlags aus und wird fast ausschließlich an Sägewerke verkauft, die es zu Brettern und Bauholz, auch Eisenbahnschwellen usw. verarbeiten. (Ersatz durch Beton nimmt zu. Unter Europas Schienen liegen ganze afrikanische und südamerikanische Wälder!)
▷ *Industrieholz*: ist alles Holz, das nicht der Stammqualität entspricht:

- Gesundes fehlerfreies Holz, das für Stammqualität lediglich zu dünn ist, findet in der Papier- und Zellstoffindustrie Abnehmer.
- Holzqualitäten, die den Anforderungen der Papier- und Zellstoffhersteller nicht entsprechen, werden überwiegend zur Herstellung von Spanplatten eingesetzt. Dazu wird Holz zu kleinen dünnen Spänen zerteilt, die mit Leim vermischt in beheizten Pressen unter hohem Druck zu Platten zusammengedrückt werden. (Daher „Preßspan"; durch den Leim „Holz" mit den höchsten spezifischen Gewichten!)

In der Bundesrepublik liegt der Holzeinschlag bei etwa 28 bis 30 Mio. fm Holz/Jahr. Trotz dieser großen Holzmenge können dennoch nur etwa 50% des bundesdeutschen Holzbedarfs aus eigenen Wäldern gedeckt werden.

Zunächst sollen noch einige forstwirtschaftliche Begriffe erklärt werden. Die Maßeinheit für Stammholz ist Festmeter (fm), während Industrieholz in Raummeter (rm) angegeben wird. In beiden Fällen handelt es sich um Kubikmeter (m^3), doch besteht der Festmeter „ganz aus Holz", während der Raummeter einen gewissen Hohlraumanteil aufweist. 1 rm hat etwa 70 bis 80% des Gewichtes von 1 fm Holz. Holz enthält Wasser; für viele Fälle ist es jedoch wichtig, die Holzmenge in Tonnen atro (absolut trocken) anzugeben. Für Überschlagsrechnungen kann man also ansetzen:

1 t atro = 2 m^3 bei Nadelholz
1 t atro = 1,5 m^3 bei Laubholz

Brennstoffe sind chemische Energiespeicher, die bei Verbrennung ihre Energie in form von Wärme freisetzen, wobei der Heizwert eine Maßeinheit für die pro Kilogramm freigesetzte Energie in MJ (Mega-Joule = 1 Mio. Joule) ist:

Brennstoff	Heizwert in MJ/kg Brennstoff
Heizöl	42,2
Holz (atro)	18,8
Stroh (atro)	17,0 (!)
Braunkohle (rhein.)	8,4

Stroh täuscht durch sein geringes Raumgewicht einen viel niedrigeren Heizwert vor.

Für genauere Berechnungen kann für Nadelholz der Heizwert mit 19,35, für Laubholz mit 18,11 MJ/kg angesetzt werden.

Die Nutzung von Holz als Brennmaterial ist in den Industrieländern bedeutungslos geworden, hat aber in der Dritten Welt besorgniserregende Ausmaße (mit steigender Tendenz) angenommen; im Jahre 1986 lag der Brennholzanteil bezogen auf den weltweiten Holzeinschlag bei mehr als 50%. Die Bäume erreichen bei geregelter Forstwirtschaft nur in wenigen Wäldern ihr natürliches Alter; in der Regel werden sie „geerntet", wenn der Verkauf den größten finanziellen Nutzen erwarten läßt. Tabelle 8 gibt das Alter einheimischer Bäume in der Forstwirtschaft an, die in Klammern gesetzten Zahlen das natürliche Alter.

Ein durchschnittlicher Fichtenstamm liefert ein Holzvolumen von etwa 2 m^3, eine sehr dicke Tanne von zuweilen 6 bis 10 m^3.

Tabelle 8. Natürliches Alter von Bäumen

Eiche	160 bis 300 (bis zu 700) Jahre
Buche	120 bis 140 (bis zu 250) Jahre
Birke	60 bis 80 (bis zu 100) Jahre
Fichte	80 bis 120 (bis zu 600) Jahre
Tanne	90 bis 130 (bis zu 600) Jahre
Kiefer	120 bis 150 (bis zu 600) Jahre

3.2 Holz und die mittelalterliche Technik

Holz gehört zu den ältesten Werkstoffen; bis vor wenigen Jahrhunderten war es auch der einzige Brennstoff von Bedeutung. Bis weit hinein ins 18. Jahrhundert stand zum Erschmelzen von Metallen nur Holzkohle zur Verfügung. In der Antike verstand man unter Kohle ausschließlich Holzkohle, die nicht nur in Metallhütten und metallverarbeitenden Betrieben, sondern u. a. auch zum Beheizen der Bäder eingesetzt wurde. Die Wohlhabenden heizten damals mit der Glut von Holzkohle in Kohlebecken ihre Wohnräume.

Die ersten mittelalterlichen „Industriereviere" lagen in Waldgebieten, wo Erze, Holz und Wasserkraft (zum Antrieb von Wasserrädern) zur Verfügung standen, so im Siegerland, in der Oberpfalz oder „auf dem Harz" bzw. am Harzrand. Die Bedeutung von Holz in der Geschichte der Menschheit kann nicht überschätzt werden, und so ist es verständlich, daß mit ihrem Anwachsen eine großflächige Zerstörung von Wäldern einherging, deren Holz zum Bau von Häusern und Schiffen, Befestigungsanlagen, Brücken und Hafenanlagen, zur Herstellung von Waffen und Geräten, Maschinen und Wagen, aber auch zum Brennen von Kalk und Ziegeln in riesigen Mengen verbraucht wurde.

Technische Fortschritte im produzierenden Gewerbe und in der Landwirtschaft sowie das Ende der Pest in der Mitte des achten Jahrhunderts sind zwei der wichtigsten Ursachen für das starke Anwachsen der Bevölkerung in Europa, das sich in den Tabellen 9 und 10 widerspiegelt (z. T. Schätzwerte).

Diese Entwicklung wurde erst durch „die" Katastrophe in der überschaubaren Geschichte der Menschheit unterbrochen, als Mitte des 14. Jahrhunderts vom Balchaschsee in Zentralasien aus eine neue Pestepidemie über Konstantinopel Europa heimsuchte und innerhalb

Tabelle 9. Der Anstieg der Bevölkerung Europas (Zahlen des Mittelalters sind Schätzwerte)

Jahr (n. Chr.)	Bevölkerung	Anstieg
1000	42 Millionen	
1050	46 Millionen	+ 9,5%
1100	48 Millionen	+ 4,3%
1150	50 Millionen	+ 4,2%
1200	61 Millionen	+ 22,0%
1250	69 Millionen	+ 13,0%
1300	73 Millionen	+ 5,8%
⋮	⋮	⋮
1800	170 Millionen	+132,9%
1900	403 Millionen	+137,1%
1939	530 Millionen	+ 31,5%
1980	681 Millionen	+ 28,5%

Tabelle 10. Anstieg der Weltbevölkerung

Zeitraum	Steigerung in Millionen von ... bis ...	Verdoppelung in ... Jahren
7000–4500 v. Chr.	10 auf 20	2500
4500–2500 v. Chr.	20 auf 40	2000
2500–1000 v. Chr.	40 auf 80	1500
1000– 0 v. Chr.	80 auf 160	1000
0– 900 n. Chr.	160 auf 320	900
900–1700 n. Chr.	320 auf 600	800
1700–1850 n. Chr.	600 auf 1200	150
1850–1950 n. Chr.	1200 auf 2500	100
1950–1986 n. Chr.	2500 auf 5000	36

Aus: dtv-Lexikon, Bd 2.

von nur drei oder vier Jahren ein Drittel, vielleicht sogar die Hälfte seiner Bewohner Opfer der Pest wurden – ein Unglück von apokalyptischen Dimensionen, wie es sich seither nicht wieder ereignet hat.

Das starke Bevölkerungswachstum in Europa führte schon damals zu tiefen Eingriffen in die Umwelt, die das Bild der Landschaft gründlich veränderten. Um die Versorgung von immer mehr Menschen sicherzustellen, mußten neue Acker- und Weideflächen geschaffen werden; Hektar um Hektar wurden Wälder abgeholzt und der neu gewonnene Boden unter den Pflug genommen. Unermeßliche Mengen Holz wurden zum Bau von Häusern, etwa mit Holzschindeln gedeckten Fachwerkhäusern, benötigt, ferner zum Bau von Burgen und Schlössern, Kirchen und Klöstern, Hafenanlagen und Bergwerken sowie als Grubenholz usw. Die Existenz vieler Handwerker hing unmittelbar vom Holz ab, so etwa die von Schiffs- und Bootsbauern, von Zimmerleuten, Wagnern (Wagenbauern) und Böttchern, die auch Küfer genannt wurden und Unmengen von Fässern für Transport und Lagerung von Bier, Wein, Salz und Salzheringen (einem damals sehr wichtigen Volksnahrungsmittel) herstellten.

Dies gilt auch in hohem Maße für Hüttenleute und Schmiede, die große Mengen von Holzkohle benötigten, für deren Gewinnung enormer Holzeinsatz erforderlich war. Die Schuhmacher waren ebenfalls auf Holz angewiesen, denn sie verarbeiteten nicht nur Zwecken aus Hartholz, sondern kamen auch ohne Schusterpech nicht aus, das gleichfalls aus Holz geköhlert gewonnen wurde. Für die Gerber war Holz unerläßlich, denn sie verwendeten zum Gerben der Häute Eichenlohe, die aus Eichenrinde mit ihrem hohen Gerbstoffgehalt, besonders aus Rinde von Stockausschlägen im Niederwald, hergestellt wurde. Schließlich seien noch die Korbmacher erwähnt, die aus Weidenruten Körbe herstellten, für die später u. a. in der

Bild 12. Romantik einstiger Biomasse-Produktion. Weiden lieferten Weidenruten zum Flechten von Körben, für die großer Bedarf u.a. in der chemischen Industrie („Korbflaschen") bestand. (Zeichnung vom Autor)

chemischen Industrie großer Bedarf bestand (Korbflaschen für Säuren) (siehe Bild 12).

Bis weit in unser Industriezeitalter wurde Holz in großem Umfang als Konstruktionswerkstoff im Maschinenbau eingesetzt. So bestanden die ersten Spinn- und Webmaschinen im wesentlichen aus Holz, und selbst die mächtigen Balanciers der ersten Dampfmaschinen waren aus Holzstämmen zusammengezimmert.

Schon im hohen Mittelalter herrschte in vielen Regionen Europas Holznot infolge Übernutzung der Wälder, denn planmäßige Aufforstung abgeholzter Wälder war noch so gut wie unbekannt: Forstwirtschaft nach dem modernen Wirtschaftsprinzip der Nachhaltigkeit wurde erst 1713 vom sächsischen Forstmann H. C. von Carlowitz (1645–1714) gefordert. Seine Ideen wurden von Forstleuten wie dem Hessen G. L. Hartung (1764–

1834, lange Jahre Leiter der preußischen Staatsforstverwaltung und Honorarprofessor an der Universität Berlin) oder dem Sachsen H. Cotta (1763–1844, Freund Goethes und Gründer der ersten Forstakademie in Tharandt bei Dresden) in die Praxis übertragen. Das von diesen Pionieren moderner Forstwirtschaft entwickelte System planmäßiger Aufforstung setzte sich in allen deutschsprachigen Ländern rasch durch und gilt bis heute als vorbildlich. Daher sind zahlreiche deutsche Forstleute in Ländern der Dritten Welt im Rahmen der Entwicklungshilfe mit der Rettung bedrohter Wälder betraut.

Erste Ansätze einer geregelten Forstwirtschaft gab es schon Jahrhunderte früher: Schon 1309 hatten die Nürnberger auf Verlangen von Kaiser Heinrich VII. damit begonnen, die durch übermäßigen Bedarf an Holzkohle im Nürnberg-Oberpfälzer Montanrevier verwüsteten Kahlschläge wieder aufzuforsten – offensichtlich mit nur mäßigem Erfolg, denn zumindest für Nadelbäume gab es noch keine geeigneten Methoden. Erst zwei Generationen später, im Jahre 1368, gelang es dem Nürnberger Handelsherrn P. Stromer, „künstliche Tannensaat" erfolgreich zu erproben. Um 1400 gab es in Nürnberg schon eine renommierte Waldsamenhandlung; „know-how" aus dieser Stadt war auch weit außerhalb ihrer Mauern gefragt.

3.2.1 Ohne Holzkohle ging es nicht

Die weitaus älteste und über einen langen Zeitraum hinweg wichtigste Nutzung von Holz als Chemie-Rohstoff ist die Gewinnung von Holzkohle. Metalle, insbesondere Eisen, aber auch Blei, Kupfer und Silber werden aus ihrer oxidischen Form mit Hilfe von Kohlenstoff als Reduktionsmittel erschmolzen, z. B. Eisen:

Fe_2O_3	+	$3\,C$	$\longrightarrow$	$2\,Fe$	+	$3\,CO$
Eisenerz, z. B Hämatit („Roteisenerz")		Kohlenstoff in Form von Holzkohle		flüss. Eisen (roh)		Kohlenmonoxid

Hierfür gab es jahrtausendelang nur Holzkohle, die von „Köhlern" in den Wäldern produziert wurde. Heute steht Steinkohlenkoks als Reduktionsmittel in jeder gewünschten Menge für den Hochofenprozeß zur Verfügung; seine erste Verwendung ist aber jüngeren Datums. Nach vieljährigen mühseligen Versuchen gelang den beiden Darbys (Abraham D. I (1678–1717) und sein ältester Sohn Abraham II (1711–1763)) auf ihrer Hütte Coalbrookdale in England zu Beginn des 18. Jahrhunderts erstmals der Einsatz von Steinkohlenkoks im Hochofen. Die Verwendung von Koks setzte sich jedoch nur langsam durch, und noch im 19. Jahrhundert wurden beträchtliche Mengen von Holzkohle in Hüttenwerken eingesetzt.

Unter Holzverkohlung versteht man die „trockene Destillation" von Holz, d.h. die thermische Zersetzung von Holz unter Luftabschluß. Holz, auf dessen genaue Zusammensetzung in anderem Zusammenhang noch ausführlich eingegangen wird, besteht im wesentlichen aus den Elementen Kohlenstoff, Wasserstoff und Sauerstoff. Bei der Verkohlung wird es zunächst auf eine Temperatur von etwa 280 °C erhitzt. Bei dieser Temperatur setzt spontan eine exotherme, d.h. wärmeliefernde Reaktion ein, die zur Bildung von Holzkohle, daneben aber noch zahlreicher weiterer zumeist flüchtiger Zersetzungsprodukte führt. Wie bereits erwähnt, reichen die Ursprünge der Holzverkohlungstechnik zurück bis in prähistorische Zeiten. So wurde dieser Prozeß bereits in der Hallstein-Zeit (zwischen 1100 und 500 v. Chr.) in beachtlichem Umfang durchgeführt, um das zur Eisengewinnung notwendige Reduktionsmittel zu erhalten. Auf deutschem Boden kann die Eisengewinnung im Siegerland, dem wohl ältesten deutschen Eisenhüttengebiet, sowie im benachbarten Lahn-Dill-Gebiet bis in die La-Tène-Zeit (ca. 500 v. Chr. bis zur Zeitenwende) zurückverfolgt werden.

Plinius d. Ä. (geb. 23 n. Chr., gest. 79 beim Ausbruch des Vesuvs) schildert in seinem Werk „Naturalis Historia" die Gewinnung von Holzkohle; noch im Mittelalter genoß sein Werk hohes Ansehen. (Übrigens hat schon rund vierhundert Jahre vor ihm Theophrast über Holzverkohlung berichtet). Die hier geschilderte Technik wurde in nur unwesentlich veränderter Form noch im 19. Jahrhundert bei uns angewandt, und in abgelegenen waldreichen Regionen wird sie bis zum heutigen Tag benutzt. Man unterscheidet die sog. Grubenverkohlung von der Meilerverkohlung; für die Produktion größerer Mengen kommt nur die Verkohlung im Meiler in Betracht. Welche Mengen Holzkohle allein für Eisenherstellung und -verarbeitung erforderlich waren, läßt sich aus folgenden Angaben entnehmen: Zur Herstellung einer Tonne Schmiedeeisen im mittelalterlichen Rennbetrieb wurden sechs Tonnen trockene Holzkohle eingesetzt, die ihrerseits aus dreißig Tonnen Holz gewonnen wurde. So erklärt es sich, daß im 14. Jahrhundert zehn Tonnen Schmiedeeisen 140 Goldgulden kosteten – ein stolzer Preis, für den damals ein stattlicher Bauernhof erworben werden konnte. Wahre „Holzfresser" waren die Hammerwerke, denn zum Ausschmieden von einem Zentner Eisen waren fünfzehn Zentner Holzkohle erforderlich. Schon im hohen Mittelalter wurden Hammerwerke wegen Holzmangel stillgelegt, oder sie erhielten staatliche Auflagen für die Produktionshöhe. In Süddeutschland mußten 1348 zahlreiche Eisenhämmer außer Betrieb genommen werden, weil die umliegenden Wälder total abgeschlagen waren. Wenig später wurden auch im Siegerland und in der Oberpfalz ähnliche Maßnahmen ergriffen. Mit den Worten „... dergleichen Werke pflegen zwar reiche Väter, aber arme Kinder zu machen" verbot

Landgraf Wilhelm IV. von Hessen (1567–1592) den Bau neuer Hüttenwerke. Nicht nur Eisenhütten und Hammerwerke fraßen die Wälder leer; auch in den wichtigsten deutschen Kupfer-, Silber- und Bleibergbaugebieten trat Holzmangel ein, der zu Betriebseinschränkungen und sogar zu Betriebsstillegungen führte.

Durch staatliche Reglementierungen wurde versucht, den Raubbau zu unterbinden und durch planmäßiges Wiederaufforsten die langfristige Sicherung des Waldbestandes zu erreichen. Kampf um knappe Holzkohle und Hüttenfeuer führte schon damals zur Bildung von Kartellen! Bei den staatlichen Maßnahmen, die oft rigoros durchgesetzt wurden, handelte es sich – modern ausgedrückt – um gesetzlich vorgeschriebene Maßnahmen zum Umweltschutz: „Sicherung der Ökonomie durch Berücksichtigung der Ökologie" schon vor Jahrhunderten!

3.3.2 Vom Meiler zur Retorte: Holz bietet mehr

Zur Herstellung von Holzkohle eignen sich die Grubenverkohlung und die Verkohlung in Meilern. Erstere kam nur für die Kleinproduktion in Betracht.

Für eine „Großproduktion" für Hütten- und Hammerwerke war allein der Meilerprozeß geeignet, den die Köhler beherrschten. Das Schema eines Holzkohlemeilers zeigt Bild 13.

Auf einer sorgfältig eingeebneten Fläche erfolgte die Festlegung der Meilergrundfläche, indem eine 4 bis 5 m lange Stange um den Mittelpunkt des neuen Meilers im Kreise herumgeführt und der Kreis durch kleine Pflöcke markiert wurde. Dann begann das „Richten": Im Mittelpunkt des Kreises wurden mehrere lange Holzstangen so in den Boden geschlagen, daß sie einen engen „Quandelschacht", den späteren Zündkanal, bildeten;

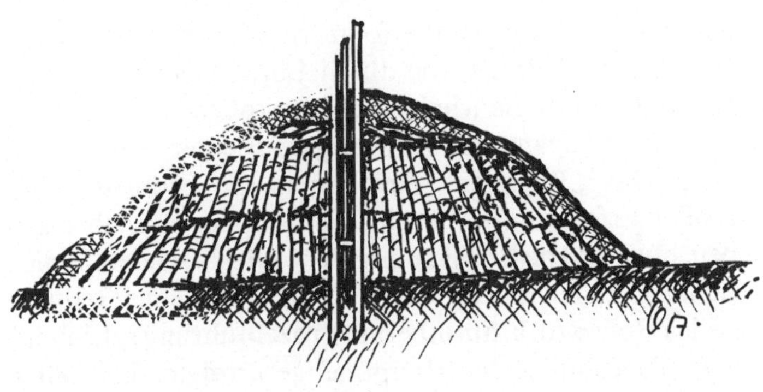

Bild 13. Meilerverkohlung von Holz. Zum Bau eines Holzmeilers werden um einen engen zentralen Schacht aus langen Holzstangen (Quandel) Holzscheite regelmäßig zusammengesetzt und mit Kohlepulver, Erde, Reisig, Laub usw. abgedeckt. (Zeichnung vom Autor)

durch quer angebrachte Distanzhölzer wurde der Schachtdurchmesser fixiert. Damit vom Meilerfuß her Luft in diesen Schacht eindringen konnte, wurde am Boden des Meilers ein Luftkanal angelegt; dazu legten die Köhler einen starken Holzknüppel in Richtung des Halbmessers zum Schacht hin auf den Boden und schichteten dann etwa 2 Meter lange Holzstämme oder -scheite möglichst dicht und regelmäßig um den Quandelschacht herum. So entstand eine erste Schicht, auf die eine zweite Schicht in gleicher Weise aufgesetzt wurde. Das Holz mußte fest stehen, damit der Meiler später bestiegen werden konnte; vom Rundholz mußten daher die Äste möglichst glatt abgeschlagen werden. In dem Maße, wie der Durchmesser des Meilers wuchs, wurde der „Richtstecken" herausgezogen und dadurch der Luftkanal gebildet. Schließlich wurde der Meiler mit Laub, Moos, Kohlepulver, Erde und Rasenstücken luftdicht abgedeckt. Nun wurde das am unteren Ende des Quandelschachtes aufgeschichtete Reisig entzündet und der „Brand" des Meilers eingeleitet. Die Zufuhr der erforderlichen Verbrennungsluft erfolgte durch den Luftkanal am Boden des Meilers sowie durch Luftlöcher, die von den Köhlern durch die Meilerdecke gestoßen wurden.

Nun begann der schwierigste Teil der Holzverkohlung: Das „Regieren" des Feuers. Es bedurfte schon großer Erfahrungen, um das Feuer innerhalb eines großen, etwa 100 bis 150 Raummeter Holz fassenden Meilers sicher so zu leiten, daß unter Verbrennung einer Teilmenge des Holzes (d. h. autotherme Prozeßführung) gleichmäßige Verkohlung der Hauptmenge erfolgte. Bei 280 °C setzt spontan die bereits erwähnte exotherme Reaktion unter Entwicklung großer Mengen von Gasen und Dämpfen ein. Die Zuglöcher müssen nun schnell verschlossen werden; die weitere Verkohlung erfolgt ohne Luftzufuhr. Ständig war größte Aufmerksamkeit geboten, denn nicht selten arbeitete sich das Feuer durch versteckte Kanäle und Luftlöcher durch den dichten Mantel an die Oberfläche; die Flammen konnten durchbrechen, und unter hellem Auflodern konnte dann ein Meiler zu Asche verbrennen. Für den entstandenen Schaden mußte der Köhlermeister aufkommen, dem drakonische Strafen drohten.

Der anfangs aus dem Meiler abziehende dichte graugelbe Rauch wird später heller; schwach gelblicher Rauch signalisiert das Ende des Verkohlungsprozesses. Nach raschem Abdichten aller Öffnungen durch Aufschütten von Erde ließ man den Meiler etwa 24 Stunden lang abkühlen; zuweilen wurde das Abkühlen durch Aufgießen von Wasser beschleunigt. Nun konnte mit dem „Ausladen" des Meilers begonnen werden. Dazu öffneten die Köhler den Meiler an der Seite, zogen mit Langhaken eine Karrenladung Holzkohle heraus und löschten die glühenden Anteile mit Wasser. Unmittelbar nach dem Ausladen mußte der Meiler wieder geschlossen werden; anderenfalls hätte er durch den Luftzutritt zu brennen begonnen. Vor dem Beladen der Karren wurden die

Kohlen noch zerkleinert und von Hand sortiert. Ein „Brand“ eines Meilers dauerte bei Einsatz von Kiefernholz ca. 10 bis 12 Tage, bei Einsatz von Buchenholz etwa 12 bis 14 Tage.

Die Bilder 14 und 15 vom Bau und Brand eines Meilers sind zwar in unseren Tagen in Braunlage im Harz aufgenommen worden, vermitteln aber einen guten Eindruck von dieser uralten „Technologie“.

Führt man die Holzverkohlung in einer geschlossenen, von außen beheizten (allotherme Prozeßführung) „Retorte“ mit einem Ableitungsrohr für flüchtige Produkte durch und bestimmt diese, so findet man folgendes Ergebnis (Bild 16, s. S. 85).

Bei diesem als trockene Destillation bezeichneten Prozeß fallen Holzteer, Essigsäure (CH_3-COOH, „Holzessig“) und Methanol (CH_3-OH, Methylalkohol, „Holzgeist“) sowie brennbare Gase an. Bei der primitiven Holzverkohlung im Meiler verbrennen diese Produkte ungenutzt. Vor der Jahrhundertwende kamen geschlossene Holzverkohlungsanlagen in Betrieb, deren Prinzip heute noch gilt. Hier werden die wertvollen Nebenprodukte isoliert und die Gase zum Beheizen der Retorten genutzt.

Essigsäure aus den Holzverkohlungsanlagen hatte früher erhebliche Bedeutung für die chemische Industrie. Methanol wurde erst zu Beginn der Zwanziger Jahre unseres Jahrhunderts auf synthetischem Wege zugänglich; zuvor war man völlig auf „Holzgeist“ angewiesen. Die Anfänge einer synthetisch-organischen Industrie liegen in den 60er Jahren des vorigen Jahrhunderts: Damals wurden die ersten Teerfarbenfabriken gegründet, in denen jedoch kein Holzteer, sondern der an aromatischen Kohlenwasserstoffen reiche Steinkohlenteer aus Kokereien und „Gasanstalten“ eingesetzt wurde. Für die Farbstoffsynthese waren außerdem Essigsäure und Methanol nötig, d. h. es wurden sowohl Produkte

Bild 14. Bau eines Meilers

Bild 15. Brand eines Meilers

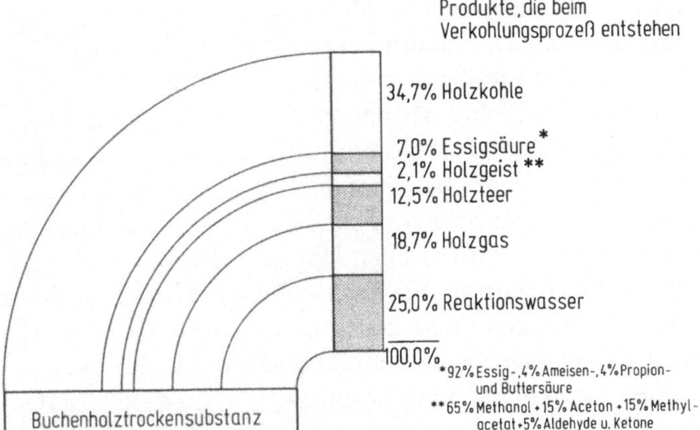

Bild 16. Produkte bei der Holzverkohlung von Buchenholz. (Angaben der Degussa, Frankfurt/M.)

aus der Kohlechemie wie aus nachwachsenden Rohstoffen eingesetzt.

3.2.3 Pech und Teer

Holzteer wurde seit dem Altertum zum „Kalfatern" benutzt: hierunter versteht man das Abdichten der Plankenfugen von Außenhaut und Decks hölzerner Schiffe. Als Dichtungsmaterial diente „Werg", Abfälle von Hanf und Flachs, die mit Holzteer getränkt waren. Ohne ein sicheres Dichtungsmittel ist der Bau von hölzernen Schiffen unmöglich. So ist es verständlich, daß für die antiken Flotten nicht nur gewaltige Mengen von Bauholz bester Qualität erforderlich waren, sondern darüber hinaus reichlich Rohstoff für Holzteer, der in zweiter Linie als Konservierungsmittel das Tauwerk vor Verrottung schützte, und drittens als Träger des „griechischen Feuers" militärische Bedeutung hatte.

Als der Aufbau der großen Hochseeflotten Spaniens, Hollands, Englands und Frankreichs zu Beginn der

Neuzeit erfolgte, wurde Holzteer zu einem wichtigen Handelsprodukt. Hauptlieferanten waren Schweden, Rußland und Finnland; besonders die finnischen Wälder wurden großflächig abgeholzt und in Teerbrennereien weiterverarbeitet. Für die Produktion von nur einem Faß Holzteer rechnete man damals mit dem Holzverbrauch von einem Hektar Wald. Viele Schiffsladungen Holzteer wurden vom nordfinnischen Hafen Oulu zu den europäischen Werftzentren verfrachtet. Der Raubbau hatte schlimme Folgen: Was heute in Finnland vorgefunden wird, ist nachgewachsener Sekundärwald, der sich bestimmt erheblich vom finnischen „Urwald“ unterscheidet.

Überseehandel war ohne Holzteer nicht möglich, doch auch der Überlandverkehr war auf Holzteer angewiesen, der als Wagenschmiere diente. Stets führten die Last- und Reisekutschen eine „Teerbütte“ (ein Fäßchen mit Holzteer) mit, um rechtzeitig schmieren zu können und das Heißlaufen der hölzernen Wagenachsen mit allen fatalen Folgen zu vermeiden (siehe Bild 17).

Holzteer und -pech dienten als Konservierungsmittel für Holz, Seile, Textilien („Teerjacken“ der Seeleute) usw. Pech eignet sich als Klebemittel, aber auch zum Bestreichen der Leimruten für den früher weit verbreiteten Vogelfang („Pechvogel“). In der Medizin wurde Holzteer u. a. zur Behandlung verschiedener Hautkrankheiten benutzt; so dienten mit Holzteer bestrichene Leinen- und Lederlappen im Mittelalter als Wundpflaster.

Die Teerschwelerei wurde in Form von Grubenschwelung für Kleinproduktion durchgeführt; für Teerschwelerei im größeren Maßstab wurden „Schmeeröfen“ eingesetzt, die im Verlauf des Schwelprozesses „Schmeermasse“ lieferten. Durch Vermischen von Holzteer mit Kienöl, das gleichfalls bei der Holzschwelung anfällt, erhielt man Wagenschmieren, aber auch Schuhpasten.

Bild 17. Viele Jahrhunderte lang erfolgte der „Fernverkehr“ in solchen primitiven Reisewagen. Zum Schmieren der Achsen wurde Holzteer verwendet

„Wer gut schmeert, der gut fährt“ deutet auf die einstige Bedeutung von Schmeermassen hin.

Schiffsteer und Wagenschmiere waren wichtige, zudem lukrative Produkte, deren Herstellung auch deutschen Waldbesitzern interessant erschien. In vielen waldreichen deutschen Gebieten wurde die Holzteerproduktion aufgenommen und erlangte beachtliche wirtschaftliche Bedeutung. Die merkantilistische Politik mancher deutscher Kleinstaaten im 18. Jahrhundert förderte diese Entwicklung, und bis hinein in die ersten Jahrzehnte des 19. Jahrhunderts behielt diese „Waldindustrie“ ihre Bedeutung.

Der Begründer der Forstakademie von Eberswalde im damaligen Preußen, F. W. Pfeil (1793 bis 1859), schrieb 1831 in seinem Werk über Forsttechnologie u. a.: „Es gab eine Zeit, wo in den großen Nadelholzforsten der Kurmark Brandenburg die Theeröfenpacht beinahe die Hauptnutzung bildete.“ Die Blütezeit der Holzteerschwelung in den östlichen Waldgebieten des ehemaligen Preußens lag im 18. Jahrhundert. Ziel der merkantilistisch orientierten Wirtschaftspolitik war es, von den Einfuhren aus Nordeuropa, das seit dem Mittelalter den Holzteermarkt beherrschte, unabhängig zu werden. In seinem damals als Standardwerk angesehenen Buch „Die Theerfabrikation für Forstmänner und Waldbesitzer" schrieb der österreichische Förster Adolf Hohenstein im Jahre 1857: „Die Wald-Industrie könnte schon längst die Quelle bedeutender Einkünfte für den Waldbesitzer sein, wenn die nützlichen Methoden zur Erlangung verschiedener Waldprodukte ermittelt und gehörig verbreitet würden, man sich von seinem alten Schlendrian und Gewohnheiten trennen und neue, verbesserte Fabriken einführen würde". In seinem Werk schildert der Forstmann sehr ausführlich die Gewinnungsmethoden für Holzteer und erläutert u. a. die in Schweden und Rußland entwikkelten Anlagen mit ihrem recht beachtlichen Stand der Technik.

Die primitivste Form der Holzteergewinnung beschreibt schon Theophrast: Unter den Holzmeilern werden kleine Gruben angelegt, in die der Teer abfließen kann, noch ehe er verbrennt. Auf so einfache Weise wurde Holzteer noch bis zum Beginn des Industriezeitalters hergestellt: Die Produktion erfolgte in primitiven Meilern, deren Boden mit Lehm ausgekleidet und mit einer Abflußrinne versehen war. Später ging man zu ausgemauerten trichterförmigen Gruben über, aus deren Mitte der Teer abgeleitet wurde; naturgemäß traten hier die gleichen Probleme wie beim üblichen Meilerbetrieb ohne Teergewinnung auf.

Einen beträchtlichen Fortschritt brachte die Verwendung gemauerter Öfen. Die ersten noch recht einfachen Teeröfen bestanden aus einem einwandigen, bienenkorbähnlichen Mauerwerk und wurden schon 1657 von R. Glauber (1604 bis 1670) in seinem Werk „Miraculum mundi" beschrieben. Die Ansicht einer solchen Anlage zeigt Bild 18.

Bild 18. Teerofen („Bienenkorbofen") nach R. Glauber (1657)

Die beim Verkohlen harzreicher Hölzer, insbesondere Fichten und Föhren, entstehenden Dämpfe entweichen durch ein langes, luftgekühltes Rohr; kondensierender Teer und Holzessig werden in einem Holzbottich gesammelt, während Gase und Dämpfe ungenutzt entweichen.

Aus Sicht der Verfahrenstechnik ist zu den bisher geschilderten Arbeitsweisen folgendes festzustellen: Stets wird autotherme Prozeßdurchführung angewendet, bei der ein Teil der hochwertigen Meiler- oder Bienenkorbfüllung verbrennt und dabei die notwendige Energie liefert. Viel zweckmäßiger ist allotherme Prozeßführung: In einer geschlossenen Retorte wird wertvolles Holz verkohlt; die Beheizung erfolgt von außen durch Verbrennung von minderwertigem Abfallholz. Zur Durchführung dieses Prozesses sind jedoch sehr viel aufwendigere Ofentypen erforderlich.

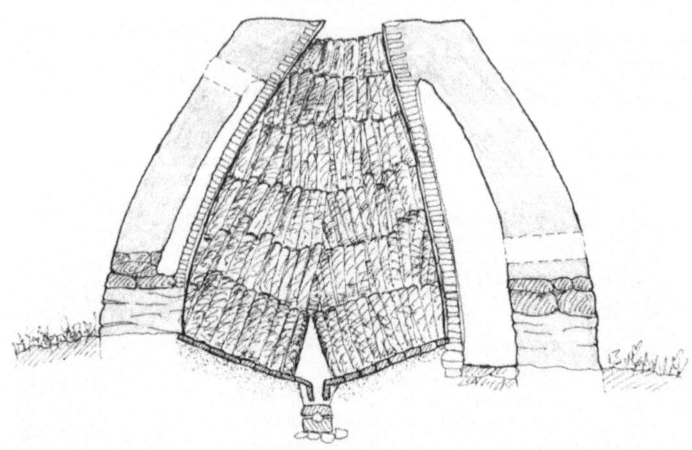

Bild 19. Schmeer- oder Teerofen von Eschbach. Der 1980 in Eschbach bei Usingen gemachte Bodenfund wurde nach Angaben von K. Baeumerth im Freilichtmuseum Hessenpark wieder aufgebaut. Links oben und rechts unten sind Zuglöcher im Mauerwerk des äußeren Mantels zu erkennen. Das Befüllen des Ofens mit ca. 50 cm langen Kienholzstücken erfolgte von oben her. Nach dem Zünden der Feuerung wurde das Fülloch eine Zeitlang unverschlossen gehalten, um ein zu rasches Aufheizen des inneren Ofenkerns zu vermeiden. Durch geschickte Regulierung der Feuerung konnte die Temperatur allmählich gesteigert werden. (Zeichnung vom Autor)

Ein Beispiel für eine noch verhältnismäßig einfache Ofenkonstruktion bietet der „Schmeerofen" von Eschenbach (Usingen) (heute im Hessenpark zu besichtigen) (siehe Bild 19).

In der ersten Hälfte des 19. Jahrhunderts waren zahlreiche Öfen dieser Bauart in Betrieb; 1858 wurden allein im Böhmerwald 18 solcher Teeröfen ermittelt. Sie bestehen aus zwei massiven, kegelförmig übereinander gewölbten Teilen, der inneren Retorte, die durch eine Öffnung an der Kegelspitze mit Schmeerholz gefüllt wurde, und dem äußeren Ofenmantel (Heizmantel), der in einem exzentrischen Abstand von 20 bis 45 cm um die Retorte angeordnet war. Der hier gezeigte Ofen ist etwa 3 Meter hoch und weist in seinem Fundamentkreis einen

Durchmesser von 4 Metern auf. Zwischen dem inneren Ofenkern und dem Außenmantel wurde Abfallholz aufgestapelt und durch zwei Schürlöcher entzündet. Zu Beginn des Prozesses blieb das Fülloch noch offen, um ein zu rasches Aufheizen des inneren Ofenkerns und dessen mögliches Bersten zu verhüten; später wurde das Fülloch mit einer Stein- oder Metallplatte verschlossen. Zum Befüllen wurden vornehmlich die harzreichen Stümpfe von Nadelbäumen eingesetzt, die samt ihren Wurzeln mühsam ausgegraben und zerkleinert werden mußten. Harzreiches Stammholz war oft zu teuer, wurde aber bei Bedarf gleichfalls verschwelt.

Mit zunehmender Innentemperatur floß zu Beginn des Prozesses „Brandwasser" durch den mit Gefälle verlegten Holzkanal ab, das anstelle von Eichenlohe als billiger Gerbstoff Verwendung fand. Anschließend folgte Kienöl, das an Apotheken geliefert wurde und zur Behandlung von Hauterkrankungen diente, aber auch im Viehstall bei Maul- und Klauenseuche angewendet wurde. Mit steigender Temperatur wurden die Produkte immer dunkler und zäher; nur noch langsam floß die Schmeermasse in das Sammelgefäß. Am Ende des Prozesses fiel dickflüssiges Pech an, das die Schuhmacher benötigten. Die zurückbleibende Holzkohle fand bei Schmieden guten Absatz. Die eigentliche „trockene Destillation" des Holzes dauerte etwa drei Tage.

Die Öfen wiesen unterschiedliche Fassungsvermögen zwischen 5 und 20 Klaftern (1 Klafter = 3,34 m^3) auf; offensichtlich gab es aber nur wenige Öfen, die mehr als 12 bis 15 Klafter faßten. Die Zahl der Brände lag bei kleinen Öfen bei 12 bis 15, bei den großen Öfen bei 8 bis 10 pro Jahr. Für den Betrieb eines Teerofens berechnete F. W. Pfeil einen jährlichen Einschlag von 1600 Klaftern haubarem Kienholz. Die Teerschweler mußten das erforderliche Stockholz roden und an die Öfen heranfahren, sodann spalten und das harzreiche Holz vom harzar-

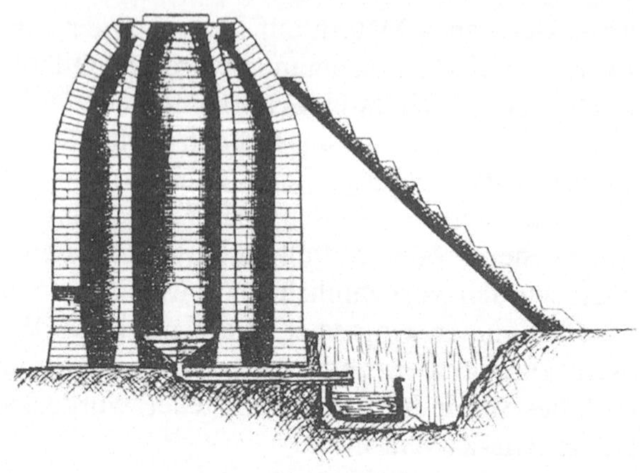

Bild 20. Schmeerofen von K. F. Jägerschmid (Mitte 19. Jahrhundert) (Zeichnung vom Autor)

men trennen. Das harzreiche Holz wurde verschwelt, das Abfallholz diente als Brennholz zum Beheizen der Teeröfen. Die Hochblüte dieses Wirtschaftszweiges lag im 18. und in der ersten Hälfte des 19. Jahrhunderts. Eine Vorstellung von einem „Großschwelofen" jener Zeit vermittelt Bild 20.

3.2.4 Von der Teerhütte zur Industrieanlage

Beim Schwelen von Holz entsteht, wie bereits erwähnt, eine Reihe von Nebenprodukten, einst unentbehrliche Rohstoffe für die Herstellung wichtiger chemisch-technischer Erzeugnisse: Schiffsteer, Wagenschmiere und Schusterpech sind hierfür einige Beispiele. Holzkohlenmeiler älterer Bauart zur Holzteergewinnung, die sich lediglich durch einen trichterförmig ausgebildeten, mit Lehm ausgekleideten Boden und eine Abflußröhre von Meilern üblicher Bauart unterschieden, lieferten nur wenig Teer, der zudem sehr dickflüssig war. Zwar fand Teer dieser

Qualität auf Werften guten Absatz, hatte jedoch als Wagenschmiere mindere Qualität. Die Gewinnung in Bienenkorböfen stellt einen beträchtlichen technischen Fortschritt dar, aber der entscheidende Durchbruch gelang erst durch die Entwicklung doppelwandiger Teeröfen, die eine wesentlich bessere Regulierung des Schwelprozesses erlaubten. Bei diesem Typ war etwa 24 Stunden nach dem Anheizen die Temperatur im Innern so hoch, daß die gebildeten Dämpfe beim Kondensieren Kienöl lieferten; die leichten Öle waren in der Regel nach etwa 60 Stunden ausgetrieben. Der Ofen wurde nun stärker aufgeheizt, und nun fielen die schwereren Fraktionen an, so „Theergalle“, ein mit wäßrigem Holzessig vermischter Teer. Die aus dem Ofen abfließenden Produkte wurden immer dunkler und zähflüssiger; nach etwa acht Tagen war die Destillation beendet. Die Teerbrenner ließen den Ofen erkalten und räumten die Holzkohle aus. Ein Teil der Teerfraktionen wurde weiter verarbeitet, so zu weiterem Kienöl bzw. Pech. Die erforderlichen Prozesse wurden in einfachen Apparaturen aus Eisen oder Kupfer durchgeführt, die um den Meiler herum gruppiert wurden: Die Meilerstätte wurde allmählich zur „Theerhütte“ mit mehreren Öfen, zur „chemischen Fabrik im Wald“. Die Ansicht einer solchen Teerhütte, wie sie um die Mitte des vorigen Jahrhunderts in den Wäldern zahlreich anzutreffen waren, zeigt Bild 21.

Die gemauerten Öfen des bisher geschilderten Typs sind noch recht unvollkommen; erst die Holzverkohlung in geschlossenen, von außen beheizten Retorten aus Schmiedeeisen ermöglichte die Nutzung aller beim Prozeß anfallenden Produkte. Die Verwendung liegender Retorten aus Schmiedeeisen war schon zu Beginn des vorigen Jahrhunderts für die Gewinnung von Leuchtgas aus Steinkohle üblich; erste Retorten dieser Bauart waren in englischen „Gasanstalten“ in Betrieb. Nach diesem Vorbild wurden Holzverkohlungsfabriken neu konzi-

Bld 21. Teerhütte (Zeichnung vom Autor)

piert. Um die Jahrhundertwende waren solche Fabriken in Deutschland, Österreich und Amerika schon weit verbreitet, und sie traten auch in Rußland und Schweden mehr und mehr an die Stelle von handwerklichen Teerbrennereien. Die Ausbeute an Holzkohle und Destillat ist von der Holzart und der Temperaturführung abhängig. Erfahrungsgemäß bringt rasches Erhitzen auf hohe Temperaturen wenig Holzkohle, dagegen werden große Mengen an Gasen gebildet. Je langsamer das Erhitzen erfolgt, und je kleiner die Retorten sind, desto größer werden die Ausbeuten an Teer, Holzessig und Holzgeist. Diese Stoffe sind bei hohen Temperaturen instabil und neigen zum Zerfall. Durch Absaugen während des Schwelprozesses, d. h. durch Verkürzung der Verweilzeit dieser thermisch empfindlichen Stoffe in der heißen Reaktionszone, ließen sich die Ausbeuten an flüssigen Destillaten ganz beträchtlich erhöhen. Tabelle 11 enthält die Werte, die H. Ost in seinem „Lehrbuch der chemischen Technologie" – „Bibel" für Generationen von technischen Chemikern – angegeben hat.

Laubhölzer liefern bei diesem Prozeß erheblich mehr Säuren als Nadelhölzer; letztere liefern mehr terpentinhaltigen Teer. Die anfallenden brennbaren Gase werden für die Beheizung der Retorten herangezogen. Eine

Tabelle 11. Ergebnisse von Retortenverkohlung

100 Teile Holz ergeben (Versuche im Kleinen):

Holzart	Art des Erhitzens	Angaben in %				
		Kohle	Teer	Rohessig mit Säure		Gase
Rotbuche	langsam	26,7	5,9	45,8	5,2	21,7
	rasch	21,9	4,9	39,5	3,9	33,8
Birke	langsam	29,2	5,5	45,6	5,6	19,7
	rasch	21,5	3,2	39,7	4,4	35,6
Eiche	langsam	34,7	3,7	44,5	4,1	17,2
	rasch	27,7	3,2	42,0	3,4	27,0
Fichte	langsam	30,3	4,4	41,0	2,7	21,4
	rasch	24,2	9,8	42,0	2,4	24,1

Aus: H. Ost, Lehrbuch der chemischen Technologie, Hannover 1900.

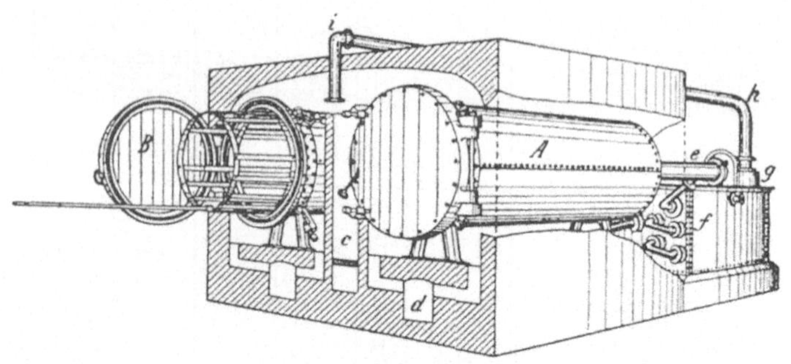

Bild 22. Liegende Retorten für Holzverkohlung. (Entnommen aus: H. Ost, Lehrbuch der chemischen Technologie, Hannover 1900)

Vorstellung vom Prinzip dieser Anlagen vermittelt Bild 22.

Die beiden schmiedeeisernen Retorten (A) und (B) von je 4 m Länge und 1 m Durchmesser sind fest in einen Ofen eingemauert und werden von einer vor beiden Retorten angeordneten Kohlerostfeuerung (C) langsam aufgeheizt. Später werden die beim Prozeß entweichenden, nicht kondensierbaren Gase zur Beheizung genutzt.

Anfangs wird die Temperatur niedrig gehalten; bis 150 °C entweicht hauptsächlich Wasser. Zwischen 150 und 280 °C fällt die Hauptmenge von Holzessig und Holzgeist, später bei Temperaturen oberhalb dieses Bereiches die Hauptmenge Teer an. Die bei der Destillation gebildeten nicht kondensierbaren Gase werden durch das Rohr (h, i) zum Brenner geführt. An die Retorten schließt sich zunächst ein weites Rohr (e) an, durch das die flüchtigen Produkte abgesaugt werden, die zuvor schon einen direkt hinter den Retorten angeordneten Teerabscheider passiert haben. In einem System aus Kupferröhren (f), das von außen mit Wasser gekühlt wird, sammeln sich die kondensierbaren Destillate an. Die nicht kondensierbaren Gase passieren einen sog. hydraulischen Verschluß, der das Zurückschlagen der Flammen verhindert,

Tabelle 12

1 Raummeter Buchenholzscheite (396 kg) liefert:

- 122 kg Holzkohle
- 157 kg Rohessig mit 18,5 kg Gesamtsäure und 4,6 kg Holzgeist
- 24 kg Holzteer
- 93 kg Gase

Zur Beheizung wurden 43,5 kg Steinkohlen verbraucht

Aus: H. Ost, Lehrbuch der chemischen Technologie, Hannover 1900.

und gehen dann zur Verbrennung. Die Holzscheite werden, wie bei der geöffneten Retorte (B) zu erkennen ist, mittels eines Drahtkorbes vorn frei eingesetzt. Das Absaugen der flüchtigen Produkte aus den Retorten erfolgt mit einem Dampfstrahler, der die thermisch empfindlichen Produkte rasch aus der heißen Reaktionszone entfernt. Eine Destillation dauerte etwa 12 Stunden. Zum Beheizen der Anlage wurden zusätzlich noch 43,5 kg Steinkohle benötigt. Die Produkte von 1 rm Buchenholz zeigt Tabelle 12.

Die Ansicht einer alten Anlage mit liegenden Retorten zeigt Bild 23.

Das vom Teer abgetrennte wäßrige Destillat, der rohe Holzessig, enthält als Hauptbestandteile ca. 10% Essigsäure CH_3-COOH sowie 1–2% Methanol CH_3-OH, daneben noch ca. 0,1 bis 0,5% Aceton $CH_3-CO-CH_3$ und geringe Mengen homologer Carbonsäuren, wie Propionsäure CH_3-CH_2-COOH und Buttersäure $CH_3-CH_2-CH_2-COOH$, weiterhin Ester, insbesondere Essigsäuremethylester $CH_3-COOCH_3$ und homologe Ketone usw. Schließlich sind in dieser Phase noch bis zu 10% Teer in gelöster bzw. suspendierter Form enthalten.

Die Aufarbeitung des Rohproduktes erfolgte früher ganz allgemein nach dem „Dreiblasen-System" (siehe Bild 24):

Bild 23

Bild 26

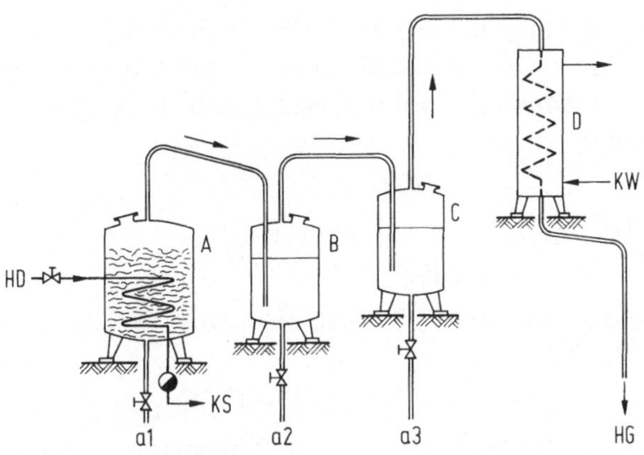

Bild 24. Dreiblasen-System zur Herstellung von Essigsäure aus Graukalk

In der ersten Blase (A) werden die flüchtigen Produkte abgetrieben, während Teer zurückbleibt und am Ende dieser Destillation abgelassen wird. Die Dämpfe aus (A) passieren zwei nachgeschaltete, mit Kalkmilch gefüllte Blasen (B) und (C), in denen Essigsäure und weitere Säuren neutralisiert werden und dann in Form ihrer Kalziumsalzlösung vorliegt:

$$2\,CH_3-COOH + Ca(OH)_2 \longrightarrow$$

Essigsäure — Calciumhydroxid („Kalkmilch")

$$(CH_3-COO)_2Ca + 2\,H_2O$$

Calciumacetat — Wasser

Der rohe Holzgeist wird im Kühler (D) kondensiert.

Bild 23. Alte Verkohlung mit 1-fm-Retorten (1925). (Mit freundlicher Genehmigung der Degussa, Frankfurt/M.)

Bild 26. Moderne 40-fm-Verkohlungsretorte nach dem Reichert-Verfahren (1937). Heutige Retorten dieser Bauart haben 100 m³ Inhalt

Bei diesem Prozeß werden auch die Ester „verseift" und dabei in das Kalziumsalz der Säure sowie den betreffenden Alkohol umgesetzt, z. B. Essigsäuremethylester:

$$2\,CH_3-C\begin{matrix}\diagup\!\!\diagup O \\ \diagdown O-CH_3\end{matrix} + Ca(OH)_2 \longrightarrow$$

Essigsäuremethylester (Methylacetat) — Kalziumhydroxid

$$(CH_3-COO)_2Ca + 2\,CH_3OH$$

Kalziumacetat — Methanol

Die wäßrige Lösung wurde eingedampft, wobei sog. „Graukalk" anfiel, der anschließend mit Schwefelsäure zu Essigsäure und Gips umgesetzt wurde:

$$(CH_3-COO)_2Ca + H_2SO_4 + 2\,H_2O \longrightarrow$$

Kalziumacetat (Graukalk) — Schwefelsäure

$$CaSO_4 \cdot 2\,H_2O + 2\,CH_3-COOH$$

Gips — Essigsäure

Weitere Feindestillation in schon damals raffiniert konstruierten Anlagen führte schließlich zu reiner Essigsäure.

Essigsäure war und ist ein bedeutendes Zwischenprodukt für die Herstellung zahlreicher wichtiger Erzeugnisse der organisch-chemischen Industrie, wie Pharmaka, Lösungsmittel, Riechstoffe, Textilhilfsmittel, Kunststoffe usw. Der Holzgeist wurde gleichfalls auf destillativem Wege zu reinem Methanol aufgearbeitet.

Bis zum ersten Weltkrieg hielt die Holzverkohlungsindustrie unangefochten eine Monopolstellung, denn sie allein konnte Essigsäure und Methanol in technischen Mengen liefern. Übrigens wurde damals auch das für die Verarbeitung von Schießbaumwolle unentbehrliche Aceton durch trockene Destillation aus „Graukalk" gewonnen:

$$\underset{\text{„Graukalk"}}{(CH_3-COO)_2Ca} \longrightarrow \underset{\text{Aceton}}{CH_3-CO-CH_3} + \underset{\text{Kalziumcarbonat}}{CaCO_3}$$

Die deutsche Holzverkohlungsindustrie konnte in jenen Jahren gar nicht genug Graukalk liefern. Z. B. im Jahre 1898 mußten 10000 Tonnen dieses wichtigen Produktes importiert werden (hauptsächlich aus den USA); eine etwa gleichgroße Menge wurde in Deutschland selbst hergestellt.

3.2.5 Moderne Meilerverkohlung und eine neue Forstwirtschaft

3.2.5.1 Moderne Großraumretorten

Nach dem ersten Weltkrieg änderte sich die Situation grundlegend: Synthetische Essigsäure wurde aus Acetylen in Mengen hergestellt, die schon bald die Mengen von Holzessig um ein Vielfaches übertrafen, und 1923 war die Synthese von Methanol gelungen. Auch für Holzkohle waren durch Verwendung von Torfkoks, raucharmen Braunkohlenschwelkoks sowie durch Gas und Strom starke Konkurrenten erwachsen. Nur wenige Holzverkohlungswerke überlebten die Krise ´und schafften schließlich den Sprung in unsere heutige Zeit. Allerdings war es dafür notwendig, neue technische Wege zu beschreiten. Die Entwicklung von Großraumretorten leistete dazu einen ganz entscheidenden Beitrag. Aus einer Anzahl moderner Verfahren zur Holzverkohlung sei hier das nach seinem Erfinder benannte Reichert-Verfahren herausgegriffen: Die Retorten werden nicht von außen beheizt, die Wärmezufuhr erfolgt vielmehr nach dem Spülgas- oder Umwälzgas-Prinzip unmittelbar durch

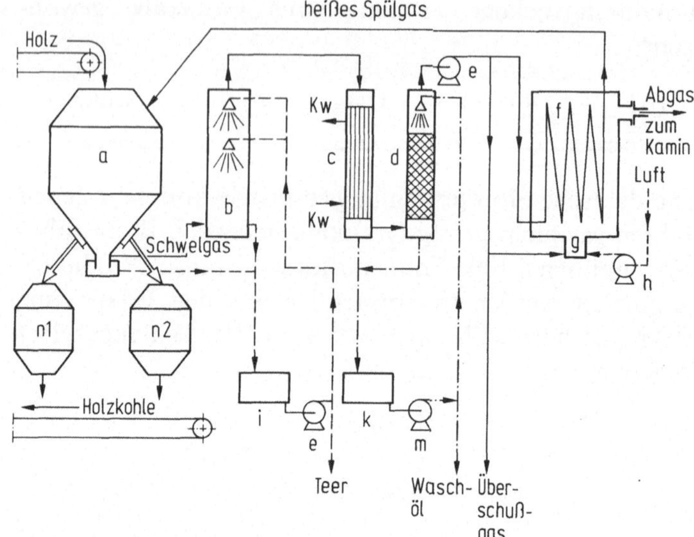

Bild 25. Schema des Reichert-Holzverkohlungsverfahrens. a Retorte, b Teerwäscher, c Kondensator (Kühler), d „Skrubber" (Füllkörperkolonne), e Gebläse für Schwel- bzw. Spülgas, f Gaserhitzer, g Brenner, h Gebläse für Luft, i Sammelbehälter für Teer, k Sammelbehälter für Waschöl, m Pumpe für Waschöl, n_1, n_2 Kühlbunker

heiße, in die Retorten von oben eingeleitete Verkohlungsgase. Das Spülgasprinzip hatte sich zuvor schon bei der Schwelung mitteldeutscher Braunkohlen bewährt und die übrigen Schwelverfahren weitgehend verdrängt.[1] Bild 25 zeigt das Schema des Reichert-Verfahrens.

Bei diesem weitgehend mechanisierten Verfahren wird vorgetrocknetes Holz eingesetzt. Über ein Transportband wird es in die Retorte eingebracht, und zugleich wird am Kopf der Apparatur ca. 480 °C heißes Umwälzgas eingeleitet. Bei diesem Prozeß setzt also der Verkohlungsprozeß am oberen Ende der Retorte (a) ein und

[1] S. D. Osteroth, Von der Kohle zur Biomasse, S. 95f.

schreitet nach unten fort. Die entstehenden Gase geben ihre Wärme zum großen Teil an die darunter liegenden kühleren Holzschichten ab, wobei ihre thermische Zersetzung durch rasches Absaugen mit dem Gebläse (e) vermieden wird. Sie passieren nacheinander einen Teerwäscher (b), den Kondensator (c), wo Rohessig abgeschieden wird, und den „Skrubber" (Füllkörperkolonne) (d), wo weiterer Rohessig ausgewaschen wird. Anschließend werden sie im Gaserhitzer (f) wieder auf 480 °C aufgeheizt und zurück zur Retorte (a) geleitet. Das überschüssige Gas dient zur Beheizung des Gaserhitzers oder der Holztrocknungsanlage. Die Verkohlungsdauer beträgt in Abhängigkeit vom Restfeuchtegehalt etwa 13 bis 15 Stunden. Füllen und Entleeren der Retorte beanspruchen etwa 3 bis 4 Stunden. Entleert wird die Kohle in die Kühlbunker (n_1 bzw. n_2), von denen aus die Kohle mit Transportbändern zur Sichtanlage gefördert wird. Die Ansicht einer Reichert-Retorte zeigt Bild 26.

Bei diesem Verfahren liegen die Ausbeuten höher als bei Prozessen, die ohne Spülgas arbeiten. Das nicht kondensierbare Holzgas reicht im Regelfall (bei Verwendung von Holz mit Feuchtigkeitsgehalten unter 20 %) zur Deckung der Prozeßwärme aus. Frisch gefälltes Holz hat einen Wassergehalt von 40 bis 50 %.

Moderne Großraumretorten dieser Bauart haben einen Inhalt von 100 m^3 entsprechend bis zu 25 t HTS (Holztrockensubstanz). Bei einem Durchmesser von etwa 5 m weisen sie eine Bauhöhe von etwa 8,5 m auf.

Ein modernes Verfahren zur Gewinnung von Holzkohle wurde von der Lurgi GmbH, Frankfurt, entwickelt; das vereinfachte Schema des Lurgi-Holzkohle-Verfahrens zeigt Bild 27.

Herzstück der Anlage ist eine stehende Retorte, die in zwei Zonen unterteilt ist: In der oberen Zone wird das Holz mit heißem Kreislaufgas getrocknet und verkohlt, in der unteren Zone wird mit kaltem Kreislaufgas gekühlt.

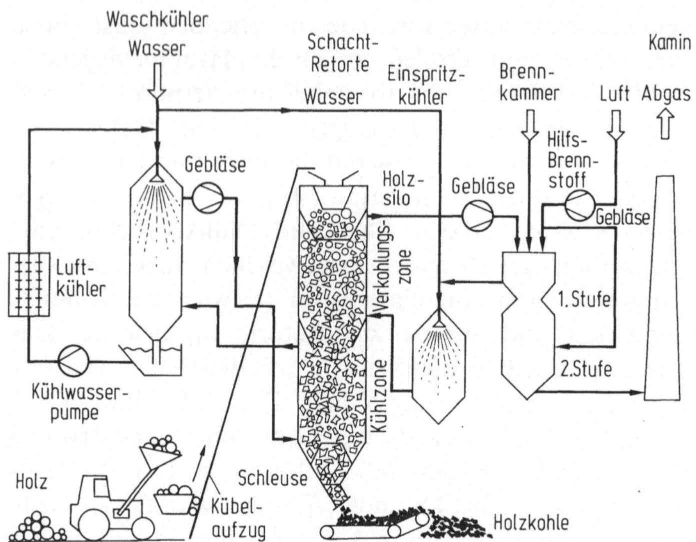

Bild 27. Schema des Lurgi-Holzkohle-Verfahrens. Bei Einspritzkühlern erfolgt Kühlung direkt durch eingespritztes Kühlwasser. (Mit freundlicher Genehmigung der Lurgi GmbH, Frankfurt/M.)

Zerkleinertes Holz mit einem Feuchtigkeitsgehalt von ca. 25 % wird mit einem Aufzug in den oberhalb der Trocken- und Verkohlungszone angeordneten Holzbunker gefördert, von dem das Nachfüllen der Retorte über eine Standkontrolle automatisch erfolgt. Heißes Kreislaufgas tritt mit einer Temperatur von 500 bis 650 °C am unteren Ende der Verkohlungszone ein, durchströmt die Füllung und entweicht am Kopf der Anlage mit einer Temperatur von ca. 100 °C. Mit dem Gas werden die beim Verkohlungsprozeß entstehenden flüchtigen Anteile mitgeführt und in einer zweistufigen Brennkammer verbrannt; dabei wird das Gas auf rund 1000 °C aufgeheizt. Die notwendige Verbrennungsluft wird so zudosiert, daß das Gas so wenig freien Sauerstoff wie möglich enthält. Ein Teil wird nach Kühlung durch direktes Einspritzen von Wasser (das dabei verdampft) auf 500 bis 650 °C als

Heißgas in die obere Zone der Retorte zurückgeleitet; der Rest wird im Luftüberschuß nachverbrannt und entweicht durch den Kamin ins Freie. Die verschiedenen Gase und Dämpfe aus dem Retortenprozeß ergeben ein sehr unterschiedliches Flammenbild, so daß aus Sicherheitsgründen ein Hilfs-Brennstoff erforderlich ist. Hierfür eignen sich Heizöl, u. U. auch fein-gemahlene Holzkohle. Aus der oberen Zone rinnt die heiße Holzkohle in die Kühlzone, wird hier mit kaltem Kreislaufgas auf weniger als 50 °C abgekühlt und durch eine Schleuse aus der Apparatur ausgetragen. Das Kaltgas tritt am unteren Ende der Kühlzone ein und verläßt diese mit einer Temperatur von ca. 250 °C. Nach direkter Kühlung mit Wasser wird das Gas zurück in die Kühlzone geleitet; das Wasser wird nach Kühlung in einem Luftkühler gleichfalls im Kreislauf gehalten.

Die Ansicht einer Lurgi-Anlage zur Gewinnung von jährlich 27000 Tonnen Holzkohle zeigt Bild 28.

Diese Anlage ist in Kemerton, West-Australien, seit 1989 in Betrieb. Als Rohstoff dient Jarrah-Holz (Holz der in West-Australien heimischen Art Eukalyptus marginata).

Eine Übersicht über die bei der Verkohlung von 1 fm (1 Festmeter = ca. 730 kg) lufttrockenem Buchenholz anfallenden Primärprodukte gibt das nachfolgende Schema (nach Angaben der DEGUSSA) (Bild 29).

Vor Auslieferung an die Verbraucher muß Holzkohle stets sortiert werden, d. h. Grobkohle muß von kleinstückigen Anteilen und Staub mit Hilfe von Sichtungsmaschinen (Rüttelsiebe, Siebtrommeln) getrennt werden. Der Holzkohlenstaub wird z. B. unter Zusatz geeigneter Bindemittel (Holzteer) zu Holzkohlenbriketts verarbeitet. Holzkohle eignet sich u. a. als Aktivkohle (A-Kohle), zum Grillen sowie für zahlreiche metallurgische Zwecke.

Die weitere Aufarbeitung der anfallenden flüssigen Primärprodukte wird schon seit Jahrzehnten nicht mehr

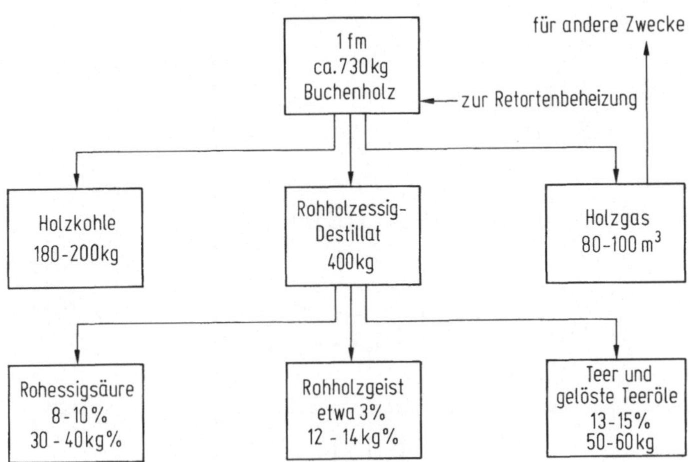

Bild 29. Produkte der Holzverkohlung am Beispiel von Buchenholz. (Angaben der Degussa, Frankfurt/M.)

nach dem Graukalkverfahren, sondern mit modernen Trennmethoden destillativ sowie durch Extraktion bzw. Kombination beider Methoden durchgeführt. Das Schema einer Holzteer-Destillationsanlage zeigt Bild 30.

Ohne auf Einzelheiten einzugehen, sei das Prinzip kurz geschildert: Das bei der Holzverkohlung anfallende Kondensat, der sog. „Rohholzessig", ist eine saure teerig-wäßrige Flüssigkeit, aus der sich etwa 7 bis 8% Teer abscheiden. Die zurückbleibende wäßrige Phase enthält etwa 11% Essigsäure und homologe Säuren, daneben weitere 3% Methanol („Holzgeist"), 7% gelösten Teer und 79% Wasser. Das gesamte Kondensat einschließlich des Teers wird „entgeistet", wobei alle Bestandteile mit einem Siedepunkt unter 80 °C abdestilliert werden. Durch Entfernung des Methanols aus dem Wasser wird dessen Lösevermögen für Teer herabgesetzt, so daß sich dieser

Bild 28. Ansicht einer Lurgi-Anlage zur Verkohlung von Holz

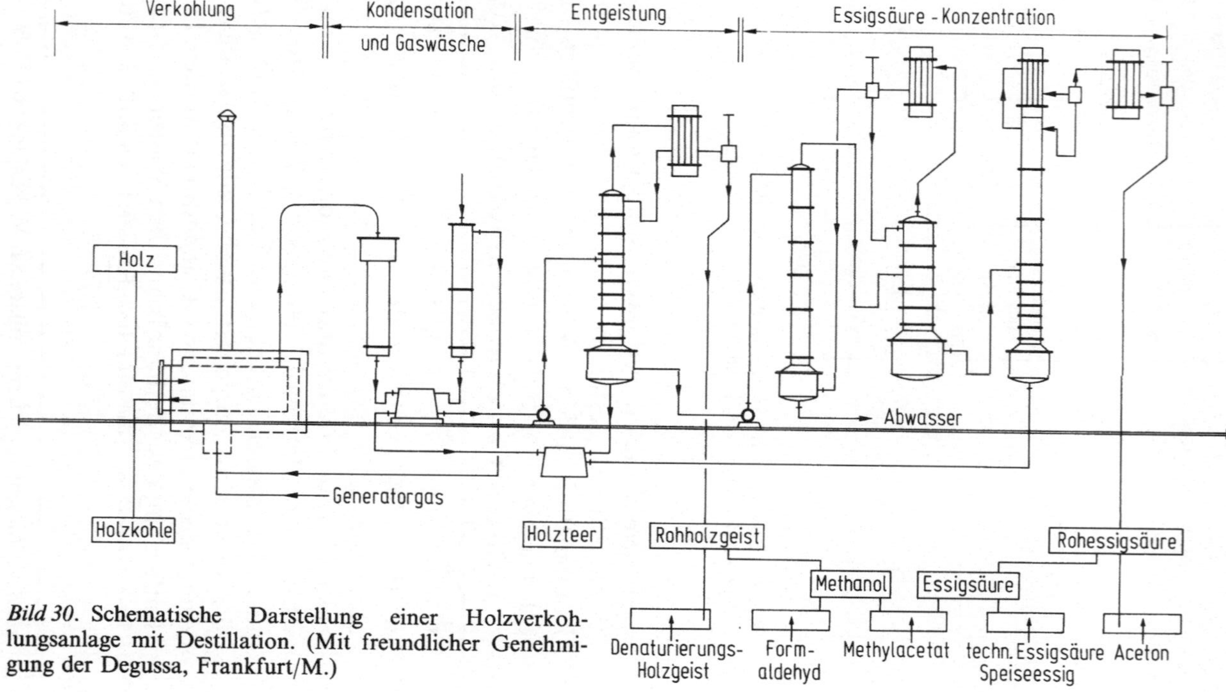

Bild 30. Schematische Darstellung einer Holzverkohlungsanlage mit Destillation. (Mit freundlicher Genehmigung der Degussa, Frankfurt/M.)

nun leicht vom wäßrigen Holzgeist abtrennen läßt und in den Teersammelbehälter fließt. In der ersten nachgeschalteten Kolonne wird flüchtiger „Rohholzgeist" abgetrieben und weiterer Teer scheidet sich im Sumpf der Kolonne ab, der ebenfalls zum Teersammelbehälter läuft. Aus der zurückbleibenden wäßrigen Phase entsteht in der anschließenden Dreikolonnenanlage konzentriertere Rohessigsäure, während der Rest zur Abwasserreinigung geht.

Der Rohholzgeist wird zu reinem Methanol, die Rohessigsäure zu reiner Säure aufgearbeitet. Aus Methanol und Essigsäure läßt sich durch Veresterung Methylacetat, ein wichtiges Lösungsmittel, gewinnen:

$$\underset{\text{Essigsäure}}{CH_3-COOH} + \underset{\text{Methanol}}{CH_3OH} \xrightarrow{\text{Katalysator}} \underset{\text{Methylacetat}}{CH_3-COOCH_3} + \underset{\text{Wasser}}{H_2O}$$

Aus Rohessigsäure kann direkt Aceton, ebenfalls ein wichtiges Lösungsmittel und Zwischenprodukt für Synthesen, hergestellt werden:

$$\underset{\text{Essigsäure}}{2\,CH_3-COOH} \xrightarrow{\text{Katalysator}} \underset{\text{Aceton}}{CH_3-CO-CH_3} + \underset{\text{Kohlendioxid}}{CO_2} + \underset{\text{Wasser}}{H_2O}$$

Durch katalytische Dehydrierung läßt sich aus Methanol Formaldehyd – ein Zwischenprodukt u. a. für die Herstellung von Kunstharzen – gewinnen:

$$\underset{\substack{\text{Methylalkohol}\\ \text{(Methan}\underline{\text{o}}\text{l)}}}{CH_3OH} \xrightarrow{\text{Katalysator}} \underset{\substack{\text{Formaldehyd}\\ \text{(Methan}\underline{\text{a}}\text{l)}}}{H-C{\overset{H}{\diagup}}\!\!{\underset{O}{\diagdown\!\!\diagdown}}} + \underset{\text{Wasserstoff}}{H_2}$$

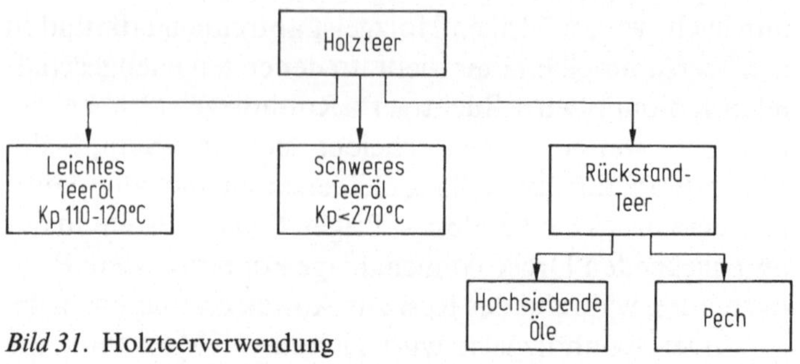

Bild 31. Holzteerverwendung

Bei der Aufarbeitung von Rohholzgeist fällt u.a. in kleinen Mengen auch das Lösungsmittel Furfural an.

Das Schema der destillativen Aufarbeitung des Holzteers zeigt Bild 31.

Bei der destillativen Aufarbeitung von Rohholzessig fällt in verschiedenen Stufen Teer an (siehe Bild 30):

- ▷ *Büttenteer*, scheidet sich beim Entgeisten des Holzessigs ab.
- ▷ *Extraktionsteer*, fällt bei der Vakuumdestillation der Rohessigsäure an.

Der Teer wird aus Blasen destilliert. Besonders wertvoll ist schweres Teeröl, in dem phenolische Verbindungen wie Kresole, Guajacol u. a. enthalten sind, die mit Natronlauge extrahiert werden und für die Herstellung von Pharmazeutika und Desinfektionsmittel Verwendung finden. Ein großer Teil der schwersiedenden Fraktionen dient zur Imprägnierung, Herstellung von Hilfsstoffen für den Bergbau (Flotationsöle) oder wird als Heizöl verbrannt.

3.2.5.2 Die Renaissance in Brasilien

Zu Beginn des 18. Jahrhunderts setzte ein Verdrängungsprozeß ein, in dessen Verlauf Holzkohle im Hüttenwesen nahezu vollständig durch Steinkohlenkoks ersetzt wurde. Bereits am Ende des vorigen Jahrhunderts hatte Holzkohle in der Metallurgie kaum noch Bedeutung, bis auf kleine Bereiche, wie z. B. im Harz, in der Steiermark und in Schweden zur Herstellung von feinen Gußteilen, oder in den USA zur Gewinnung von Hartguß für Eisenbahnräder.

In den 20er Jahren unseres Jahrhunderts begann in Brasilien der Aufbau einer eigenen Eisen- und Stahlindustrie, die heute den Bedarf des Landes vollständig zu decken vermag. Brasilien verfügt zwar über reiche, hochwertige Eisenerzlagerstätten, jedoch über keine nennenswerten Kohlevorkommen. Die wenigen Lagerstätten enthalten zudem Kohlen mit hohem Asche- und Schwefelgehalt, die für metallurgische Zwecke nicht geeignet sind. Kostengründe und politische Zielsetzungen führten dazu, daß der Import ausländischer Kohlen stark gedrosselt bzw. sogar unterbunden wurde. Mit Blick auf die landeseigene traditionelle Köhlerei, die seit Beginn des 19. Jahrhunderts kleine Öfen zum Erschmelzen von Eisen mit Holzkohle versorgte, wurde im Jahre 1920 der auf den ersten Blick geradezu abenteuerliche Plan gefaßt, auf der Basis von Holzkohle aus Meilern eine moderne Stahlindustrie aufzubauen.

Neben den Brandrodungen zur Landgewinnung für landwirtschaftliche Zwecke gefährdete nun auch der Holzbedarf der Eisen- und Stahlindustrie den Bestand der tropischen Regenwälder. Um die ausreichende Versorgung der großindustriellen Abnehmer mit Holzkohle unter Schonung der Tropenwälder sicherzustellen, fördert die brasilianische Regierung seit 1965 forstwirtschaftliche Kultivierungsmaßnahmen von Baumsorten, die sich besonders gut für Holzverkohlung eignen. Ab 1995 müssen sämtliche Hüttenwerke die Versorgung mit Holzkohle aus eigenen Holzplantagen sicherstellen. Inzwischen sind von der Industrie insgesamt mehr als

6 Mio. ha Land aufgeforstet, wobei hauptsächlich schnellwachsende, besonders anpassungsfähige Eukalyptus-Sorten aus Australien angepflanzt wurden. Daneben wurden noch große Kiefernplantagen zur Zellstoffgewinnung angelegt. Durch diese Maßnahmen wird die Industrie in Brasilien gesetzlich dazu verpflichtet, ihren Beitrag für den Erhalt der tropischen Regenwälder zu leisten, deren Bedeutung als „Weltklimaanlage" heute unbestritten ist.

Die Firma Mannesmann betreibt seit 1954 in einem Vorort von Belo Horizonte, der Hauptstadt des Bundesstaates Minas Gerais, ein Hütten- und Röhrenwerk mit mehr als 8000 Mitarbeitern und einer Kapazität von 1 Mio. t Rohstahl und 400000 t nahtloser Röhren pro Jahr. Die Ansicht eines mit Holzkohle betriebenen Hochofens zeigt Bild 32.

Zur Versorgung dieses Werkes mit Holzkohle aus eigenen Forsten wurde 1969 die Tochtergesellschaft MAFLA gegründet. Sie verfügt über 325000 ha Land, von dem 125000 ha mit (noch nicht voll ertragsfähigen) Eukalyptusbäumen bepflanzt sind, die 1988 schon rund 30% des gesamten Holzbedarfs deckten. Auf einer aufgeforsteten Fläche von 160000 ha wird in einigen Jahren bei vollem Ertrag die Gesamtversorgung sichergestellt sein. Durch gezielte Forschungs- und Entwicklungsarbeiten wurden mit brasilianischen und ausländischen Hochschulen und Forschungsinstituten aus den etwa 600 bekannten Eukalyptus-Arten diejenigen ermittelt, die bei besten Erträgen zugleich die in den Anpflanzungsgebieten in Mittelbrasilien auftretende, vier bis sechs Monate dauernde Trockenzeit unbeschadet überstehen (die Holz-

Bild 32. Entstaubungsanlage für den mit Holzkohle betriebenen Hochofen der Mannesmann SA in Belo Horizonte, Brasilien. (Bild: Mannesmann)

plantagen sind 2000 und mehr km vom Regenwaldgebiet des Amazonas entfernt).

Auf den Fazendas der MAFLA werden jährlich viele Millionen Eukalyptus-Setzlinge aus Samen oder Stecklingen gezogen. Nach 90 bis 120 Tagen werden die Sprößlinge (z.T. schon maschinell) in die vorbereiteten Plantagen gepflanzt, wobei ca. 2000 Bäumchen pro ha benötigt werden. Sie benötigen viel Pflege; so muß ihre Umgebung von Unkraut und Schädlingen freigehalten werden. Die „biologische Unkrautvernichtung" besorgen Rinderherden, die das „Unkraut" zwischen den Eukalyptusbäumen abweiden. Die optimale Größe für Holzverkohlung haben die Bäume nach 6 bis 8 Jahren mit ca. 10 m Höhe bei ca. 15 cm Durchmesser erreicht. Der erste Schnitt mit Motorsägen kann nun erfolgen.

Eine Eukalyptus-Plantage in Brasilien ist in Bild 33 gezeigt.

Insgesamt sind innerhalb von rund 20 Jahren drei Einschläge mit Holzerträgen von 200 bzw. 150 bzw. 120 m^3 pro ha möglich, d.h. daß innerhalb von 20 Jahren etwa 250 m^3 Holzertrag zu erwarten sind, aus denen nach klassischer Köhlerart 60 Tonnen Holzkohle hergestellt werden.

Nachdem die zugeschnittenen Stämme durch Zwischenlagerung im Freien auf ca. 30% Wassergehalt vorgetrocknet sind, werden sie in die Holzkohlenmeiler der Fazendas geschichtet; eine Köhlerei umfaßt 40 bis 80 Öfen (siehe Bild 34).

Vom Beladen des Ofens mit frischem Holz bis zum Ausräumen der Holzkohle vergehen im Durchschnitt zehn Tage; der eigentliche Verkohlungsprozeß dauert

→

Bild 33. Eukalyptus-Plantage in Brasilien. (Mit freundlicher Genehmigung der Mannesmann AG, Düsseldorf)

Bild 34. Beladen eines Meilers für Holzkohlegewinnung in Brasilien. (Mit freundlicher Genehmigung der Mannesmann AG, Düsseldorf)

Bild 33

Bild 34

aber nur rund 20 Stunden. Pro Ofen werden in einem Durchgang etwa 21 m^3 Holzkohle produziert; eine Köhlerei erzeugt jährlich bis zu 50000 m^3 Holzkohle (siehe Bild 35).

Früher arbeiteten diese klassischen Meiler mit Naturzug, wobei die flüchtigen Stoffe verloren gingen. Heute werden die Rauchgase und Dämpfe überwiegend abgesaugt und entteert, wobei jährlich 7000 Tonnen Teeröl anfallen, die als Energierohstoff auf der Hütte eingesetzt werden. Bild 36 zeigt eine einfache, selbstentwickelte Teergewinnungsanlage.

Dieser am Standort Brasilien offensichtlich wirtschaftliche Weg ist außerordentlich arbeitsintensiv; MAFLA beschäftigt insgesamt rund 6000 Mitarbeiter.

Bei der Anpflanzung der Eukalyptus-Plantagen spielen ökologische Gesichtspunkte eine wichtige Rolle: Von der Gesamtfläche der Fazendas werden nur etwa 65% für die Holzwirtschaft genutzt, 35% der Landschaft bleiben unberührt. Zahlreiche Natur-Nischen zwischen den Eukalyptus-Anpflanzungen bilden Refugien für die reiche südamerikanische Fauna und Flora. Auf diese Weise werden Monokulturen vermieden, und das ökologische Gleichgewicht bleibt erhalten. Es ist sogar gelungen, es in einigen Fällen dort wiederherzustellen, wo es durch Rodungen und Viehzucht bereits gestört war. In solchen Nischen siedeln sich die natürlichen Feinde von Baumschädlingen an, meist Vögel, wodurch der Gebrauch von Schädlingsbekämpfungsmitteln eingeschränkt werden kann. Die Luftaufnahme einer Eukalyptuspflanzung in Brasilien zeigt Bild 37.

Bild 35. Räumen eines Meilers. (Mit freundlicher Genehmigung der Mannesmann AG, Düsseldorf)

Bild 36. Holzteergewinnung in Brasilien. (Mit freundlicher Genehmigung der Mannesmann AG, Düsseldorf)

Bild 35

Bild 36

Dies ist ein Beispiel dafür, wie heute durch eine an die örtlichen Verhältnisse angepaßte ausgewogene Forstwirtschaft dem planlosen Abholzen der Regenwälder und der nachfolgenden Bodenzerstörung wirksam begegnet werden kann. Zugleich liegt hier auch ein interessantes Modell vor, wie Kurzumtriebswälder einen nachhaltigen Beitrag zur Rohstoffversorgung eines großen Industriezweiges leisten können. Das Unkraut zwischen den Bäumen wird von Rinderherden abgeweidet, so daß insgesamt eine Kombination von Schwerindustrie, Landwirtschaft und Forstwirtschaft geschaffen wurde.

Leider ist diese Ökotechnologie einer der wenigen Ausnahmefälle: Tatsächlich vollzieht sich der Schwund des Waldbestandes auf der Erde (zum weitaus größten Teil in den Tropen) inzwischen mit dem unglaublichen Tempo von 3000 bis 5000 m^2 pro Sekunde! Jahr für Jahr wird eine Waldfläche vernichtet, die der Größe der Bundesrepublik entspricht. Die jährliche Abholzungsrate in Brasilien, die in den frühen 80er Jahren bei „nur" etwa 2,5 Millionen ha Wald lag, beträgt nach jüngsten Erhebungen etwa 8 Millionen ha. Damit übertrifft heute Brasilien bei weitem die Entwaldungsrate aller übrigen tropischen Länder zusammengenommen (mit großem Abstand folgt als zweites Land Indien mit etwa 1,5 Millionen ha Wald). Nach einer neueren Studie der Internationalen Organisation für Tropenholz wird derzeit noch nicht einmal der tausendste Teil der noch vorhandenen tropischen Wälder nach Gesichtspunkten nachhaltiger Produktivität bewirtschaftet. Gibt es überhaupt noch

---

Bild 37. Eukalyptuspflanzung zur Holzkohleproduktion der Mannesmann Fi-El Florestal Ltda. Nova Lima (Brasilien). Naturbelassene Waldstreifen sorgen für ein Gleichgewicht des Ökosystems. (Bild: Mannesmann)

Bild 38. Weiden im ersten Jahr (1988). (Werksfoto der Energie-Versorgung Schwaben AG)

Bild 37

Bild 38

Hoffnung, der Waldzerstörung ein Ende zu setzen? Diese Frage ist berechtigt.

Nach Meinung von R. Repetto, dem Leiter des Programms für wirtschaftspolitische und ökonomische Institutionen am Institut für Weltressourcen in Washington, gibt es inzwischen Anzeichen dafür, daß sich bei den Verantwortlichen die Erkenntnis durchzusetzen beginnt, daß die Tropenwälder eine überragende Bedeutung sowohl für deren Anwohner wie auch für die übrige Menschheit haben. Etliche Länder haben damit begonnen, dem Raubbau energisch zu begegnen und eine geregelte Forstwirtschaft aufzubauen – oft gegen massiven Widerstand der Ausbeuter, die in vielen Fällen weit entfernt vom Ort des Geschehens die Waldzerstörung lenken. Die führende Rolle im Handel mit Tropenholz haben japanische Firmen, deren Interesse sich heute auf das Amazonas-Gebiet richtet, nachdem zuvor schon nacheinander die Wälder auf den Philippinen, dann in Indonesien und danach in Sabah und Sawarak ausgeplündert wurden.

Bei Entwicklungshilfe-Projekten wurde oft der Fehler begangen, an solchen Stellen modernste Technik einzusetzen, wo sich „veraltete Technik" infolge der lokalen Gegebenheiten als überlegen erweist. Im Falle Brasiliens wurden sehr viele Arbeitsplätze geschaffen, die bei Einsatz von moderner Technik entfallen würden. Es kann daher nicht oft genug daran erinnert werden, bei der Gestaltung von Entwicklungshilfe-Projekten an alte, bei uns (fast) schon vergessene Arbeitsweisen zu denken. Teure „Pannen" können so vermieden werden.

Brasilien führt, wie noch ausführlich zu schildern ist, ein weiteres großes Projekt zur industriellen Verwertung von Biomase durch: Die Herstellung von technischem Alkohol aus Zuckerrohr, hauptsächlich als Treibstoff für Autos. Der Aufbau einer chemischen Industrie zur Produktion einer breiten Palette chemischer Erzeugnisse auf der Basis von Bioalkohol ist inzwischen aufgegeben worden, denn bei den derzeitigen Preisen für Petrochemikalien ist ein Wettbewerb unmöglich. Zwangsläufig taucht hier die Frage auf, ob nicht Holzverkohlung in modernen Anlagen mit Gewinnung aller Nebenprodukte einen wichtigen Beitrag zur Rohstoffversorgung chemischer Betriebe leisten könnte, die heute nur Erdöl einsetzen.

Hier sei noch ein ergänzendes Wort zur Situation in den tropischen Regenwäldern gesagt: Sie stellen eine unverzichtbare CO_2-Senke im natürlichen Kohlenstoffkreislauf dar. Ihre Rettung gehört daher zu den großen Aufgaben unserer Zeit! Die geschilderten brasilianischen Projekte dürfen keinesfalls zu der Annahme verleiten, daß die Rettungsmaßnahmen schon auf vollen Touren laufen. Unsere Kenntnisse über dieses außerordentlich komplexe, zudem empfindliche Ökosystem „Regenwald" sind noch immer recht begrenzt. Vor der Erarbeitung tragfähiger Nutzungs- und Schutzkonzepte müssen wir unser Wissen auf dem Gebiet der Tropenökologie noch wesentlich erweitern. Es wäre eine schlimme Illusion, zu glauben, man könne mit Verboten den Schutz der Wälder erreichen: Es gilt, Konzepte auszuarbeiten, die den dort lebenden Menschen eine land- und forstwirtschaftliche Nutzung ermöglichen und ihre Existenz sichern, zugleich aber auch Struktur und Funktion der natürlichen Ökosysteme so weit als irgend möglich erhalten. Ziel muß es sein, eine langfristige Bewirtschaftung der Regenwälder zu erreichen, ohne diese für die ganze Erde so lebensnotwendige CO_2-Senke für immer zu zerstören.

Die Frage, ob dies auf eine nachhaltige, zugleich sanfte und wirtschaftlich vertretbare Weise möglich ist, wird heute unterschiedlich beurteilt. Große Teile des Regenwaldes an ökologisch besonders kritischen Orten (am Rande der Wasserläufe und in Hanglagen, die eine bestimmte Steigung überschreiten, weiter auch Wälder in

Gipfellagen der Hügel oder die durch Überschwemmungen beeinflußte Baumvegetation) bedürfen besonderen Schutzes. Konkrete Zahlenangaben gehen oft weit auseinander. Darüber hinaus ist nicht nur die Meinung der Wissenschaftler gefragt, sondern auch die der Politiker. „Eine Einmischung in die Erschließung dieses Gebietes (gemeint ist das Amazonasgebiet) verletzt die nationale Souveränität und Würde Brasiliens" – diese Worte des brasilianischen Präsidenten José Sarney zeigen die Vielschichtigkeit der vorliegenden Probleme. Hoffnungsvoll stimmt die Meinung von R. Grammel (Freiburg i. Br.): „Handfeste Gründe sprechen dafür, daß Holz in großen Teilen der tropischen Regenwälder nachhaltig, selektiv und sanft nutzbar ist, ohne daß hierbei die gewachsene Struktur der Wälder zerstört werden muß".

3.2.5.3 Kurzumtriebsplantage: ein denkbarer Weg[1]

In Brasilien erfolgt bereits im großen Umfang eine Nutzung von Holz schnellwachsender Eukalyptus-Sorten aus Kurzumtriebsplantagen zur Versorgung der heimischen Stahlindustrie mit Holzkohle. Eukalyptusholz kommt jedoch nicht nur für Verkohlung in Betracht, sondern eignet sich auch zur Herstellung von Papier und Zellstoff (Cellulose). Fachleute sagen Eukalyptus wegen seiner hohen Hektarerträge und seiner vielseitigen Verwendbarkeit eine herausragende Stellung unter den Hölzern für chemisch-technische Verwendung voraus.

Inzwischen laufen Entwicklungsprogramme in weiteren tropischen und subtropischen Regionen, so neben Brasilien u. a. in Venezuela und in Südafrika; in Frankreich versucht man, Eukalyptus-Sorten zu züchten, die im

[1] Der Autor dankt Herrn Forstdirektor Dr. Horst Weisgerber, Hann.-Münden, für großzügig überlassene Unterlagen.

kühleren Klima Europas gedeihen. Zwischen 1970 und heute ist der jährliche Verbrauch von Eukalyptusholz zur Papierherstellung von etwa 1 Mio. t auf 6 Mio. t angestiegen und wächst mit jährlich 5% weiter.

Als Energieträger des inneren C-Kreislaufs bietet es sich in Form von Spänen zur direkten Befeuerung von Kraftwerkskesseln an, oder zur Energieversorgung mit Heizgas aus der Trockendestillation.

In der Bundesrepublik haben schnellwachsende Baumarten seit 1976 erneut Interesse auf sich gezogen: War in den fünfziger Jahren Holzknappheit der Grund, so ist es heute die Nahrungsmittel-Überproduktion, die dazu zwingt, für derzeit noch landwirtschaftlich genutzte Flächen neue Verwendungsmöglichkeiten außerhalb der traditionellen Agrarwirtschaft zu erschließen. So könnte der Anbau schnellwüchsiger Bäume in Kurzumtriebsplantagen – in unseren Breiten kämen vor allem Pappeln, Espen und Weiden in Betracht – mit Umtriebszeiten von 2 bis 3 Jahren auf ehemals landwirtschaftlich genutzten Flächen einen alternativen Beitrag zur Verringerung der Nahrungsmittel-Überproduktion im EG-Raum leisten. Auf einer angenommenen Fläche von 500000 ha stillgelegter Agrarflächen könnten bei einer jährlichen Holzproduktion von durchschnittlich etwa 10 t atro Holzsubstanz pro ha jährlich bis zu 6 Mio. t Holztrockensubstanz für eine vielseitige Nutzung im industriellen und energetischen Bereich produziert werden. Zum besseren Verständnis sei noch angeführt, daß für jede Baumart eine bestimmte Umtriebszeit festgelegt wird, womit das Alter angegeben wird, in dem der Bestand als „hiebreif" gilt und zur Nutzung gelangt. Konventionelle Aufforstung ist im Hinblick auf die lange ertragslose Zeit von Beginn der Aufforstung bis hin zu den ersten Nettoerlösen aus Durchforstungen keine attraktive Einkommensalternative für landwirtschaftliche Betriebe: Die Umtriebszeiten liegen im Durchschnitt bei 70 und mehr Jahren; nennenswerte Flächenerträge sind meist erst nach etwa einhundert Jahren zu erwarten. Andererseits sind Kurzumtriebsplantagen nicht unumstritten; so müssen z. B. ihre landschaftsverändernden Auswirkungen von der Bevölkerung akzeptiert werden.

Die Umstrukturierung der Landwirtschaft von der traditionellen Form herkömmlicher bäuerlicher Betriebe zu land- und forstwirtschaftlichen Mischbetrieben sollte aus heutiger Sicht zu einer stabileren, krisenfesteren Wirtschaftsform führen. Forstwirtschaft erfordert im Vergleich zur Landwirtschaft erheblich weniger Arbeitskraft; allerdings sind die Erlöse je Flächeneinheit in der traditionell nicht subventionierten Forstwirtschaft geringer als bei landwirtschaftlicher Nutzung. Die Aufforstungskosten für Kurzumtriebsplantagen werden je nach Standort auf etwa 5000,– bis 10000,– DM/ha bei einer Nutzungsdauer von etwa 30 Jahren geschätzt. Forstwirtschaft ist im Vergleich zur traditionellen Landwirtschaft umweltverträglicher, denn der hohe Aufwand von Düngemitteln, insbesondere Stickstoff-Düngern, sowie Pflanzenschutzmitteln wie Herbiziden entfällt. Nach Möglichkeit sollten die aschereicheren Pflanzenteile wie Rinde und Blätter im Ökosystem verbleiben, um den Nährsalzentzug aus dem Boden so gering wie möglich zu halten.

Kurzumtriebsplantagen, oft auch als Biomasse- oder Energie-Plantagen bezeichnet, können nach drei Bewirtschaftungsformen unterschieden werden, wobei ein enger Zusammenhang zwischen Umtriebszeiten und Pflanzenzahl/ha besteht:

▷ Kurzumtriebsplantagen mit einer „Mini"-Umtriebszeit von 1 bis 3 Jahren, 5000 bis 20000 Pflanzen/ha Stockausschlag und mehreren Aufwüchsen pro Stock. Die Stärke der Aufwüchse variiert, doch werden 8 cm Stammdicke nicht überschritten. Der jährliche durchschnittliche Zuwachs beträgt etwa 8 bis 20 t atro/ha.

- ▷ Kurzumtriebsplantagen mit einer „Midi"-Umtriebszeit von 5 bis 10 Jahren, 1000 bis 8000 Pflanzen/ha Stockausschlag und mehreren Aufwüchsen pro Stock. Die Stärke der Aufwüchse kann bis zu 12 cm variieren. Der durchschnittliche jährliche Zuwachs beträgt etwa 6 bis 16 t atro/ha.
- ▷ Schnellwuchsplantagen mit Umtriebszeiten zwischen 10 bis 20 Jahren und weniger als 4000 Pflanzen/ha. Im allgemeinen kein Stockausschlag, sondern Pflanzung; die Stammstärke beträgt im Durchschnitt etwa 12 bis 30 cm, mindestens aber 8 cm. Der durchschnittliche jährliche Zuwachs liegt bei 5 bis 12 t atro/ha.

Die Wirtschaftsform der Kurzumtriebswälder geht zurück auf den Niederwald, die erste, noch primitive Form des Wirtschaftswaldes. Am Ausgang des Mittelalters hatten der katastrophale Zustand der Wälder und drückende Holznot endlich zur Einsicht geführt, daß ein Mindestmaß an Waldpflege unumgänglich ist. Weiter hatte man beobachtet, daß die Stöcke frisch geschlagener Laubhölzer wieder ausschlugen und nach etwa 15 bis 20 Jahren ein dichtes Gehölz bildeten, das zwar nicht als Bauholz und nur in begrenztem Umfang als Werkholz Verwendung finden konnte, jedoch als Brennholz sowie als Flechtmaterial im Hausbau gut zu gebrauchen war. Damit der Niederwald jedoch heranwachsen konnte, mußte das Weidevieh unbedingt von ihm ferngehalten werden, um die jungen Triebe zu schützen. Eine spezielle Form des Niederwaldes war der sog. Eichschälwald aus Eichenstockausschlägen, die zur Gewinnung von Eichenlohe (Rinde) zum Gerben von Tierhäuten in großen Mengen benötigt wurde; vor Gebrauch in den Gerbereien wurde die Rinde in sog. „Lohmühlen" zerkleinert.

Einige Baumarten zeichnen sich durch eine besonders hohe Biomasseproduktion in ihren „Jugendjahren" aus und lassen sich daher schon sehr früh nutzen. So erreichen Weiden bereits nach 1 bis 3 Jahren das Zuwachsmaximum, Schwarz- und Balsampappeln nach 2 bis 5 Jahren, Espen jedoch erst nach 8 bis 12 Jahren. Die Aufwüchse werden im laublosen Zustand geschlagen und meist zusammen mit Rinde und Seitenästen zu Hackschnitzeln verarbeitet. Die im Boden verbleibenden Stümpfe und Wurzeln treiben über Stockausschläge und Wurzelbrut rasch wieder aus, so daß die aufwendige Neukultivierung erst dann wieder erforderlich ist, wenn die Stockausschlagbestände ein gewisses Alter erreicht haben und die Erträge stark nachlassen. Nach etwa 3 bis 10 Ernten (ca. 15 bis 30 Jahren) sind die Stöcke nicht mehr vital genug und sollten ersetzt werden.

Sämtliche hier genannten Angaben beruhen auf Ergebnissen aus Versuchsanbauten auf kleinen Parzellen und lassen sich daher nur unter Vorbehalt auf den Anbau unter Praxisbedingungen übertragen. Insbesondere reichen unsere Kenntnisse über die Regenerationsfähigkeit noch nicht für eine sichere Beurteilung der Wirtschaftlichkeit aus, und außerdem gibt es noch keinen Markt für Holz aus Kurzumtriebsplantagen. Dennoch besteht kein Zweifel, daß auf diesem Wege die höchste Biomasseproduktion pro Flächeneinheit erreicht werden kann. In vielen Ländern versucht man daher, einen ökonomischen Weg zu erschließen, um durch Substitution fossiler Brennstoffe durch Biomassen dem CO_2-Anstieg in der Atmosphäre entgegenzuwirken.

Die „Ölkrisen“ in den 70er Jahren, die Reaktorkatastrophe in Tschernobyl vom 26. April 1986 sowie der drohende zusätzliche Treibhauseffekt haben dazu geführt, daß in der ganzen Welt die Möglichkeiten der Nutzung von Biomassen geprüft werden. Über die umfangreichsten Erfahrungen in Europa verfügt Schweden, wo der ehrgeizige Plan verfolgt wird, auf 500000 ha Boden Energiewälder anzulegen und durch energetische Nutzung von Hackschnitzeln oder Holzstaub 20% der

Rohölimporte zu ersetzen. Dies kann durch Verbrennung in Elektrizitätwerken oder Heizzentralen mit Fernwärmenutzung, durch direkte Belieferung von Einzelverbrauchern oder über Versorgung mit Holzgas erfolgen. Bis 1992 sollen hauptsächlich in der Umgebung von Örebro auf 10000 ha Fläche Weiden angepflanzt werden; dort wird ein Kraftwerk mit Kraft-Wärme-Kopplung von 165 MW Leistung gebaut.

Ähnlich ist die Situation in Irland, wo Holz als Brennstoff in Wärmekraftwerken an die Stelle von Torf treten soll. Hier wurde damit begonnen, Kurzumtriebsplantagen auf nährstoffarmen, abgebauten Moorflächen anzulegen, obwohl hier erwartungsgemäß die Erträge wenig befriedigend sind; andererseits übernehmen die Plantagen die wichtige Aufgabe des Erosionsschutzes.

In Kanada gibt es in den Provinzen Quebec und Ontario mehr als 3 Mio. ha landwirtschaftliche Brachflächen, die sich für den Anbau von Kurzumtriebsplantagen anbieten; auch hier ist damit begonnen worden, diese neue Bewirtschaftungsform zu erproben. Das Holz wird u. a. für Heizzwecke herangezogen, ebenso aber auch für die Herstellung von Spanplatten und „waferboards", die bei uns nicht bekannt sind und zu deren Herstellung anstelle von Holzspänen große Holzflocken verwendet werden. Schließlich wird das Holz auch zur Erzeugung von Papier und Zellstoff eingesetzt. Diese Verwendungszwecke kämen auch für die Bundesrepublik in Betracht; hierüber wird noch ausführlicher berichtet.

Wichtige technische Voraussetzungen für die großflächige Nutzung schnellwachsender Holzarten müssen erst noch geschaffen werden, so z. B. rationellere mechanische Erntemethoden sowie verbesserte Transportsysteme und nicht zuletzt der Aufbau einer dezentralisierten Energieversorgung zur Nutzung von Lignocellulosen in Kleinkraftwerken.

Wo besonders günstige Bedingungen für laufende Versorgung mit erheblich größeren Mengen von Brennholz vorliegen, ist auch der Betrieb größerer Kraftwerke möglich. So wurden Ende 1988 in Fresno, Kalifornien (USA) zwei holzbefeuerte Dampferzeuger für eine stündliche Leistung von je 100 t Dampf bei 36,5 bar und 513 °C für das 2 × 24,3 MW-Kraftwerk in Betrieb genommen.

Auch in Deutschland wird den Möglichkeiten einer direkten thermischen Nutzung von schnellwachsenden Baumarten und weiterer Lignocellulosen mit hohem Biomasseertrag, etwa Schilf-, Binsen- und Rohrkolbengewächsen, Aufmerksamkeit geschenkt. Mit solchen Versuchen soll geklärt werden, ob bei steigenden Energiepreisen in gewissen Nischen die Nutzung von Biomasse zur Energieversorgung wettbewerbsfähig sein kann (an der Umweltverträglichkeit solcher Kraftwerke besteht kein Zweifel). So erprobte die Energie-Versorgung Schwaben AG (EVS), Stuttgart, im Rahmen eines Pilotprojektes auf dem Hofgut Gutenzell bei Ulm den Anbau schnellwachsender und ertragsstarker Pflanzen; dieser Vorversuch ergab gute Flächenerträge z. B. bei

▷ Weiden (Bild 38)
▷ Pappeln, Topinambur (Bild 39)

und Zuckerhirse. Bei bestimmten, besonders schnell wachsenden mehrjährigen Schilf-, Binsen- und Rohrkolbengewächsen wird ein Ertrag von 40 bis 70 t Trockenmasse pro Hektar und Jahr erwartet (Bild 40).

Es wird viel mehr Energie pro ha in der Biomasse gespeichert als bei unseren einheimischen Pflanzen; um jedoch so hohe Erträge erzielen zu können, ist Nährstoff-

→

Bild 39. „Energiepflanzen" Topinambur, bis zu 3,5 m hoch (Oktober 1988) (Werksfoto der Energie-Versorgung Schwaben AG)

Bild 40. Subtropisches Schilf. (Werksfoto Energie-Versorgung Schwaben AG)

Bild 39

Bild 40

zufuhr über ein Leitungssystem erforderlich. Zum Vergleich: Beim Anbau von Getreide- und Gartenpflanzen kann mit Erträgen von 10 bis 15 t, beim Anbau von Mais mit Erträgen von 15 bis 25 t und bei Pappeln und Weiden mit 15 bis 20 t Trockenmasse pro Hektar und Jahr gerechnet werden. Mit Stielblütengras wurden in Hornum (Dänemark) sogar im zweiten Jahr bis zu 10, im dritten Jahr bis zu 20 und im vierten Jahr bis zu 30 t Trockenmasse pro Hektar (in Einzelfällen sogar bis zu 40–50 t/ha!) erzielt. Einige dieser Pflanzen sind in wärmeren Gegenden als bei uns heimisch, etwa das Riesen-China-Schilf (Stielblütengras) oder das italienische Pfahlrohr. Sie bilden dichte, 4 bis 5 m hohe Bestände, und haben sich inzwischen auch an unser Klima angepaßt. Allerdings kommt es bei uns nicht zur Blüten- und Samenausbildung, sondern die Pflanzen vermehren sich über ihr queckenartiges Wurzelsystem. Als feuchte Anbaugebiete kommen z. B. Talauen in Betracht, wo nur im Fall großer Trockenheit künstliche Bewässerung erforderlich ist. Bei Anbau in Hanglage ist an eine teilweise Bewässerung durch ein unterirdisch verlegtes Bewässerungs- und Nährstoff-Versorgungssystem oder an oberirdische Bewässerung mit Schwenkregnern gedacht.

Für die Brennstoffversorgung eines kleinen Heizkraftwerkes mit einer elektrischen Leistung von 1350 kW_{el} und einer Wärmeleistung von 3000 kW_{th} wären (bei einer Jahresnutzungsdauer von 5000 Stunden und jährlichen Trockenmasseerträgen von 40 t/ha bzw. 70 t/ha) Anbauflächen von 85 bzw. 150 ha in der Nähe eines solchen Kleinkraftwerkes notwendig.

Eine Übersicht über die jährlichen Hektar-Erträge (absolute Trockenmasse) verschiedener Pflanzenarten gibt Tabelle 13.

Die Ergebnisse von Verbrennungsanalysen von Schilf im Vergleich zu Steinkohle, schwerem Heizöl und Holz weist Tabelle 14 aus.

Tabelle 13

Pflanzenart	Jährlicher Ertrag zu absoluter Trockenmasse t/ha	
	Samen/Körner	Stengel/Stroh
Zuckerhirse	–	15 –19
Topinambur	–	16 –21
Stielblütengras (Miscanthus)	–	9 –13
Sonnenblume geköpft		11 –12,4
Sonnenblume ungeköpft		6,6–8,2
Lein	1,4–1,8	2,9–3,4

Aus: M. Dehli, G. Müller, Energiewirtschaftliche Tagesfragen *39*, 290 (1989).

Tabelle 14. Heizwert sowie Aschegehalt und Anteil der flüchtigen Bestandteile verschiedener Heizstoffe

	Steinkohle	Heizöl S	Schilf	Holz	
H_u	27–31	40–41,2	16,3	17,6	MJ/kg
H_o	28–32	42,5–43,5	17,8	19	MJ/kg
Asche	5–10	0,01–0,06	3–5	1–2	%
flüchtige Bestandteile	25–33	99	70–80	75–80	%

H_u = unterer Heizwert
H_o = oberer Heizwert

Aus: M. Dehli, G. Müller, Energiewirtschaftliche Tagesfragen *39*, 290 (1989).

Deutlich wirtschaftlicher als die thermische Nutzung solcher Energiepflanzen könnte aber die Nutzung von Abfallholz sein. Daher prüft die EVS, ob sich die thermische Nutzung von Abfall wie z. B. verbrauchtes Schalholz, nicht mehr gebrauchsfähigen Holzpaletten usw. in geeigneten Kesseln lohnen könnte und denkt dabei an die Zusammenarbeit mit Betrieben der Holzverarbeitungsindustrie und der Holzentsorgung.

Hier taucht eine interessante Frage auf: Gibt es nicht sinnvollere Nutzungsmöglichkeiten für Holz aus Kurzumtriebswäldern als die Verbrennung? In erster Linie würde sich die Verwendung als Rohstoff für Papier- und Zellstoffgewinnung anbieten; hier liegt jedoch ein schwieriges Problem: Juveniles (d.h. junges) Holz hat einen erheblichen Anteil an kurzfaserigen Zellen, die es für diese Verwendung wenig geeignet machen, obwohl andererseits der geringere Gehalt an Lignin die Bleichung erleichtern würde. Hier stehen noch große züchterische Aufgaben bevor, bei denen sich vielleicht auch die Gentechnik als ein Problemlöser erweisen könnte.

Untersuchungen über die Verwertbarkeit von Pappelholz aus Kurzumtriebsflächen zur Zellstofferzeugung nach dem ASAM-Verfahren, die O. Kordsachia, R. Patt und N. Mix am Ordinariat für Holztechnologie und Holzchemie an der Universität Hamburg durchgeführt haben, erwiesen Pappelholz als ein gut geeignetes Rohmaterial: In hohen Ausbeuten wurden Zellstoffe mit niedrigen Restligningehalt, hohem Weißgrad und ausgezeichneten Festigkeitseigenschaften erhalten; allerdings sind für diese Verwendung Umtriebszeiten von mindestens zehn Jahren erforderlich. Der hohe Rindengehalt und die kurzen, schwächeren Fasern z. B. von 5jährigen Pappeln verschlechtern das Aufschlußergebnis, und die verringerten Festigkeitseigenschaften beeinträchtigen die Einsetzbarkeit des aus ihnen gewonnenen Zellstoffs. Der Rindenanteil nimmt nämlich mit zunehmendem Stammdurchmesser ab, ist also in erster Linie altersabhängig. So liegt der Rindenanteil von einjährigen Pappelruten bei über 30%, bei 10jährigen Pappeln jedoch nur noch bei etwa 15%, fällt dann aber nur noch in geringem Maße ab. Da eine Entrindung dünner Äste technisch nicht möglich ist, müßten die jungen Ruten bzw. Bäume unentrindet zum Einsatz gelangen. Das ASAM-Verfahren eignet sich zwar sehr gut auch für den Aufschluß minderwertiger, rinden- und astreicher Hölzer; in diesem Fall müssen aber Qualitätseinbußen und Ausbeuteverluste hingenommen werden. Im Hinblick auf eine wirtschaftliche Verwertung müssen daher folgende wichtige Forderungen an die Forstpflanzenzüchtung gestellt werden:

▷ Weniger Rindenanteil
▷ längere, kräftigere Fasern
▷ Höhere Trockensubstanzerträge von über 20 Tonnen pro Hektar.

Der Vorschlag von L. Elsbett, durch künstliche Luftbefeuchtung 3,6 Mio. km² Sahara-Wüste zu bewässern und durch Anbau von Ölpflanzen, u.a. Ölpalmen, so viel pflanzliche Öle und Fett zu erzeugen, wie heute Erdöl gefördert wird (jährlich 3 Mrd. t), ist zweifellos fantastisch, ja sogar utopisch anmutend allein von der Fläche her, die genutzt werden soll. Andererseits wird aber ein zumindest von der Fläche gesehen annähernd vergleichbares Projekt in China bereits verwirklicht.

In den vergangenen Jahrzehnten und Jahrhunderten führte rücksichtsloser Kahlschlag riesiger Waldflächen zum Vordringen der Wüste Gobi und anderer innerasiatischer Wüsten; Bodenerosionen, von den 1984 1,16 Mio. km² betroffen waren, Abnahme von Bodenfruchtbarkeit und Rückgang von Weideflächen sind weitere Folgen. Riesige Mengen Holz werden auch heute noch zur Energieversorgung geschlagen; 1983 litten über die Hälfte der 170 Mio. ländlicher Haushalte an Energiemangel für Heiz- und Kochzwecke.

Das mit 2450 km Länge größte Bauwerk auf der Erde ist die steinerne „Chinesische Mauer", mit deren Errichtung zur Abwehr von Nomadenstämmen schon rund 200 Jahre vor der Zeitenwende begonnen wurde (ihre heutige Form erhielt sie im 15. Jahrhundert); sie wird durch eine „hölzerne“ Mauer aus Milliarden neu angepflanzter Bäume weit übertroffen werden, die seit 1978 langsam heranwächst. „Bei der Großen Grünen Mauer handelt es sich“, wie Forstdirektor Dr. H. Weisgerber von der Hessischen Forstlichen Versuchsanstalt in Hannoversch Münden ausführt, „um ein netzartiges, mit mindestens je zwei bis fünf Baumreihen verbundenes Wald-System, das sich im Norden Chinas auf einer Länge von rund 7000 km und einer Breite von 400 bis 1700 km über die gesamte Ost-West-Ausdehnung erstreckt“. Weisgerber ist Leiter einer Gruppe deutscher Wissenschaftler, die im Rahmen einer 1984 angelaufenen deutsch-chinesischen technischen Zusammenarbeit die Aufforstungsbemühungen in der Volksrepublik China unterstützen. Dieser gewaltige Schutzwall soll dem weiteren Vordringen der Wüsten Einhalt gebieten. Bis zu seinem Abschluß im Jahre 2050 wird das Projekt insgesamt 61 Mio. Hektar Wald (0,61 Mio. km^2) umfassen und vermutlich Klima und Vegetation von halb China beeinflussen. Weisgerber führt hierzu aus, daß der Wirkungsbereich dieses Schutzwaldsystems mindestens vier Mio. km^2, rund 42% der Gesamtfläche Chinas, beträgt.

Schachbrettartig bepflanzen chinesische Forstleute die vorgesehenen Gebiete mit Bäumen, um eine möglichst große Fläche mit möglichst geringem Aufwand vor dem gefürchteten gelben Treibsand zu bewahren und die zwischen den aufgeforsteten Landstrichen liegenden Akker- und Weideflächen wirksam zu schützen. In der ersten Phase des Projektes wurden bis 1985 mehr als 6 Mio. Hektar Schutzwald begründet und die Getreideproduktion in den geschützten Gebieten nach chinesischen Angaben um 10 bis 30% gesteigert.

Derzeit werden vorwiegend schnellwachsende Pappelarten angepflanzt; später sollen an deren Stelle heimische Bäume, vor allem Kiefern, Lärchen, Eichen und Ulmen, auf ihre Eignung geprüft und zur Aufforstung herangezogen werden. Neben der Schutzwirkung will die chinesische Regierung zugleich auch eine Steigerung des Holzaufkommens erreichen, denn noch immer wird in China mehr Holz verbraucht als nachwächst. Zwar konnte der Waldanteil in China seit 1949 von 8 auf 13% gesteigert werden, doch die neu gepflanzten Wälder sind in der Regel für wirtschaftliche Nutzung noch zu jung. Nach Angaben von Weisgerber ist daher die Fläche des Nutzwaldes infolge viel zu starker Abholzungen und unkontrollierter Brennholzentnahme um nahezu 3 Mio. Hektar zurückgegangen; nach seiner Meinung sind die Altholzvorräte bei einer heute auf 170 Mio. fm bezifferten Übernutzung schon in sechs bis acht Jahren erschöpft.

Die schwierigen standörtlichen Voraussetzungen im Norden Chinas sind geprägt durch ein stark kontinentales oder semiarides Klima mit einer mittleren Jahresschwankung der Lufttemperatur zwischen über +22 °C im August und unter −12 °C im Januar; die durchschnittlichen Jahresniederschlagsmengen liegen unter 380 mm mit großen Schwankungen von Jahr zu Jahr. Lange Trockenperioden von maximal 123 Tagen, ständig wehender Wind mit 40 Sturmtagen im Jahr und starke Bodenaustrocknung vor Beginn der Regenzeit im Frühjahr, ferner häufige Spätfröste und salzbelastete Lößböden mit pH-Werten zwischen über 8 bis maximal 9,5 engen die Zahl der für Aufforstung geeigneten Baumarten stark ein. Minimumfaktor ist neben Wasser der geringe Humusgehalt der Böden.

3.3 Zucker aus Holz

Die bisher abgehandelten Prozesse zur Nutzung von Holz betrafen ausschließlich die Gewinnung von Wertstoffen durch thermische Zersetzung (Pyrolyse). Holz läßt sich jedoch auch in vielfältiger Weise chemisch umwandeln.

Am 2. Mai 1929 verlieh der Reichsrat, die Vertretung der Länder im damaligen Deutschen Reich, der Brennerei und Preßhefefabrik Tornesch GmbH in Tornesch (Holstein) ein jährliches Brennrecht von 35000 hl Weingeist (Ethylalkohol) zur Verwertung des von H. Scholler erfundenen Verfahrens der Holzverzuckerung (Druckperkolation mit verdünnten Säuren). Er folgte damit einem Antrag des holsteinischen Unternehmens, leitete zugleich aber auch eine neue Entwicklung der chemischen Nutzung von Holz ein.

Die Holzverzuckerung, genauer gesagt die Hydrolyse von Cellulose zu vergärbarem Zucker, war kein neuer Gedanke. Um diesen Prozeß zu verstehen, muß zuvor näher auf die Zusammensetzung von Holz eingegangen werden. Morphologisch gesehen ist der Aufbau von Hölzern recht kompliziert. Zum Verständnis der hier behandelten Vorgänge genügt ein einfaches Modell, das der deutsche Chemiker K. Freudenberg entworfen hat. Er verglich die Textur von Holz mit der von Eisenbeton: Das Lignin entspricht dabei dem druckfesten Beton, der andere Hauptbestandteil, die Cellulose, den zugfesten Eisenstäben. Neben diesen beiden wichtigsten Komponenten sind noch Hemicellulosen zu erwähnen, die stets mit Cellulose vergesellschaftet vorliegen und bei Hydrolyse einfache Zucker liefern. Die folgende Tabelle gibt die Zusammensetzung einer Reihe von „lignocellulosehaltigen Rohstoffen" an (Tabelle 15).

Daneben sind im Holz noch kleinere Mengen verschiedenartigster Stoffe enthalten, so Harze, Wachse, Farb- und Gerbstoffe, stickstoffhaltige Verbindungen, Aschebestandteile usw. Der Ligninanteil ist in Nadelhölzern im Vergleich zu Laubhölzern größer.

Cellulose ist der in der Natur am weitesten verbreitete organische Stoff: Pflanzenfasern wie Baumwolle, Flachs oder Jute bestehen aus fast reiner Cellulose. Chemisch ausgedrückt ist sie ein Makromolekül aus

Tabelle 15. Zusammensetzung (Angaben in %) verschiedener lignocellulosehaltiger Rohstoffe

Rohstoff	Cellulose	Hemicellulosen		Lignin
		Hexosane	Pentosane	
Nadelholz	40–48	12–15	7–10	26–31
Laubholz	30–43	2–5	17–25	20–25
Eukalyptus	43–49	?	16–17	26–27
Getreidestroh	38–40	2,5	17–21	6–21
Maisstroh	35–41	?	15–28	10–17
Bagasse	38–42	?	19–21	20–22
Altpapier	50–70	–	6–15	15–25

Angaben entnommen aus: H. Schliephake, Nachwachsende Rohstoffe, Bochum 1986.

Glucoseeinheiten (einzelne Zuckermoleküle). Genauer definiert: Es handelt sich um in 1,4-Stellung verknüpfte β-Glucoseeinheiten, die ein langes kettenförmiges Molekül bilden, in dem jede Glucoseeinheit um 180° gegenüber ihrer Nachbareinheit verdreht ist:

Cellulose

Bei der Holzverzuckerung erfolgt ein hydrolytischer Abbau des Makromoleküls Cellulose $(C_6H_{10}O_5)_n$ zu Glucose (= Traubenzucker $C_6H_{12}O_6$) nach folgendem Schema:

$$(C_6H_{10}O_5)_n + n\,H_2O \xrightarrow{\text{„Abkuppeln“}} n\,C_6H_{12}O_6$$

Cellulosekette aus n Einheiten — Wasser — n freie Zuckermoleküle

Über die Anzahl n der Glucose-Einheiten im Cellulosemolekül lassen sich keine genauen Angaben machen. Die Bestimmung der relativen Molekülmasse ergibt je nach Holzart der Cellulose Werte zwischen 200000 bis zu einigen Millionen.

Einen völlig anderen Bau weist Lignin auf: Es ist ein unlösliches aromatische Polymer mit Phenylpropan-Einheiten, die über Ether-(– C – O – C –)- und Kohlenstoff-Kohlenstoff-(– C – C –)-Bindungen untereinander zu einem 3-dimensional stark vernetzten Makromolekül verbunden sind. Ohne auf nähere Einzelheiten einzugehen, sei hier das 1961 von K. Freudenberg vorgeschlagene Konstitutionsschema von Fichtenlignin gezeigt (Bild 41):

1974 schlug H. H. Nimz ein Konstitutionsschema für Buchenlignin vor, das als typisch für Laubholzlignin angesehen werden darf (siehe Bild 42).

Trotz vieler Mühen ist es bis heute noch nicht gelungen, diesen weit verbreiteten Naturstoff in großem Umfang als chemischen Rohstoff zu nutzen; wo Lignin anfällt, wird es zumeist verbrannt.

Erstmals berichtete H. Braconnot in der Zeitschrift „Annales de Chimie et de Physique“ im Jahrgang 1819 „Sur la conversion du corps ligneux en gomme, en sucre, et en un acide d’une nature particulière, par le moyen de l’acide sulfurique“ [1]: Er hatte durch Einwirkung von konzentrierter Schwefelsäure (H_2SO_4) auf Cellulose Traubenzucker erhalten. Diese Entdeckung bedeutete einen wichtigen Schritt zum wissenschaftlichen Verständnis der Natur von Cellulose, denn es war experimentell gezeigt, daß ganz offensichtlich ein einziger Zucker am Aufbau dieses Naturstoffes beteiligt ist. Die Entwicklung eines technisch brauchbaren Verfahrens zur Holzver-

[1] Über die Umsetzung holziger Substanz in Gummi, in Zucker und in eine Säure mit besonderer Natur, vermittels der Schwefelsäure.

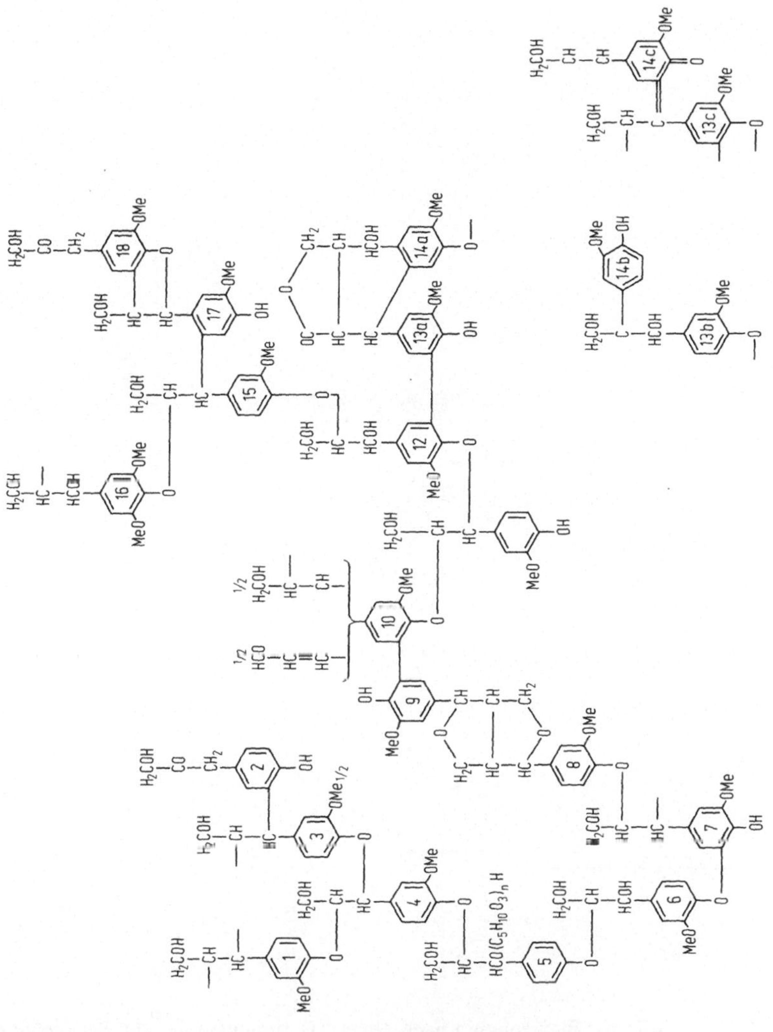

Bild 41. Nadelholzlignin nach Freudenberg. (Entnommen aus: D. Schliephake, Nachwachsende Rohstoffe, Bochum 1986)

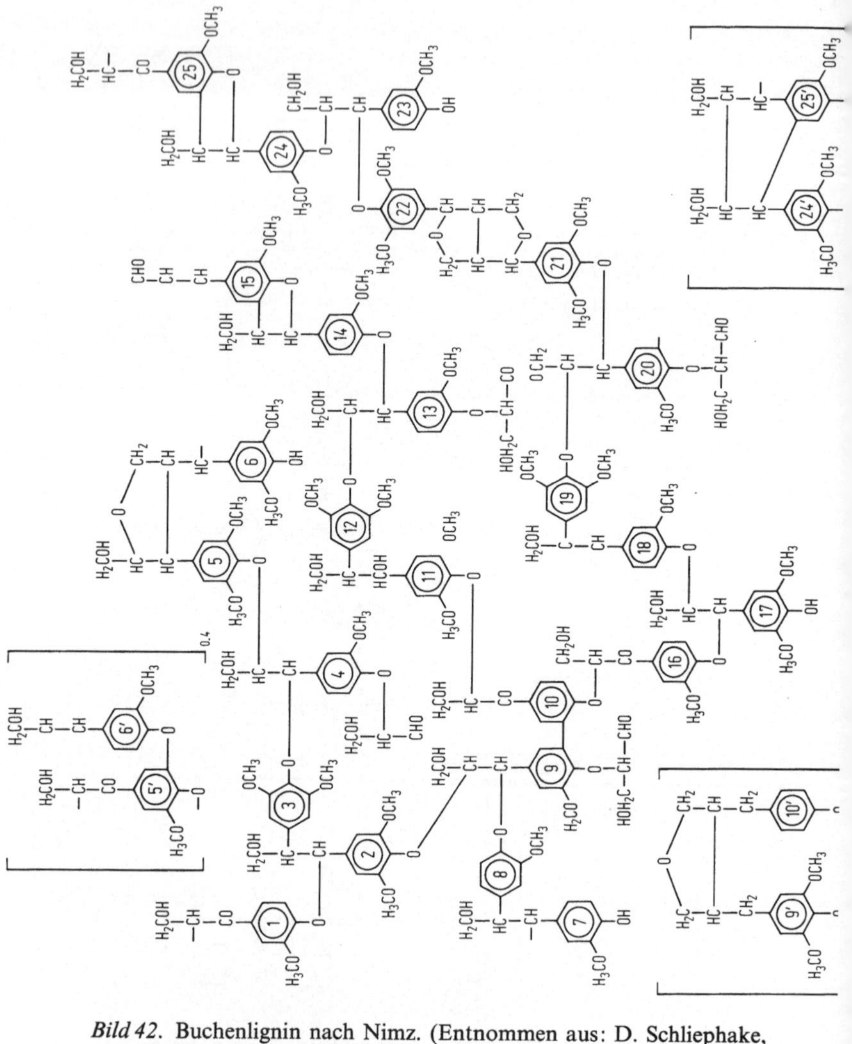

Bild 42. Buchenlignin nach Nimz. (Entnommen aus: D. Schliephake, Nachwachsende Rohstoffe, Bochum 1986)

zuckerung gelang jedoch dem französischen Chemiker nicht.

Im Jahre 1855 berichtete G. F. Melsens, Professor der Chemie zu Brüssel, im „Polytechnischen Journal" (Stuttgart) über ein „Verfahren, um zahlreiche vegetabilische Substanzen zur Fruchtzucker-Fabrikation verwenden zu können" und setzte verdünnte Säuren, z. B. 3 bis 5%ige Schwefelsäure, aber auch andere verdünnte Säuren zur Holzverzuckerung ein. Auch ihm blieb der Erfolg versagt, ein industriell brauchbares Verfahren zu entwickeln.

Die wirtschaftlich interessanten Aspekte der Holzverzuckerung waren aber Anlaß, die dabei auftretenden Probleme und die Schwierigkeiten bei der anschließenden Vergärung der Glucoselösung zu Alkohol weiterhin zu studieren. Die grundlegenden Entwicklungsrichtungen waren von Braconnot und Melsens schon gewiesen:

1. Holzverzuckerung mit konzentrierten Säuren.
2. Holzverzuckerung mit verdünnten Säuren.

Die Arbeiten, Cellulose mit Hilfe von konzentrierten Säuren zu verzuckern, blieben nicht allein auf Schwefelsäure beschränkt, doch alle Bemühungen scheiterten schließlich an nicht zu bewältigenden technischen Schwierigkeiten. Kurz vor Beginn des ersten Weltkrieges, im Jahre 1913, entdeckten R. Willstätter und L. Zechmeister die hervorragende Verzuckerungswirkung von „überkonzentrierter" ca. 40%iger Salzsäure (HCl). Mitten im Kriege griffen E. Hägglund, F. Bergius und ihre Mitarbeiter diese Erfindung auf. Als im Jahre 1916 der Mangel an Nahrungsmitteln im Deutschen Reich katastrophale Ausmaße angenommen hatte, versuchten sie, den riesigen Cellulose-Vorrat in den Wäldern für die Nahrungs- und Futtermittel-Industrie zu erschließen. Wieder waren die technischen Probleme sehr viel massiver als erwartet, und erst lange nach Ende des Krieges, im Jahre 1924, wurde eine größere Versuchsanlage in Betrieb genommen. Seit 1928 wurde schließlich in Zusammenarbeit zwischen Bergius und der Th. Goldschmidt AG das „Rheinau-Bergius-Verfahren" entwickelt. Im Goldschmidt-Werk in Mannheim-Rheinau betrieb man von 1931 bis 1949 eine Versuchsanlage für einen jährlichen Durchsatz von 6000 Tonnen Holz (atro). Eine weitere Großanlage für einen Holzdurchsatz von 30000 t/a war in Regensburg zwischen 1938 und 1949 in Betrieb. Beide Werke wurden wegen Unwirtschaftlichkeit stillgelegt. Während in Rheinau sowohl Futter-Hefe (wertvolles Eiweißfutter) wie Traubenzucker produziert wurden, beschränkte sich die Produktion in Regensburg auf Futterhefe.

Bei diesem Verfahren wird zerkleinertes Holz in der ersten Prozeßstufe einer zweistündigen Vorhydrolyse mit 1-prozentiger Salzsäure unter Druck bei 135 °C unterworfen; die dabei anfallende Vorzuckerlösung wird mit Kalk neutralisiert, filtriert und zu Sprit vergoren oder verheft. Das zurückbleibende „Cellolignin" wird getrocknet und in einer „Batterie" aus hintereinandergeschalteten Diffusoren mit 41prozentiger Salzsäure im Gegenstrom hydrolysiert. Dabei trifft die frische Säure im ersten Diffusor auf das am weitesten ausgelaugte Material, wandert weiter von Apparat zu Apparat und kommt schließlich im letzten mit frischem Rohmaterial in Berührung. Jeweils sieben Diffusoren werden durchflossen, während ein achter geräumt, neu befüllt und wiederum in den Kreislauf eingeschaltet wird. Zugleich wird der Diffusor abgeschaltet, dessen Inhalt am stärksten ausgelaugt ist. Aus der Zuckerlösung wird die Salzsäure destillativ abgetrieben und in technisch sehr aufwendiger Weise wieder zu 41prozentiger Salzsäure aufkonzentriert. Das nach der Hydrolyse zurückbleibende harte Lignin wird mit einem scharfen Wasserstrahl aus den Diffusoren entfernt und zur Dampfgewinnung verbrannt.

Die Zuckerlösung enthält noch Oligomere, d.h. Cellulosehydrolyse-Zwischenprodukte, die noch nicht vollständig zu Glucose abgebaut sind. Vor ihrer Weiterverarbeitung (Vergärung oder Verhefung) muß erst noch eine Nachhydrolyse mit Salzsäure erfolgen. Die teilabgebaute Cellulose eignet sich aber auch direkt als „Futterzellstoff" für Rinder.

Obwohl das Rheinau-Verfahren infolge der sehr schonenden Reaktionsbedingungen nahezu quantitative Ausbeuten liefert, ist der umständliche und apparativ aufwendige, von Bergius gewiesene Weg verlassen. Eine in Rheinau errichtete kleine Versuchsanlage, die nach dem Udic-Verfahren arbeitete und eine verbesserte Salzsäure-Rückgewinnung ermöglichte, war nur kurze Zeit in Betrieb. Auch andere Verfahren, bei denen z.B. wasserfreier Fluorwasserstoff (H_2F_2), wasserfreie Ameisensäure (HCOOH), Salpetersäure (HNO_3) oder Phosphorsäure (H_3PO_4) eingesetzt wurden, haben sich in der Praxis nicht bewährt.

Der zweite Weg zur industriellen Holzverzuckerung mit verdünnten Säuren ist bereits in zwei französischen Patentschriften aus den Jahren 1854 und 1856 beschrieben, in denen Melsens die Hydrolyse von Holz in Autoklaven bei 100 °C vorschlägt. Doch erst rund ein halbes Jahrhundert später, im Jahre 1910, wurde dieser Prozeß erstmals in Georgetown (USA) industriell durchgeführt.

Während des ersten Weltkrieges wurde er auch in Deutschland angewandt. Zur Kriegsführung wurden u.a. große Mengen Glycerin zur Nitroglycerinherstellung benötigt, die durch „Fettspaltung" gewonnen wurden. Die angespannte Versorgungslage bei Nahrungsmitteln, besonders auch bei Fetten, zwang dazu, nach neuen Produktionswegen Ausschau zu halten. Kurz vor Kriegsausbruch war in Deutschland die sog. Glyceringärung entdeckt worden: Durch Zusatz von Natriumsulfit

(Na_2SO_3) zur Gärlösung gelingt es, die Gärung von Zucker so zu lenken, daß vorwiegend Glycerin gebildet wird und die normale alkoholische Gärung in den Hintergrund tritt. Doch nicht nur Fette, sondern auch kohlehydrathaltige Rohstoffe für den Gärungsprozeß, wie Getreide oder Kartoffeln, waren Mangelware und reichten nicht einmal für die Ernährung der Bevölkerung aus. So kam man auf die Idee, durch Nutzung von Holz den Nahrungssektor zu entlasten und vergärbaren Zukker für technische Zwecke aus Holz zu gewinnen. Die Ausbeuten waren jedoch völlig unbefriedigend. Ein unerklärliches Phänomen gab den Chemikern Rätsel auf: Während beim Verfahren von Braconnot aus 100 kg Nadelholz über Holzverzuckerung und alkoholische Gärung etwa 30 Liter Alkohol gewonnen wurden, erreichte man im Holzverzuckerungswerk Stettin nur Ausbeuten von rund 6 Litern, die übrigens auch in Georgetown nicht überschritten werden konnten. Wegen Unwirtschaftlichkeit wurde daher auch die erst im August 1918 angelaufene Anlage im September des folgenden Jahres wieder stillgelegt.

Infolge der zahlreichen Mißerfolge bei der Holzverzuckerung mit verdünnten Säuren hatte sich bei Fachleuten die Meinung durchgesetzt, daß eine wirtschaftliche Holzverzuckerung auf diesem Wege nicht möglich sei. Hägglund, einer der Altmeister der Holzchemie, schrieb 1928 in seinem großen Werk über sein Fachgebiet: „Nach allen bisherigen Fehlschlägen kann man wohl behaupten, daß die Holzverzuckerung auf diesem Wege nicht ökonomisch gestaltet werden kann“, – eine Meinung, die auch Bergius in einer Veröffentlichung aus dem Jahre 1929 vertrat; der Nobelpreisträger von 1931 wählte daher auch konsequent den Weg der Holzhydrolyse mit überkonzentrierter Salzsäure.

Auch nach dem ersten Weltkrieg blieb Holzverzuckerung in Deutschland weiterhin ein aktuelles Thema:

zu tief saß noch der Schock in den Menschen, den die Blockade der Gegner verursacht hatte. Nun sollte „Autarkie“ ein für allemal die Unabhängigkeit der heimischen Wirtschaft garantieren. „Benzin aus heimischer Kohle“, „Nahrungsfette aus Kohle“, „Gummi aus Kalk und Kohle“ – und auch „Alkohol und Viehfutter aus Holz“ waren Beispiele für „Wissenschaft bricht Monopole“ (so lautete damals der Titel eines vielgelesenen Buches), die – so sah man es damals – Unabhängigkeit von den „Monopolen“ weltweit operierender Erdölkonzerne, von Rohrzuckermagnaten und Kautschukplantagenbesitzern zu verheißen schien.

Im Laboratorium für Angewandte Chemie der Technischen Hochschule München beschäftigte sich Professor H. Lüers mit den wissenschaftlichen Grundlagen der Holzverzuckerung. In seinem Laboratorium führte H. Scholler Arbeiten über den theoretischen Verlauf der Cellulose-Hydrolyse durch. Entsprechend der allgemein vertretenen Auffassung experimentierte er in den Jahren 1921/22 mit konzentrierten Säuren, wandte sich dann aber auch verdünnten Säuren zu, um eine Erklärung für die schlechten Ausbeuten in den Holzzuckerfabriken während des Krieges zu finden. Nun war schon aus früheren Arbeiten bekannt, daß sich Traubenzucker in saurer Lösung beim Erhitzen unter Druck zersetzt. Weiterhin nahm man an, daß auch Cellulose unter diesen thermischen Bedingungen zerfällt. Die damalige Auffassung, wie es zu den schlechten Ausbeuten kommt, verdeutlicht das folgende Schema:

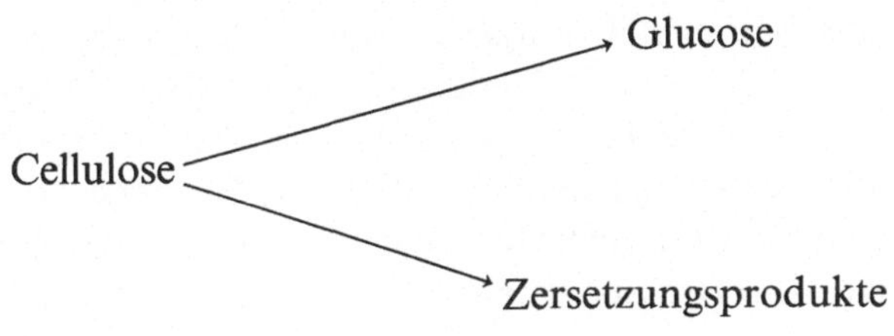

Scholler gelang mit einfachen Experimenten der Nachweis, daß diese Auffassung falsch ist: Cellulose zersetzt sich nicht unmittelbar, sondern muß vorher zu Glucose abgebaut werden, ehe Zersetzungsprozesse einsetzen:

Cellulose ⟶ Glucose ⟶ Zersetzungsprodukte

Damit hielt Scholler den Schlüssel zur Lösung des Problems einer wirtschaftlichen Holzverzuckerung mit verdünnten Säuren in der Hand: Es kommt auf schnelle Abführung der gebildeten Glucoselösung aus der heißen Reaktionszone an, um thermische Zersetzung zu verhindern. Die schlechten Ausbeuten in den alten Anlagen fanden zugleich auch eine technische Erklärung: Die Holzspäne wurden zusammen mit verdünnter Säure in Rührautoklaven stundenlang erhitzt und die entstehende Zuckerlösung dabei „thermisch gequält". Dieser Weg mußte nach Schollers Auffassung zwangsläufig zu schlechten Betriebsergebnissen führen. Die technische Lösung fand er in der perkolierenden Hydrolyse, die einen neuen Weg für die Holzverzuckerung erschloß. Die von Scholler benutzte Laboratoriumsapparatur, die heute im Deutschen Museum in München aufbewahrt wird, zeigt das Bild 43.

Die Apparatur besteht aus einem Autoklaven A mit dem Ventil V an einer Heberleitung, die in das Säuregefäß S eintaucht, das mit ca 1%iger Schwefelsäure gefüllt ist. Weitere Teile der Apparatur sind die beheizbaren „Perkolatoren" P, der daran anschließende Kühler K und das Drosselventil D.

Der Autoklav wurde so hoch mit Wasser gefüllt, daß das Säuregefäß umgeben war. In die beheizbaren Perkolatoren kamen Nadelholzspäne. Der Autoklav wurde auf 15 bar Druck gefahren, das Ventil V geöffnet und die Säure aus dem Gefäß S in die Perkolatoren gedrückt, die auf einer Temperatur von 185 °C gehalten wurden. Die Drosselschraube war so eingestellt, daß die

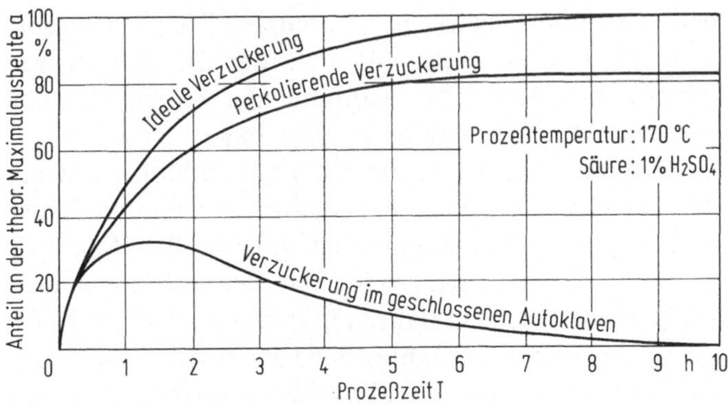

Bild 44. Verlauf der Holzverzuckerung

kungen Anlaß geben würde. Lüers stellte weiterhin fest, daß die erhaltenen Holzzuckerlösungen zwar nicht zur Herstellung von Speisezucker, wohl aber zur Vergärung zu Alkohol (Spiritus) bzw. zur Hefegewinnung geeignet seien.

Den Verlauf der neuen Schollerschen Arbeitsweise zeigt die folgende graphische Darstellung (Bild 44).

Die obere Kurve zeigt den Verlauf einer idealen Verzuckerung, die untere Kurve entspricht einer Verzuckerung im geschlossenen Autoklaven; die mittlere Kurve führt den Verlauf der perkolierenden Verzuckerung vor Augen. Die Arbeitstemperatur betrug 170 °C.

Schollers weitere Untersuchungen ergaben, daß bei Einsatz von Preßmaterial eine wesentliche Verbesserung der Hydrolyse eintritt. Auf diese Weise ließ sich bei gleicher Verweilzeit des Zuckers im Perkolator eine Steigerung der Zuckerkonzentration erreichen. Die Experimente zeigten weiterhin, daß auch Holzschichten von beachtlicher Länge perkoliert werden können. Scholler bewies dies mit einer „Batterie" hintereinander geschalteter Autoklaven. Erneut konnte Lüers dem Erfinder einen Fortschritt bescheinigen, denn die Batterie-Versuche übertrafen alle bisherigen Ergebnisse: Die Gesamtausbeute an Zucker betrug 44,5%, die an vergärbaren Zuckern lag bei 37%, während die entsprechenden Zahlen der Einzelapparate bei 38,7 bzw. 31,7% lagen.

Damit war der Weg zur technischen Holzverzuckerung klar vorgezeichnet: Perkolation verdünnter Säure durch lange Pakete aus gepreßten Holzabfällen (Sägespänen und -mehl) bei etwa 175 °C. Scholler suchte nun nach Möglichkeiten, sein Verfahren in den industriellen Maßstab zu übertragen: Im Jahre 1925 kam es zur Zusammenarbeit mit der Brennerei und Preßhefefabrik in Tornesch (Holstein).

Dort erwies sich die technische Brauchbarkeit des Scholler-Verfahrens. Nach einer Pilotanlage, bestehend aus 6 Perkolatoren (4 wurden jeweils von Säure im Gegenstrom [1] durchflossen, während man die restlichen beiden neu beschichtete), wurde mit dem Bau einer Großanlage begonnen. 1932 erfolgte die Montage der ersten drei Perkolatoren, die bei 10 m Höhe und 1,60 bis 1,80 m Durchmesser ein Fassungsvermögen von 20 bis 25 m^3 aufwiesen. Die Verarbeitungskapazität betrug 25 t Holztrockensubstanz in 24 Stunden. Später kam noch ein weiterer Perkolator mit 50 m^3 Inhalt hinzu (siehe Bild 45a und 45b).

Das vereinfachte Fließbild einer solchen Anlage zeigt Bild 46.

Zerkleinertes Holz kommt vom Lager über Elevator und Förderband zum Perkolator. Die Füllung wird anschließend mit rasch einströmendem Dampf zusammengepreßt; Nachfüllen und Zusammenpressen der Charge werden mehrfach wiederholt. 0,8 bis 1,2%ige Schwefelsäure wird mittels eines Schubgefäßes in den Perkolator gedrückt. Insgesamt wurden etwa zwölf rela-

[1] Frische Säure gelangt jeweils in den Perkolator, dessen Holzfüllung am weitesten ausgelaugt ist.

tiv kleine Säureschübe mit einer Temperatur von 120 bis 140 °C innerhalb von 10 bis 14 Stunden injiziert. Scholler hatte mit dem intermittierenden Prinzip anstelle von kontinuierlichem Durchströmen eine weitere Verbesserung seines Verfahrens erreicht:

Insgesamt betrug die Säuremenge das zehn- bis zwölffache der Holzfüllung. Sobald die Säure im Perkolator war, wurde die Füllung direkt mit Dampf auf 175 bis 180 °C erhitzt. Anschließend wurde die Zuckerlösung durch einen Dampfstoß von oben durch eingebaute Siebe in die Entspannungsgefäße gedrückt und hier auf Normaldruck gebracht. Am Ende des Verzuckerungsprozesses bleibt Lignin als ein recht harter Kuchen übrig. Das Volumen ist auf etwa 20 bis 25% des ursprünglichen Eintrages zurückgegangen. Es weist einen Wassergehalt von rund 50% auf und steht bei den üblichen Betriebsbedingungen von ca. 180 °C noch unter einem Druck von etwa 10 bar. Durch plötzliche Freigabe eines verhältnismäßig großen Querschnitts am Perkolatorunterteil (mit einer speziell entwickelten Verschlußeinrichtung) erfolgt eine geradezu explosionsartige Entspannung des Ligninkuchens, der sofort in kleine Teilchen zerrissen und mit dem Dampf innerhalb von nur einer Minute (immerhin 4–5 m^3 Zeug!) ausgetragen wird.

Der weitere Produktionsgang ist einfach: Die aus den Perkolatoren abgeflossene „Würze" mit etwa 4% Zuckergehalt wird mit Kalk neutralisiert, gefiltert und vergoren. Die Maische wird dann „entgeistet", d.h. der Sprit wird abdestilliert. Über Vergärung wird noch ausführlich berichtet.

Neben der Scholler-Anlage in Tornesch, die zuletzt 13000 t/a Holztrockensubstanz verarbeiten konnte, wurden weitere Anlagen in Dessau (ca. 42000 t/a), Holzmin-

Bild 45. Erste Großverzuckerungs-Anlage nach dem Scholler-Verfahren in Tornesch (Holstein) a Vor Umkleidung; b Nach Umkleidung

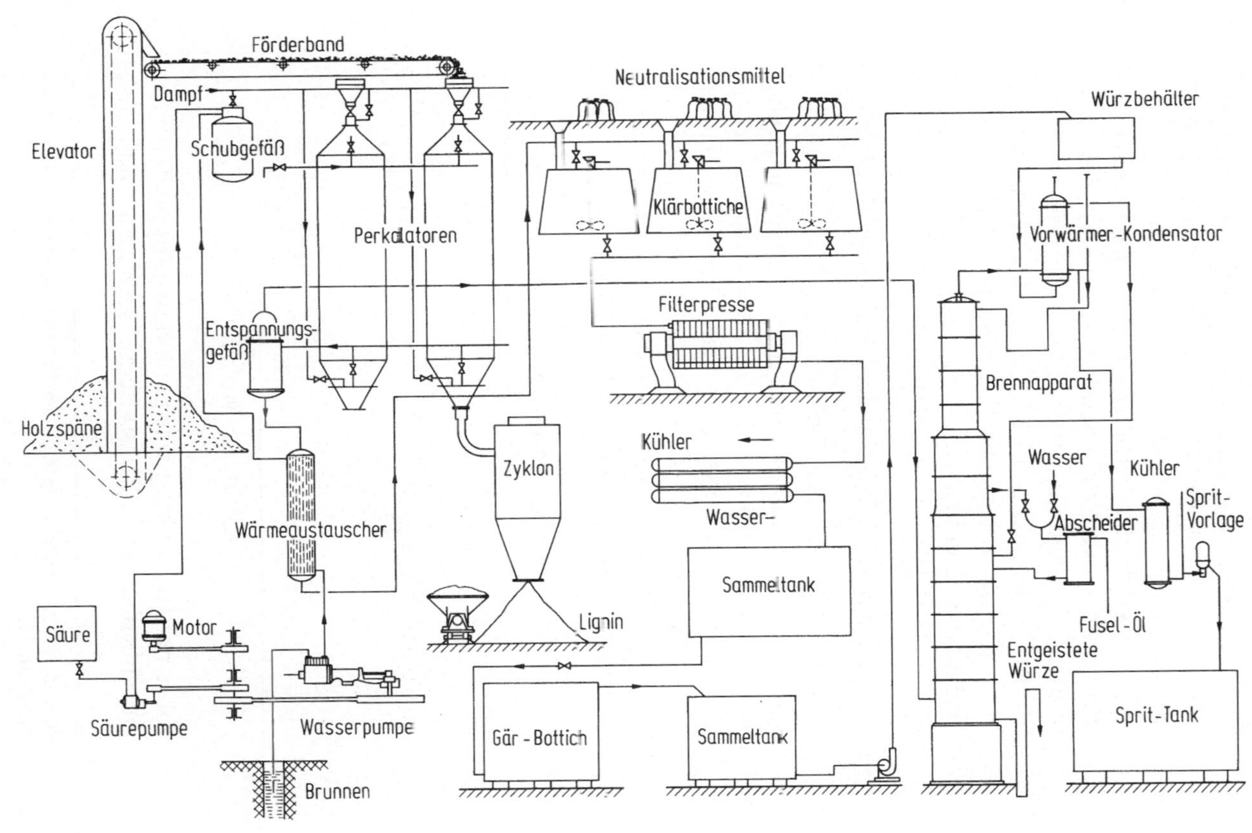
Förderband
Neutralisationsmittel
Würzbehälter
Dampf
Elevator
Schubgefäß
Perkolatoren
Klärbottiche
Vorwärmer-Kondensator
Filterpresse
Entspannungs-
gefäß
Brennapparat
Holzspäne
Kühler
Zyklon
Wasser
Kühler
Sprit-
Vorlage
Abscheider
Wasser-
Wärmeaustauscher
Sammeltank
Säure
Motor
Lignin
Fusel-Öl
Entgeistete
Würze
Säurepumpe
Wasserpumpe
Gär-Bottich
Sammeltank
Sprit-Tank
Brunnen

den (ca. 24000 t/a) und Ems (Schweiz) (mit 35000 t/a) errichtet, aber wegen Unwirtschaftlichkeit ab 1959 stillgelegt.

Das Scholler-Verfahren hat sich in der industriellen Praxis auch weiterhin bewährt. Heute ist die UdSSR führend auf dem Gebiet der Holzhydrolyse, wo man im Prinzip nicht anders arbeitet als in den deutschen Holzzuckerfabriken, lediglich mit einigen Verbesserungen in technischen Details.

3.4 Papier: gibt es andere Rohstoffe als Holz?

Papier ist ein dünner Filz aus pflanzlichen Fasern, die einerseits durch mechanische Verflechtung, andererseits durch chemische Bindungen fest zusammengehalten werden. Diese „Wasserstoffbrücken" zwischen Hydroxyl-(OH-) Gruppen von Cellulosemolekülen werden durch Wassermoleküle vermittelt, die gleichsam als Bindemittel für die Fasern im Papierblatt wirken:

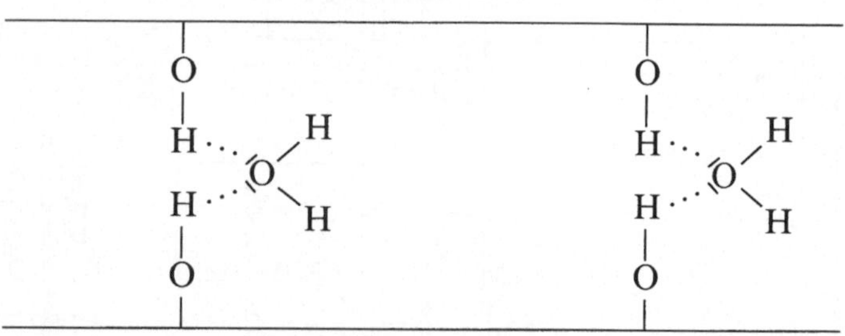

Zu seiner Herstellung war man viele Jahrhunderte lang ausschließlich auf „Rohstoffe aus zweiter Hand" ange-

Bild 46. Holzverzuckerung nach dem Scholle-Tornesch-Prozeß. (Zeichnung um 1930)

wiesen: „Hadern", d.h. Textilabfälle aus Leinen, Hanf oder (in geringen Mengen) Baumwolle bildeten die einzige, zudem knappe Rohstoffbasis. Wie knapp „Lumpen" waren, belegt die Bestimmung, daß zu jeder Papiermühle ein streng abgegrenztes Lumpenrevier gehörte, aus dem allein die Hadern bezogen werden durften.

Solange der Papierverbrauch noch relativ gering war, konnte die Versorgung auf dieser schmalen Basis einigermaßen sichergestellt werden. Als er jedoch am Anfang des 19. Jahrhunderts im Zuge der Industrialisierung rasch anstieg, mußten weitere Rohstoffquellen erschlossen werden. Heute liegt der Weltpapierverbrauch bei etwa 250 Mio. t/a.

Während bei textiler Faserverarbeitung zum Spinnen Faserlängen von einigen Zentimetern erforderlich sind, werden für die Faserverfilzung zum Papierblatt Längen von wenigen Millimetern benötigt, wie sie in Gräsern und im Holz vorliegen. Nun setzte die Suche nach Wegen ein, um diese Rohstoffquellen für die Papierindustrie zu erschließen. Parallel hierzu lief die Entwicklung neuer Maschinen zur Massenproduktion von Papier.

Ehe auf moderne Herstellungsmethoden eingegangen wird, soll ein kurzer Blick auf die Geschichte des Papiers geworfen werden. Die Technik, ein zum Beschreiben geeignetes Papier aus Fasern durch Handschöpfen herzustellen, ist nach schriftlicher (!) chinesischer Überlieferung von dem Staatsbeamten Ts'ai Lun entwickelt und im Jahre 105 n. Chr. seinem Kaiser mitgeteilt worden. Als Rohstoffe werden Hanf, Baumrinde, Lumpen und alte Fischnetze erwähnt. Sicher liegt aber vor dieser Erfindung ein längerer Entwicklungsprozeß. Die ersten chinesischen Papiermacher setzten vorwiegend Textilabfälle, Maulbeerbaumrinde, Chinagras und Hanf als Rohstoffe ein. Rund tausend Jahre später kam Bambus, im 14. Jahrhundert schließlich Maisstroh hinzu. Umständlich wurden diese Materialien fein zerkleinert und mit viel

Wasser unter Zusatz von Pflanzenschleimen aufgeschlämmt. Dann tauchte der Papiermacher einen feinmaschigen Schöpfrahmen in die Fasersuspension und schüttelte ihn beim Herausnehmen so, daß sich die Fasern möglichst gleichmäßig über die gesamte Sieboberfläche verteilten und ein Papierblatt bildeten. Die feuchten Blätter wurden zu einem Stapel übereinander geschichtet und auf einer Papierpresse entwässert. Der Zusatz von Pflanzenschleim verhinderte, daß die einzelnen Blätter zusammenklebten. Schließlich wurden sie vorsichtig mit einer Bürste auf Holzbretter gestrichen und an der Luft getrocknet.

Um 750 n. Chr. gerieten einige Chinesen, die sich in der Technik des Papiermachens auskannten, in arabische Kriegsgefangenschaft und vermittelten ihr Wissen an die neuen Herren. Im 10. Jahrhundert kam diese Kunst ins arabisch beherrschte Spanien. Von dort aus gelangte das „know-how" der Papierherstellung nach Italien (erste Papiermühle 1256) und breitete sich langsam über ganz Europa aus. Auf deutschem Boden ließ der Rats- und Handelsherr Ulman Stromer eine alte Getreidemühle, die „Gleißmühle", vor den Toren seiner Heimatstadt Nürnberg zu einer Papiermühle umbauen und „hub an mit dem ersten papir zu machen zu sant johanns tag..." (im Sommer 1390). Die Jahresproduktion lag bei 5 Tonnen handgeschöpfter weißer Bögen (sog. Büttenpapier). Das Wasserrad der Mühle trieb ein Stampfwerk an, mit dem die Lumpen zerfasert wurden.

Mit seiner Erfindung des „Holzschleifens" hat der sächsische Webermeister F. G. Keller (1816–1895) Holz als Rohstoff für Massenpapierherstellung (Zeitungspapier) erschlossen (1843). Bei diesem einfachen Prozeß werden Holzprügel gegen einen rasch rotierenden Schleifstein gepreßt und unter Zuführung von sehr viel Wasser schonend zerfasert. Das später von H. Voelter zu technischer Reife gebrachte Verfahren ergibt „Holzschliff", der auch heute noch in großem Umfang zur Papierherstellung eingesetzt wird. Sowohl Nadelhölzer (Fichte, Kiefer) wie auch Laubhölzer (Buche, Birke) können die Papierbasis liefern. Bei dieser rein mechanischen Holzverarbeitung bleiben neben Cellulose auch die übrigen Holzbestandteile wie Lignin und Hemicellulosen im „Stoff"; lediglich Grobanteile werden abgesiebt. Naturgemäß liegen daher die Ausbeuten bei 95 bis 98% der eingesetzten Holzmenge, die nachher als Suspension von Einzelfasern im Verdünnungswasser mit ca. 1,5 bis 4% Trockengehalt vorliegt.

Seit 1960 werden zur mechanischen Holzzerfaserung bevorzugt „Refiner" verwendet. Es handelt sich um Scheibenmühlen, deren Mahlwerk aus zwei gerieften Scheiben besteht. Meist rotiert eine der beiden Scheiben (Rotor), während die andere steht (Stator). Durch Verstellung des Scheibenabstandes kann die Feinheit des Mahlgutes eingestellt werden. Auch bei dieser Zerfaserung, die zu einem qualitativ besseren Holzstoff führt, wird viel Wasser zugesetzt. Man erhält eine Suspension mit ca. 10 bis 20% Trockengehalt. Während man beim klassischen Holzschleifen auf Rundhölzer angewiesen ist, werden in Refinern Holzschnitzel (auch Holzabfälle aus Sägewerken, u. a.) eingesetzt.

Vor der Weiterverarbeitung müssen Holzschliff und Refiner-Holzstoff in Sortieranlagen von groben Verunreinigungen befreit werden. Nach dem „Sortieren" weist die Holzstoffsuspension infolge von Wasserzugabe nur noch 0,5 bis 1% Trockengehalt auf. Durch Entwässerung mit geeigneten Maschinen gelangt man schließlich zu einer Holzstoffsuspension mit 5 bis 7%. Holzstoff, der bevorzugt aus langfaserigen Nadelhölzern mit Faserlängen zwischen 2,6 und 4,5 mm hergestellt wird, ergibt Papiere, die zum Vergilben und Verspröden neigen, deshalb wird er besonders zur Herstellung kurzlebiger Massenware wie Zeitungspapier verwendet.

Für höherwertige Papiere, die längere Zeit überdauern sollen, wird in der Regel Zellstoff eingesetzt. Hierunter versteht man mehr oder weniger reine Cellulosefasern, die durch „Holzaufschluß“ mit Chemikalien gewonnen werden. Die Wahl des Aufschlußmittels hängt vom Harzgehalt der Hölzer ab: Fichten mit ihrem relativ geringen Harzgehalt können in allen Aufschlußverfahren eingesetzt werden und sind wegen ihrer Faserlänge von durchschnittlich 3,4 mm gut zur Papierherstellung geeignet.

Bei der Holzverzuckerung wird der wichtigste Bestandteil, die Cellulose, hydrolytisch zu Glucose abgebaut. Bei diesem Aufschluß wird also Cellulose in eine leicht wasserlösliche Verbindung umgewandelt, und Lignin bleibt als wasserunlöslicher Stoff zurück. Bei der Zellstoff-Gewinnung wird der umgekehrte Vorgang durchgeführt: Lignin wird in eine lösliche Form umgewandelt, und wasserunlösliche Cellulose bleibt zurück. Aus Sicht des Chemikers besteht das Prinzip der Zellstoffgewinnung darin, Lignin von der Cellulose abzulösen und zugleich in eine wasserlösliche Form umzuwandeln. Dies gelingt durch Einbau von hydrophilen (wasserlöslich machenden Gruppen) in das Lignin, das darüberhinaus weiteren chemischen Veränderungen unterzogen wird.

Für die Herstellung von Zellstoff – dem übrigens einzigen chemisch hergestellten Großprodukt aus Holz in Westeuropa – haben sich weltweit zwei Aufschlußprozesse durchgesetzt:

▷ Sulfat- (Kraft-) Prozeß
▷ Sulfit-Prozeß

Bei dem von C. F. Dahl 1884 vorgeschlagenen *Sulfat-Prozeß*, einem alkalischen Holzaufschluß, sind Natronlauge (NaOH) und Natriumsulfid (Na_2S) die wirksamen Chemikalien. Das geschälte Holz wird mit Hackmaschinen zu Schnitzeln zerkleinert, die in Siebtrommeln von

Ästen und Holzmehl befreit werden und anschließend in die Kochanlage gelangen. Der Koch-(Aufschluß-)Prozeß wird sowohl diskontinuierlich in Kochern (bis zu 300 m^2 Inhalt) oder – heute bevorzugt – kontinuierlich in Aufschlußtürmen durchgeführt. Bei diskontinuierlichem Aufschluß sind bei Kochtemperaturen von etwa 160 °C Reaktionszeiten von etwa 4 bis 6 Stunden erforderlich, bei kontinuierlichem Aufschluß werden 190 bis 200 °C und nur rund 30 Minuten benötigt. Bei diskontinuierlicher Fahrweise wird die gekochte Pülpe nach erfolgtem Aufschluß in den Ausblasetank entspannt, von Grobanteilen (gehen zurück in den Kocher) und durch Waschen von der verbrauchten Lauge befreit. Bei kontinuierlicher Arbeitsweise, wie sie auf dem Schema Bild 47 zu erkennen ist, erfolgen Holzaufschluß sowie Auswaschen der verbrauchten Lauge aus der Pülpe im Turm, in den vom unteren Ende her Waschwasser eingespeist wird.

Die Ablaugen, in denen Lignin und Hemicellulosen gelöst sind (Lignin in Form von Alkaliligninen, Hemicellulosen u.a. in Form von organischen Säuren), werden zur Rückgewinnung der Aufschlußchemikalien in Verdampferanlagen eingedickt und in eine Brennkammer eingesprüht. Bei Temperaturen zwischen 900 und 1150 °C verbrennen die organischen Bestandteile, während die anorganischen eine Schmelze aus hauptsächlich Soda (Na_2CO_3) und Natriumsulfid (Na_2S) bilden. Schwefelverluste werden durch Natriumsulfat (Na_2SO_4) ausgeglichen (daher Sulfat-Prozeß). Es wird vor der Verbrennung zugesetzt, bei der reduktive Prozesse das Sulfat zum Sulfid umwandeln. Natriumcarbonat (Soda) wird durch Umsetzung mit gebranntem Kalk (Kalziumoxid) und Wasser zu Natronlauge „kaustifiziert“:

$$Na_2CO_3 + CaO + H_2O \longrightarrow 2\,NaOH + CaCO_3\,,$$

also regeneriert, und geht als Kochlauge zurück in den Aufschlußprozeß. Die beim Verbrennen der organischen

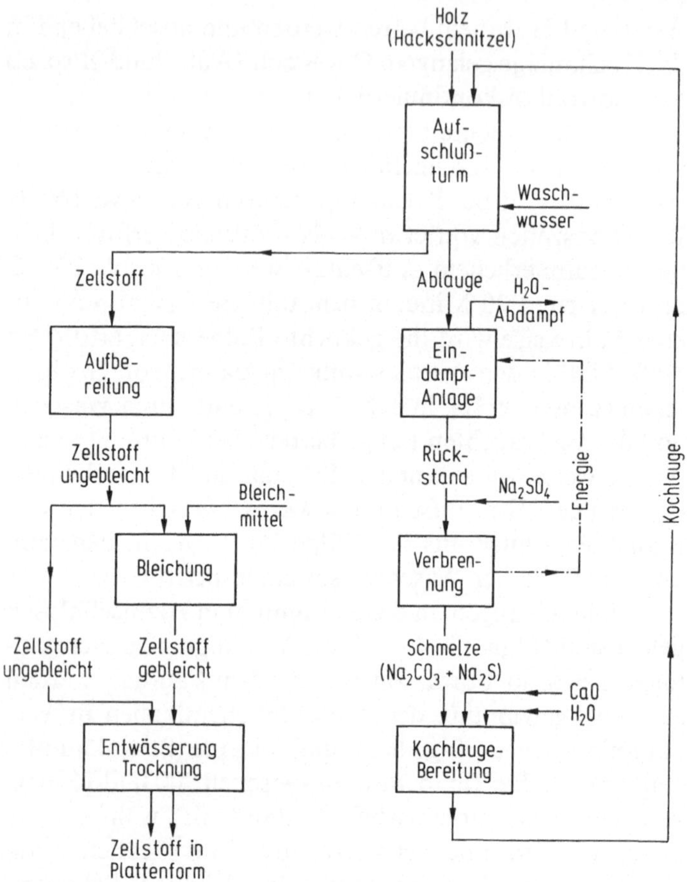

Bild 47. Vereinfachtes Schema der Herstellung von Sulfat-Zellstoff

Substanzen freiwerdende Wärme kann praktisch den gesamten Energiebedarf des Kraft-Prozesses decken.

Bei dieser Methode bilden sich flüchtige, penetrant riechende giftige Schwefelverbindungen wie Schwefelwasserstoff (H_2S) und Merkaptane, die beim Ausblasen der Kocher sowie beim Eindampfen der Ablaugen freiwerden und eine schwere Umweltbelastung darstellen.

Ihre Beseitigung ist zwar heute ein gelöstes Problem, erfordert aber erheblichen technischen Aufwand.

Die Ablaugen werden vom Zellstoff abgetrennt, die restlichen Chemikalien und löslichen Holzbestandteile durch Waschen mit Wasser entfernt. Mechanische Verunreinigungen werden in der nachfolgenden Sortierung mit Sieben und Hydrozyklonen abgeschieden. Der so aufbereitete Zellstoff wird entweder unmittelbar weiterverarbeitet oder aber vor Weiterverarbeitung erst noch gebleicht.

Das Bleichen des mehr oder weniger bräunlich gefärbten Kraft-Zellstoffs ist im Prinzip die Weiterführung des im Kocher begonnenen Aufschlußprozesses und entfernt das restliche Lignin. Die Bleichung bereitet Schwierigkeiten und erfordert oft den Einsatz von Chlor bzw. chlorhaltigen Bleichmitteln wie Hypochloride, Chlordioxid (ClO_2) usw. Infolge chlorhaltigen Verbindungen, die mit dem Abwasser der Bleichereien in die Vorfluter gelangen, ergeben sich weitere Umweltprobleme, auf die in diesem Zusammenhang jedoch nicht näher eingegangen werden kann.

Beim sauren *Sulfit-Holzaufschluß*, den der Amerikaner B. C. Tilghman 1863 als Patent anmeldete und an dessen Gestaltung in Deutschland A. Mitscherlich (1836–1918, viele Jahre Professor an der Forst-Akademie in Hannoversch-Münden) entscheidenden Anteil hat, diente viele Jahrzehnte hindurch Kalziumhydrogensulfit ($Ca(HSO_3)_2$)-Lösung (früher: „Kalziumbisulfit“) meist mit SO_2 im Überschuß als Aufschlußmittel. Heute wird bevorzugt Magnesiumhydrogensulfit-Lauge benutzt, die – im Gegensatz zum ursprünglichen Prozeß – eine Rückgewinnung der Chemikalien ermöglicht.

Das Sulfitverfahren eignet sich für harzarme Hölzer wie Fichte und Buche. Der Aufschluß der Hackschnitzel erfolgt unter mäßigem Druck mit einer Hydrogensulfitlösung, die anfangs einen SO_2-Überschuß enthält. Beim Kochen mit Kalziumhydrogensulfitlösung bilden sich aus Lignin Ligninsulfonsäuren, die in den Ablaugen gelöst vorliegen; bei deren Verbrennung entsteht Gips ($CaSO_4$), der nur begrenzt verwertbar ist.

Bei Anwendung von $Mg(HSO_3)_2$ erfolgt die Rückgewinnung der Aufschlußchemikalien in ähnlicher Weise wie beim Sulfat-Prozeß: Die Ablaugen werden eingedampft und anschließend verbrannt, wobei die freiwerdende Wärme zur Energieversorgung der Fabrik genutzt wird; die zurückbleibenden Aufschlußchemikalien werden hier ebenfalls „recycelt". Anschließend erfolgt die Bleichung des Sulfitzellstoffs, die weniger problematisch als die von Sulfatzellstoff ist. Auch das Sulfitverfahren erfordert umfangreiche Maßnahmen zum Schutz der Umwelt.

Im Jahre 1987 lag die Erzeugung von Holz- und Zellstoffen weltweit bei insgesamt rund 156 Millionen Tonnen und war im Vergleich zur Produktion des Jahres 1981 erheblich angestiegen, wie Tabelle 16 ausweist.

Deutlich ist die herausragende Stellung des Sulfatprozesses zu erkennen, dessen Produktion hohe Zuwachsraten aufweist, während die Sulfitzellstoff-Produk-

Tabelle 16. Produktion in den Jahren 1981 und 1987. Angaben in Millionen Tonnen

Produkt	1981	1987	Zuwachs in Prozent
Holzstoff	26,0	31,9	+23
Sulfatzellstoff	72,0	94,2	+31
Sulfitzellstoff	11,4	11,5	−0,9
Sonstige Zellstoffe	9,6	15,0	+56
Chemiezellstoffe	4,5	3,4	−25
	123,5	156,0	

Angaben nach D. Schliephake in: Lenzinger Berichte 69/90, S. 21.

tion praktisch stagniert. Einige wichtige Gründe seien kurz angeführt:

Im Gegensatz zum Sulfitverfahren, das für harzreiche Hölzer ungeeignet ist, lassen sich mit dem Sulfatverfahren alle gängigen Holzarten verarbeiten. Nadelbäume wie Kiefer, Lärche und Douglasie enthalten phenolische Stoffe, die den Sulfitaufschluß stören. Beim Aufschluß harzreicher Hölzer fallen zudem Tallöl (bis zu 5%!) und Terpentin als wertvolle Nebenprodukte an. Tallöl enthält u.a. ca. 50% sog. Tallölfettsäuren, die zur Herstellung von Kunstharzen, Entschäumern und zahlreichen weiteren chemisch-technischen Produkten genommen werden. Daneben enthält es noch ca. 40% Harzsäuren.

Zellstoff besteht aus Cellulosefasern von etwa 0,7 bis 4,4 mm Länge und 0,01 bis 0,07 mm Stärke. Seine Eigenschaften hängen einerseits vom Ausgangsmaterial, andererseits vom Aufschlußverfahren und Aufschlußgrad ab. Die Faserlänge ist vom Rohstoff vorgegeben: Im Unterschied zu den langfaserigen Nadelhölzern ergeben die kurzfaserigen Laubhölzer Zellstoffe von geringerer Festigkeit. Sulfatzellstoffe haben ganz allgemein bessere Festigkeiten, weil der Sulfat-Holzaufschluß schonender als der Sulfitaufschluß verläuft: Man erhält Zellstoffe mit dickeren Zellwänden, die höhere Festigkeiten und Steifigkeiten aufweisen. Die höchste Reißfestigkeit erreicht man mit ungebleichtem Kiefernsulfatzellstoff, der daher zur Herstellung stark beanspruchter Sack- und Packpapiere verwendet wird. Sicherlich weist der Sulfatprozeß auch gravierende Nachteile auf, die z.T. schon erwähnt wurden: Starke Geruchsbelästigungen durch flüchtige Schwefelverbindungen, schwierige Bleichbarkeit des Kraftzellstoffs infolge seines hohen Ligningehaltes und der dadurch bedingte Anfall von Bleicherei-Abwässern, die mit chlororganischen Verbindungen hoch belastet sind.

Obwohl die bundesdeutsche Papierindustrie einen jährlichen Bedarf von derzeit 2,4 Millionen Tonnen

Sulfatzellstoff hat, wird bei uns der Kraftprozeß nicht durchgeführt; in erster Linie sind hierfür die erwähnten Umweltprobleme verantwortlich. In den Sulfitzellstoff-Fabriken in der Bundesrepublik werden hauptsächlich Sägerestholz von Fichten und Buchen sowie Industrieholz eingesetzt, wie es beim Durchforsten der Wälder anfällt.

Im Vergleich zur Holzstoffgewinnung ist die Zellstoffgewinnung apparativ sehr viel aufwendiger und erfordert zudem den Einsatz großer Mengen Aufschlußchemikalien. Weiterhin liegen die Ausbeuten bei der Zellstoffgewinnung mit durchschnittlich nur etwa 50% sehr viel niedriger als bei der Holzstoffgewinnung und zeigen, daß bei den „klassischen" chemischen Aufschlußverfahren mehr Holzsubstanz in Lösung geht als erwünscht ist.

Für die Papiergewinnung hat erneut ein „Rohstoff aus zweiter Hand" große Bedeutung gewonnen: Altpapier aus Recycling. Im Jahre 1988 wurden in der Bundesrepublik etwa 10,6 Mio. t Papier, Karton und Pappe hergestellt, wobei 4,5 Mio. t Altpapier als Rohstoff mitverwandt wurden. Bei uns liegt der Rohstoffanteil von Altpapier bei 40%, der von Zellstoff bei 30% und der von Holzstoff bei 15%; die restlichen 15% entfallen auf Hilfsstoffe (z. B. Füllstoffe zur Beeinflussung von Glätte und Weißgrad), die maßgeblichen Einfluß auf die Gebrauchseigenschaften des Papiers haben. Der Einsatz von Altpapier verteilt sich dabei nicht gleichmäßig über alle Papiersorten; so geht ein überdurchschnittlicher Anteil in Verpackungspapier und Kartons. Auch im Zeitungspapier können bis zu 60% sein, während in hochwertigen Papiersorten Altpapier meist völlig fehlt.

Bei der Aufarbeitung von Altpapier (Entfernung der Druckfarben) werden aber die Fasern angegriffen und sind nach mehrmaligem Recycling nicht mehr für Papierherstellung geeignet: ohne ständige Zufuhr von frischen

Fasern in Form von Holzstoff und Zellstoff geht es nicht! Mit steigendem Verbrauch von Papier und Pappe fallen zunehmende Mengen von Altpapier an, das für Recycling nicht mehr in Betracht kommen kann (übrigens ist die Qualität von Altpapier sehr unterschiedlich!) und auf andere Weise verwertet werden muß. Hier sei ein Hinweis von J. Scholler, München, aufgegriffen: Auch Altpapier kann durch saure Hydrolyse verzuckert und in Ethylalkohol umgewandelt werden; der dabei anfallende ligninreiche Rückstand etwa aus Zeitungspapier eignet sich vorzüglich zur Herstellung von Aktivkohle, die im Umweltsektor Verwendung finden kann, z. B. in der Wasserreinigung. Die Wochenendausgabe der „Münchener Abendzeitung" mit rund 200 g reicht aus für die Erzeugung von Sprit für einen „Kleinauto-Kilometer"!

Die moderne Herstellung von Papier soll nur kurz gestreift werden. In der ersten Produktions-Stufe wird eine sorgfältig gereinigte hochverdünnte Fasersuspension hergestellt, deren Feststoffgehalt etwa 1 % ausmacht. Sie wird auf Papiermaschinen von einhundert und mehr Metern Länge weiterverarbeitet, die endlose Papierbahnen mit Breiten zwischen zwei und zehn Metern bei Bahngeschwindigkeiten zwischen 200 und 2000 m/min erzeugen. Das viele Jahrhunderte lang bewährte Sieb hat nach wie vor seinen Platz behauptet: An die Stelle des Schöpfsiebes sind allerdings endlose feinmaschige Siebe getreten, die in den Papiermaschinen mit der genannten Geschwindigkeit umlaufen. Der Stoff wird über die ganze Bahnbreite gleichmäßig verteilt, und der größte Anteil des Wassers läuft durch das Sieb ab. Am Ende der Siebpartie besteht die Papierbahn aus etwa 2 Teilen Faserstoff und 8 Teilen Wasser. Die weitere Entwässerung erfolgt in der anschließenden Pressenpartie, wo die feuchte Papierbahn zwischen mehreren Walzen gepreßt und ein Verhältnis von Faserstoff zu Wasser von etwa 1:1 erreicht wird. Das weitere Trocknen erfolgt auf dampfbeheizten

Trockenzylindern, und anschließend passiert die Papierbahn noch ein aus mehreren Walzen bestehendes Glättewerk, wo Schwankungen in der Dicke des Papiers ausgeglichen werden. Schließlich wird die Papierbahn von einer Walze zu einer Papierrolle mit einem Durchmesser bis zu 1,5 m aufgerollt. Die weitere Bearbeitung hängt von der als Endprodukt gewünschten Papiersorte ab.

Die beiden wichtigsten Verfahren zur Herstellung von Zellstoffen aus Holz sind in vieler Hinsicht unbefriedigend. Zwar wurden zahlreiche technische Verbesserungen durchgeführt, doch der ursprüngliche Holzaufschluß wurde im Grunde unverändert beibehalten. Erst das in den beiden letzten Jahrzehnten aufgekommene und inzwischen in weiten Teilen der Bevölkerung verbreitete Umweltbewußtsein hat dazu geführt, diese Verfahren kritisch zu durchleuchten und neue Wege beim Holzaufschluß zu beschreiten.

Es gibt einen weiteren wichtigen Grund, die ausgetretenen Pfade zu verlassen: Wertvolle potentielle Rohstoffe werden chemisch zu wenig genutzt, und bestensfalls zur Energieversorgung der Zellstoff-Fabriken herangezogen. H. H. Nimz schätzt, daß jährlich weltweit 30 bis 40 Mio. t Hemicellulosen und etwa 50 Mio. t Lignin bei der Zellstoffproduktion anfallen. 1982 wurden allein in den Ländern der EG etwa 3 Mio. t Zellstoff hergestellt, wobei nach seinen Schätzungen ca. 1 Mio. t Hemicellulosen und ca. 1,5 Mio. t Lignin in den Ablaugen enthalten waren. Lediglich 20% davon wurden sprühgetrocknet und verschiedenen technischen Verwendungen zugeführt. Auch deshalb ist die Entwicklung neuer Holzaufschlußverfahren unbedingt notwendig.

In der Bundesrepublik wie auch im gesamten EG-Raum müssen Ackerflächen aus der traditionellen landwirtschaftlichen Produktion herausgenommen werden, um endlich die Überschußproduktion von Nahrungsmitteln einzudämmen. Einer der Vorschläge zu ihrer Nutzung besteht darin, Kurzumtriebsplantagen auf stillgelegten Ackerflächen anzulegen. Zweifellos fehlen noch weitgehend Erfahrungen, um diese bei uns bisher nur auf kleinen Parzellen versuchsweise durchgeführte Holzproduktion großflächig anzuwenden, und zudem gibt es keinen attraktiven Grund für Landwirte, diese neue Form einer Forstwirtschaft aufzugreifen, weil noch kein Markt für Holz aus solchen Plantagen existiert. Hier könnte eine Wende eintreten, wenn sich neue, in ökologischer Hinsicht verbesserte Holzaufschlußverfahren als ökonomisch interessant erweisen und der Großabsatz von Holz aus Kurzumtriebsplantagen in „Zellstoff-Fabriken der neuen Generation“ eine attraktive Alternative für die Landwirtschaft bietet.

Es gibt mehrere Vorschläge für neue Zellstoffprozesse, von denen einige bereits in Pilotanlagen bzw. Demonstrationsanlagen erprobt sind und erste Schritte in Richtung einer Großproduktion schon getan sind bzw. in Kürze getan werden.

Eines der neuen Holzaufschlußverfahren ist das von R. Pratt und Mitarbeitern entwickelte ASAM-(*A*lkalischer *S*ulfitaufschluß unter Zusatz von *A*nthrachinon und *M*ethanol) Verfahren. Schon seit langem ist bekannt, daß Natriumsulfit (Na_2SO_3) für sich allein oder im Gemisch mit Natriumcarbonat (Soda, Na_2CO_3) und/oder Natronlauge als Holzaufschlußmittel wirkt. Seine delignifizierende Wirkung ist zwar begrenzt, läßt sich aber durch Zusatz von Anthrachinon (ca. 0,1 bis 0,2% bezogen auf den Holzeinsatz atro) verbessern; zugleich wird dadurch die Ausbeute an Zellstoff merklich erhöht, weil er wirksam vor Abbau geschützt wird. Ein wirtschaftlich bleichbarer Zellstoff läßt sich aber so auch noch nicht erreichen. Die genannten Autoren erkannten jedoch, daß der Zusatz von etwa 15% Methanol zur Aufschlußlösung die Delignifizierung erheblich beschleunigt. Mit diesem sehr schonenden Aufschluß können hohe Zellstoffausbeuten erzielt werden. Das ASAM-Verfahren erreicht zudem Festigkeitseigenschaften des Zellstoffs wie kein anderes. Der gesamte Alkalieinsatz liegt bei 20 bis 25 %/atro Holz, wovon der Na_2SO_3-Anteil etwa 70 bis 80 % ausmacht. 15 bis 35 % der Kochlauge bestehen aus Methanol. Die Kochtemperatur beträgt 170 bis 180 °C, die Kochzeit etwa 90 bis 150 Minuten. Mit diesem neuen Verfahren lassen sich sämtliche Holzarten aufschließen, die nach den konventionellen Verfahren verarbeitet werden können!

Das ASAM-Verfahren ist so konzipiert, daß die konventionelle Technologie weitgehend zur Anwendung kommt. Die Erfahrungen haben gezeigt, daß Zusatz von Natronlauge zur Kochlauge den Aufschluß beschleunigt und der freigelegte Zellstoff weniger Restlignin und Hemicellulosen enthält. Ein Zusatz von Soda wirkt sich günstig auf Ausbeute und Weißgrad aus. Der Aufschluß wird in den üblichen Kochern durchgeführt. Dann wird der Kocher entspannt und das abblasende Methanol nach Kondensation in den Kreislauf zurückgeführt. Der Stoff wird in einer mehrstufigen Wäsche von gelösten Holzanteilen und Aufschlußchemikalien befreit. Die von vornherein schon sehr hellen Zellstoffe aus dem ASAM-Prozeß werden mit Sauerstoff (mit oder ohne Zusatz von Ozon und Peroxiden) auf höchste Weißgrade gebracht. Die chlorfreien Abwässer aus der Bleicherei werden nicht in die Vorfluter abgelassen, sondern gemeinsam mit den Kocherei-Ablaugen eingedampft und anschließend verheizt: Auf diesem Weg wird eine abwasserfreie Zellstoff-Fabrik ermöglicht. Beim Eindampfen der Ablaugen werden letzte Methanolreste isoliert. Die nach dem Verbrennen unter reduzierenden Bedingungen anfallenden Chemikalien (Natriumsulfid und Soda) werden zu Natriumsulfit und Natronlauge regeneriert und zusammen mit Methanol wieder als Kochlauge eingesetzt. Das Fließbild des ASAM-Prozesses zeigt das Bild 48.

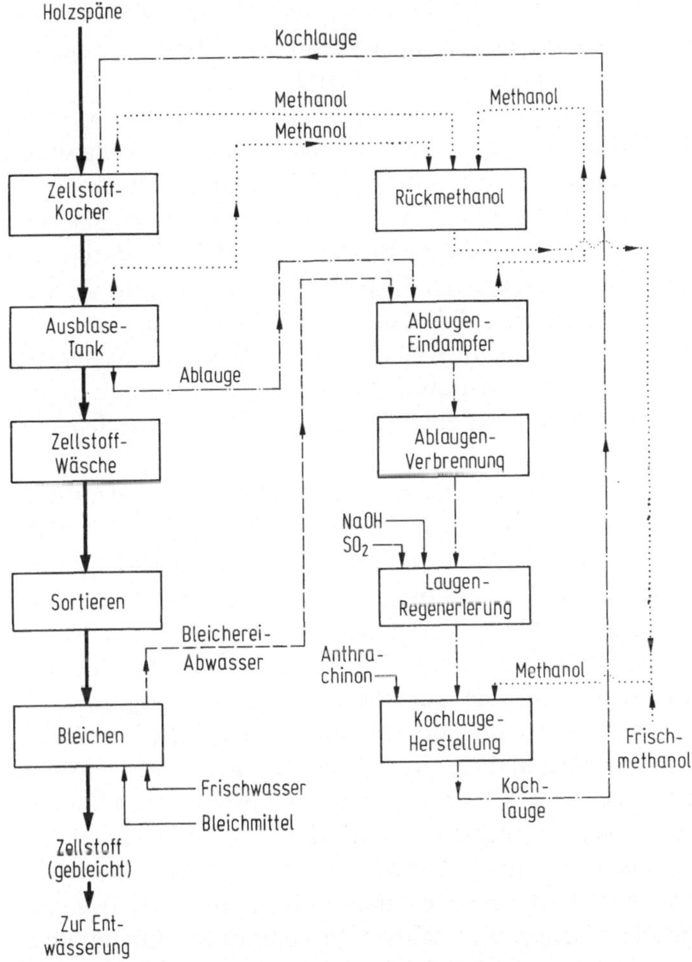

Bild 48. Vereinfachtes Schema des ASAM-Prozesses

In einem süddeutschen Werk des Papierherstellers Feldmühle AG wurde das Verfahren im Herbst 1989 in einer Versuchsanlage erprobt. An einem noch nicht genannten Ort soll eine Großanlage für 200 000 t/a errichtet werden. Ferner ist vorgesehen, im Zellstoff- und

Zellwollewerk Wittenberge an der Elbe die Modernisierung der veralteten Anlagen so durchzuführen, daß sie für den ASAM-Prozeß geeignet sind.

Auch der Organocell-Prozeß nutzt ähnlich wie der ASAM-Prozeß die Aufschlußeigenschaften bekannter Chemikalien in Verbindung mit Methanol. In diesem Fall wird Natronlauge mit Anthrachinon eingesetzt, also im Gegensatz zum ASAM-Prozeß schwefelfrei gearbeitet. Die Firma Organocell Thyssen, München, betreibt seit zwei Jahren eine Pilotanlage zur Herstellung von 5 t Zellstoff am Tag. In Kelheim an der Donau wird derzeit eine Sulfitzellstoff-Fabrik für das neue Verfahren umgerüstet, und für das Zellstoffwerk Gröditz bei Dresden gibt es ähnliche Pläne.

Ein weiteres neues Verfahren zur Gewinnung von Zellstoff ist das Acetosolv-Verfahren, das von H. H. Nimz und Mitarbeitern am Institut für Holzchemie und chemische Technologie des Holzes der Bundesforschungsanstalt für Forst- und Holzwirtschaft in Hamburg entwickelt wurde. Es gehört zur Gruppe der Organosolv-Verfahren, die zur Abtrennung von Lignin und Hemicellulosen nur organische Lösungsmittel verwenden. Der Vorteil dieser Verfahren liegt in der Vermeidung des Einsatzes großer Mengen anorganischer Chemikalien bei hohen Temperaturen (die den Einbau hydrophiler Gruppen in Lignin bewirken, um es wasserlöslich zu machen). Außerdem zeichnen sich organische Lösungsmittel im Vergleich zu Wasser durch hohe Selektivität aus.

Nimz und Mitarbeiter verwenden ca. 93%ige Essigsäure bei nur ca. 110 °C Kochtemperatur und Kochzeiten von 4 bis 6 Stunden. Nun ist natives Lignin infolge seiner stark vernetzten Molekularstruktur in allen Mitteln unlöslich, durch Zusatz von 0,1 bis 0,2% Salzsäure als Katalysator gelingt es jedoch, die Lignin-Cellulose-Bindungen sowie bestimmte chemische Bindungen im Lignin selbst zu lösen und es dadurch für Essigsäure löslich zu machen. Bei diesem Prozeß entfällt naturgemäß die sehr aufwendige Rückgewinnung der anorganischen Aufschlußchemikalien. Im Gegensatz zum ASAM- sowie Organocell-Prozeß ist dieses neue Verfahren von vornherein für die problemlose Gewinnung von Hemicellulosen und Lignin angelegt. Zwar kann man derzeit mit Lignin nur wenig anfangen, aber man sollte seine Nutzung (abgesehen von seiner Verwertung als Brennstoff) nicht aus den Augen verlieren. Die großen Mengen an Hemicellulosen gehen bei der Ablaugenaufbereitung gleichfalls verloren. Ihre Verbrennung ist auf Dauer nicht vertretbar, denn ihre Verbrennungswärme beträgt nur 16 MJ/kg (Lignin 25 MJ/kg), andererseits stellen sie eine interessante Rohstoffbasis für zahlreiche Chemikalien dar. Beim Acetosolv-Verfahren lassen sich die Hemicellulosen leicht durch Extraktion mit Wasser abtrennen.

Sehr aufwendige Einrichtungen für Chemikalienrückgewinnung und Umweltschutzauflagen sind wesentlich dafür verantwortlich, daß Sulfatzellstoff-Fabriken erst von einer Zellstoff-Kapazität ab 300000 t/a wirtschaftlich vertretbar sind. Für Fabriken, die nach dem neuen Prozeß arbeiten, können kleinere Anlagen in Betracht kommen. Weiterhin entstehen auch keine organisch hoch belasteten Abwässer, so daß der Standort nicht an einen Fluß oder See gebunden ist. Allerdings werden beim Acetosolv-Prozeß – ähnlich wie bei allen anderen Organosolv-Verfahren – größere Mengen an Lösungsmitteln benötigt, für deren Rückgewinnung aufwendige Destillationsanlagen erforderlich sind. Zudem müssen Brennbarkeit und Giftigkeit der Lösungsmittel Berücksichtigung finden. Der Umgang mit Lösungsmitteln sowie deren Aufarbeitung bringt aber keine neuen Probleme; sie gehören seit vielen Jahrzehnten sozusagen zum Alltagsgeschäft in der chemischen Industrie.

Für die Auslaugung der Hackschnitzel werden sog. Karussell-Extraktoren vorgeschlagen, die im Gegenstromprinzip arbeiten und seit vielen Jahren in Ölmühlen zur Extraktion von Ölsaaten erfolgreich eingesetzt werden, oder bei der Lösung von Gerbstoffen oder Drogen Verwendung finden. Die Rückgewinnung der Essigsäure aus dem Extrakt erfolgt destillativ (unter Zusatz eines geeigneten Schleppmittels wie Butylacetat). Das Bleichen des essigsauren Zellstoffs geschieht direkt mit Ozon und Peressigsäure, wobei bemerkenswert ist, daß sich hier (im Gegensatz zum Bleichen im wäßrigen Milieu) die technischen Eigenschaften des Zellstoffs nicht verschlechtern. Das stark vereinfachte Fließbild dieses Prozesses zeigt Bild 49.

Zu Beginn des Jahres 1989 wurde in Gschwend bei der Firma Kurz eine Pilotanlage in Betrieb genommen. Sie kann sämtliche üblichen Holzarten verarbeiten, aber auch Gräser wie Elefantengras sowie Sonnenblumen, deren Zellstoffe denen aus Laubhölzern vergleichbar sind. Hier sei daran erinnert, daß Sonnenblumenöl bzw. sein Methylester als Dieseltreibstoffe eingesetzt werden

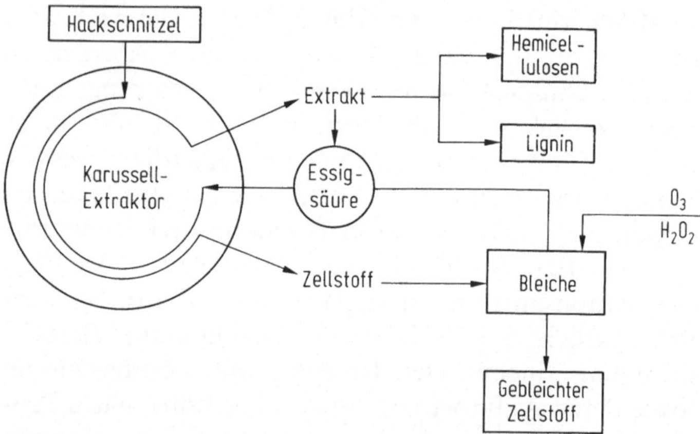

Bild 49. Acetosolv-Verfahren zur Herstellung von Zellstoff, Lignin und Hemicellulosen aus Holz und Einjahrespflanzen. Schematische Darstellung des Holzaufschlusses durch Gegenstromextraktion im Karussell-Extraktor

können: *Kombination von Zell- und Treibstoffgewinnung auf der Basis von Sonnenblumen könnte eine mögliche Variante der „neuen" Landwirtschaft sein.*

Bundesdeutsche Firmen haben wesentliche Schritte in Neuland getan und eine Spitzenstellung auf dem Gebiet neuer Holzaufschlußverfahren erlangt. Aber Entwicklungen dieser Art sind nicht allein auf die Bundesrepublik beschränkt. In Kanada wurde das Allcell-Verfahren ausgearbeitet, das mit wäßrigem Ethanol ohne Verwendung eines Katalysators arbeitet. Bei diesem Organosolv-Prozeß erfolgt der Aufschluß unter ca. 35 bar Druck bei rund 200 °C; zum Aufschluß gelangt nur Laubholz. In Newcastle (New Brunswick) soll eine Pilotanlage für die Gewinnung von täglich 33 Tonnen Zellstoff errichtet werden.

Bei den Versuchen zeigte sich, daß mit dem ASAM- wie mit dem Acetosolv-Verfahren z. B. Pappelholz leicht aufschließbar ist und gute Zellstoff-Qualitäten erzielt werden. Mit Hilfe dieser neuen Prozesse können nicht nur sämtliche heute für Zellstoffgewinnung üblichen Hölzer verarbeitet werden, sondern auch in Kurzumtriebsplantagen gezüchtete Laubhölzer. Die sich hier anbahnenden Chancen für die Landwirtschaft sollten genutzt und durch staatliche Hilfsmaßnahmen unterstützt werden; die Industrie ist aufgefordert, die neuen Chancen zu nutzen, denn Zellstoff ist ein vielseitig einsetzbarer chemischer Rohstoff, u. a. zur Herstellung „halbsynthetischer" Kunstfasern sowie Kunststoffe und Lackrohstoffe.

3.5 Moderne Biotechnologie macht Holz zum wichtigen Rohstoff

Unter Biotechnologie versteht man die industrielle Nutzung biologisch-chemischer Prozesse durch integrierte Anwendung von Biologie (speziell Mikrobiologie), Che-

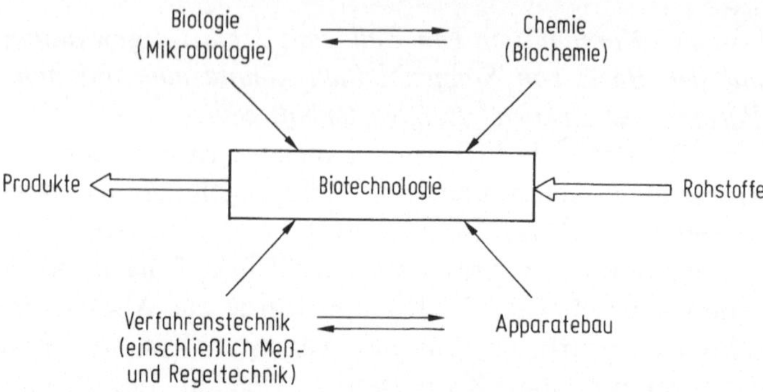

Bild 50. Schema „Biotechnologie“

mie (speziell Biochemie), chemischer Verfahrenstechnik (einschließlich Meß- und Regeltechnik sowie Computereinsatz) und Apparatebau. Im Vordergrund steht die Nutzung von Mikroorganismen, daneben aber auch von Zell- und Gewebekulturen. Die Zusammenhänge verdeutlicht Bild 50.

3.5.1 Die Evolution der Bio-Verfahren

Im Verlauf der letzten drei Jahrzehnte hat die Biotechnologie sehr rasch an Bedeutung gewonnen und gehört heute zu den Gebieten mit der schnellsten Entwicklung. Sie erwies sich auch bei der Bewältigung von Umweltschäden als unentbehrlich. Dieses scheinbar neuartige Arbeitsgebiet stellt sich bei näherer Betrachtung als ein uralter Zweig empirisch betriebener praktischer Chemie heraus: Brot, Bier, Wein und Essig sind Beispiele hierfür. Die Gewinnung von Alkohol („Weingeist“) durch fraktionierte Destillation von Wein hatte schon im Mittelalter in Italien einen beachtlichen technischen Stand erreicht. Alkohol wurde zuerst von italienischen Ärzten im 12. und 13. Jahrhundert als Heilmittel angewandt. Die Destillierkunst wurde auch in der Folgezeit in Italien weiterentwickelt und diente namentlich in Klöstern zur Herstellung von Likören und ähnlichen Erzeugnissen. Weitere Verbesserungen der Destillen gelangen in Frankreich (u. a. J. B. Cellier-Blumenthal; sein Destillierapparat war schon 1817 in Südfrankreich weit verbreitet). Zum gleichen Zeitpunkt schuf J. H. L. Pistorius in Deutschland die Grundlagen der Spiritus-Fabrikation. Für die Herstellung von nicht unmittelbar genießbarem Rohspiritus (80 bis 95%iger Alkohol) wurden häufig Kartoffeln verwendet. Schon am Ende des vorigen Jahrhunderts hatten die meist mit landwirtschaftlichen Großbetrieben verbundenen Kartoffel- und Getreide-Brennereien einen hohen technischen Stand. An die Stelle chargenweise arbeitender Apparaturen, etwa der von Pistorius entwickelten Destillationsanlage, waren Kolonnenapparate getreten, in denen die Maische durch eine große Anzahl aufeinanderfolgender Destillationen kontinuierlich entgeistet wurde, während die Schlempe gleichfalls ununterbrochen abfloß. Eine Anlage dieser Art zur Herstellung von Alkohol wurde bereits bei den Holzzuckerverfahren (siehe Bild 45) gezeigt.

Mit der biotechnischen Herstellung von Vitaminen und Antibiotika setzte nach dem zweiten Weltkrieg eine Entwicklung ein, die für weite Bereiche der chemischen Technologie geradezu einer Revolution gleichkam. Sie vollzog sich vor dem Hintergrund bahnbrechender Erkenntnisse etwa über die stoffliche Natur der Gene und die Entschlüsselung des genetischen Codes, der Entwicklung von Methoden für gezielte Eingriffe in den Bau der Gene (Gentechnik) sowie der Aufklärung von Struktur und Wirkung von Enzymen (Biokatalysatoren, hochmolekulare Eiweißstoffe). Die Tragweite dieser wissenschaftlichen Erkenntnisse reicht über Biologie, Chemie und Medizin hinaus und prägt unsere geistige Welt, etwa unsere Vorstellungen über Entstehung und Wesen des Lebens.

Beim Scholler-Tornesch-Verfahren fiel Zuckerlösung an, die entweder mit Hefen zu Alkohol vergoren oder aber „verheft", d. h. zur Erzeugung von Futterhefe verwendet wurde. Im zuletzt genannten Fall wurde schnellwachsende Hefe, sog. Wuchshefe (Torula utilis), benutzt, die sich nach schonender Trocknung sehr gut als eiweißreiches Futtermittel eignet.

Die Sulfit-Ablaugen aus Zellstoff-Fabriken, die nach dem Kalziumhydrogensulfit-Verfahren arbeiten, enthalten 20 bis 30 g/l Zucker, von denen etwa zwei Drittel Hexosen sind, die leicht zu Alkohol vergoren werden können. Die Erzeugung von „Sulfit-Sprit" war in früheren Jahrzehnten weit verbreitet. Die beim Sulfit-Prozeß anfallenden Kochlaugen und Waschwässer wurden durch Einblasen von Luft entgast, d. h. von SO_2 befreit, anschließend mit Kalk neutralisiert und nach Zusatz von Nährsalzen mit Hefe vergoren. Anschließend wurde in einem Zwei-Kolonnen-System Alkohol gewonnen: In der „Maische-Kolonne" wurde Alkohol abgetrieben, der in der zweiten „Spritkolonne" zu 94%igem Sulfitsprit weiterverarbeitet wurde. In einer Sulfit-Zellstoff-Fabrik mit einer Kapazität von täglich 100 t Zellstoff fielen je nach eingesetztem Holz 5000 bis 12500 Liter Sprit an. Mit der Einführung des Magnesiumhydrogensulfit-Verfahrens wurde die Rückführung der für den Aufschluß erforderlichen Chemikalien durch Verbrennung der zuvor eingedampften Laugen möglich. In einer energetisch gut ausgelaugten Zellstoff-Fabrik wird der gesamte Energiebedarf durch Verbrennung der in den Ablaugen enthaltenen organischen Substanzen gedeckt. Heute werden weltweit nur noch etwa 120000 t/a Sulfitsprit erzeugt.

Aus pentosereichen Sulfitablaugen, die bei der Verarbeitung von Buchenholz anfallen, wurden in Deutschland im Jahre 1959 noch rund 29000 Tonnen Torula-Futterhefe nach dem während des letzten Weltkrieges entwickelten Waldhof-IG-Verfahren hergestellt.

Nach dem Gärprozeß wurde die Hefesuspension durch Entwässerung mit Zentrifugen und nachfolgende schonende Eindampfung auf etwa 22 bis 25% Trockengehalt gebracht und anschließend durch Zerstäubungstrocknung in festes Hefepulver umgewandelt. Dazu wurde die vorkonzentrierte Hefesuspension durch Düsen in einen warmen Luftstrom gesprüht und das trockene Pulver durch Filter abgeschieden.

3.5.2 Chemische und Bio-Technologie: eine befruchtende Konkurrenz

Nach Cellulose ist Lignin die häufigste Phytomasse (Cellulose macht etwa 40% der rund 150 Mrd. t/a neugebildeter Biomasse aus; der Anteil des Lignins ist etwa halb so groß). Einer so riesigen Biomasse-Neuproduktion muß ein entsprechender Abbau gegenüberstehen, denn sonst käme ja der natürliche Kohlenstoffkreislauf zum Erliegen.

Nochmals sei an den Aufbau von Lignocellulosen erinnert: Cellulosefasern, die eng mit Hemicellulosen verbunden sind, bilden – ähnlich wie die Stahldrähte in Eisenbeton oder Glasfasern in faserverstärkten Kunststoffen – ein zugfestes Gerüst, das von einer Lignin-Matrix umgeben ist. Nun bildet Lignin nicht nur den „Kitt", der die Fasern zusammenhält und für die Druckstabilität von Holz sorgt, sondern es wirkt zugleich als Imprägnierung, die vor schneller mikrobieller Zerstörung schützt. Tatsächlich wird Lignin biologisch nur schwer abgebaut (während ungeschützte Cellulose und Hemicellulosen von einer Vielzahl von Bakterien und Pilzen rasch zu CO_2 und H_2O zersetzt werden). Grund hierfür ist der völlig andersartige chemische Bau von Ligninen, die aus aromatischen Grundbausteinen (Phenylpropan-Derivaten) bestehen und sich nicht hydrolytisch in diese zerlegen lassen.

Wie jederzeit im Wald beobachtet werden kann, unterliegt totes Holz einer natürlichen Zersetzung durch sog. Weißfäulepilze. Dabei handelt es sich nicht um eine einheitliche Gruppe von Pilzen, sondern um einige wenige Pilzarten, die Lignin abbauen können. Beispiele hierfür liefern der Porling oder der Austernseitling, die sich auf verrottendem Holz ansiedeln. Weitere Vertreter dieses Ökotyps sind unangenehme Forstschädlinge, etwa der Hallimasch oder der Erreger der Rotfäule bei Fichten (Heterobasidion annosum). Die Weißfäulepilze haben eine außerordentlich wichtige Funktion im Kohlenstoffkreislauf: Sie bewirken mit – übrigens extrazellular wirkenden – Enzymen den Ligninabbau. In der Anfangsphase wird bevorzugt Lignin unter gleichzeitiger Anreicherung der übrigen Bestandteile (Cellulose, Hemicellulosen) angegriffen, später werden auch die Kohlehydrate „veratmet". In Schweden wurden inzwischen Mutanten entdeckt, die sich beim Abbau von Kohlehydraten auf Hemicellulosen beschränken.

Cellulose und Hemicellulosen werden im Pansen von Wiederkäuern verdaut, wo sie von der Pansenflora aufgeschlossen werden. In verholzten Zellwänden verhindert jedoch die Ligninbarriere den enzymatischen Angriff. Hier können Weißfäulepilze hilfreich eingreifen: Durch eine Vorbehandlung zum Ligninabbau läßt sich die Verdaulichkeit landwirtschaftlicher lignocellulosehaltiger Abfälle (Stroh, Bagasse usw.) verbessern, und sonst nicht verwertbare Abfälle können zu Futtermitteln verarbeitet werden. In Israel wird dies mit dem Austernseitling bereits praktiziert, wobei Baumwollstroh als Substrat dient. Man erreicht dabei Bildung von Fruchtkörpern, die von Israel aus in die USA exportiert und dort vermarktet werden. Als Nebenprodukt fällt abgeerntetes Stroh-Pilz-Substrat an, das als Futtermittel geeignet ist und einem Heu mittlerer Qualität entspricht.

Lignin fällt weltweit als Nebenprodukt in Zellstoff- und Papierfabriken in Mengen von etwa 50 Mio. t/a an, die zu mehr als 80% entweder verbrannt oder überhaupt nicht genutzt werden. Eine Vorbehandlung von Holz mit Weißfäulepilzen zur Verringerung des Ligninanteils führt zu einer Strukturlockerung und damit zu einer erheblichen Verringerung des Energieaufwandes bei der Herstellung von Holzschliff und damit von Zellstoff. Diese Vorbehandlung braucht nur wenige Tage zu dauern und kann während des Transportes oder der Lagerung des Holzes erfolgen.

Eine weitere Anwendung ist in greifbare Nähe gerückt: Die biologische Bleichung von Zellstoff. Hierzu bietet sich weniger der Einsatz der Organismen selbst als vielmehr die Verwendung freier Enzyme an. Die Dauer der Bleiche liegt im Bereich von Stunden. Neben Lignase, die eine Verringerung des restlichen Lignins bewirkt, kommen noch andere Enzyme in Betracht, so z.B. Glucose-Oxidase, die in-situ-Bildung von Wasserstoffperoxid (H_2O_2) als Bleichmittel hervorruft. Weiterhin können Hemicellulosen die Oberfläche ungebleichter Zellstoff-Fasern so verändern, daß zur nachfolgenden Bleichung geringere Mengen von Chemikalien erforderlich sind (kombinierte enzymatisch-chemische Bleichung). Die Bleichabwässer aus Zellstoff-Fabriken, die Chlor als Bleichmittel einsetzen, enthalten stark *gefärbte* Verbindungen, die von der Mikroflora üblicher Abwasseraufbereitungsanlagen nicht abgebaut werden. Weißfäulepilze dagegen können solche chlorierten aromatischen Verbindungen abbauen, ja sie vermögen sogar polychlorierte Dioxine („Seveso-Gift") und Difurane zu „knacken" und eignen sich deswegen zur großflächigen biologischen Dekontaminierung von Böden, die mit diesen Giften verseucht sind.

Neben der Hydrolyse von Cellulose unter der Einwirkung von Säuren wird seit einigen Jahren noch ein anderer Weg zur industriellen Verzuckerung verfolgt: Die enzymatische Hydrolyse unter der Einwirkung von Mikroorganismen bzw. deren Enzymen.

Ligninarmes Pflanzenmaterial, z. B. Baumwolle oder aber Zellstoff, wird durch eine Reihe von Mikroorganismen, die das Enzym Cellulase bilden können, zu monomeren Zuckern abgebaut. Solche Mikroorganismen sind Pilze wie Trichoderma, Penicillium, Aspergillus, Fusarium usw. und Bakterien wie Cellulomonas, Pseudomonas, Clostridium, Streptomyces usw. Besonders eingehend wurden Wildformen und Mutanten von Trichoderma auf ihre Eignung für eine industrielle Verzuckerung untersucht, die folgende Vorteile bietet:

▷ Land- und forstwirtschaftliche Abfälle sowie bestimmte Müllfraktionen (Küchen- und Gartenabfälle) stehen überreichlich zur Verfügung und eignen sich als Substrat für biotechnische Prozesse.
▷ Hierdurch könnte nicht nur ein sehr großes wirtschaftliches Potential erschlossen, sondern zugleich ein Beitrag zur Entlastung der immer schwieriger werdenden Müllentsorgung geleistet werden.
▷ Wie alle enzymatischen Prozesse verläuft auch dieser Abbau bei niedrigen Temperaturen unter schonenden äußeren Bedingungen und liefert hohe Ausbeuten.
▷ Die enzymatische Hydrolyse von Lignocellulosen verläuft fast quantitativ (d. h. der Umsatz ist fast hundertprozentig!).
▷ Die dabei anfallenden Zuckerlösungen sind sehr rein und frei von toxischen Nebenbestandteilen.

Geeignete Abfallstoffe für diesen Prozeß stehen überall in der Welt in großen Mengen zur Verfügung. So kommen u. a. Kartoffelkraut, Kartoffelpülpe (aus Kartoffelstärke-Fabriken), Getreidestroh und -spelzen, Maisstroh und -kolben, Schilf, Faserschlamm aus Papierfabriken, Altpapier, Fruchtbüschel von Ölpalmen, Olivenkerne, Mandel-

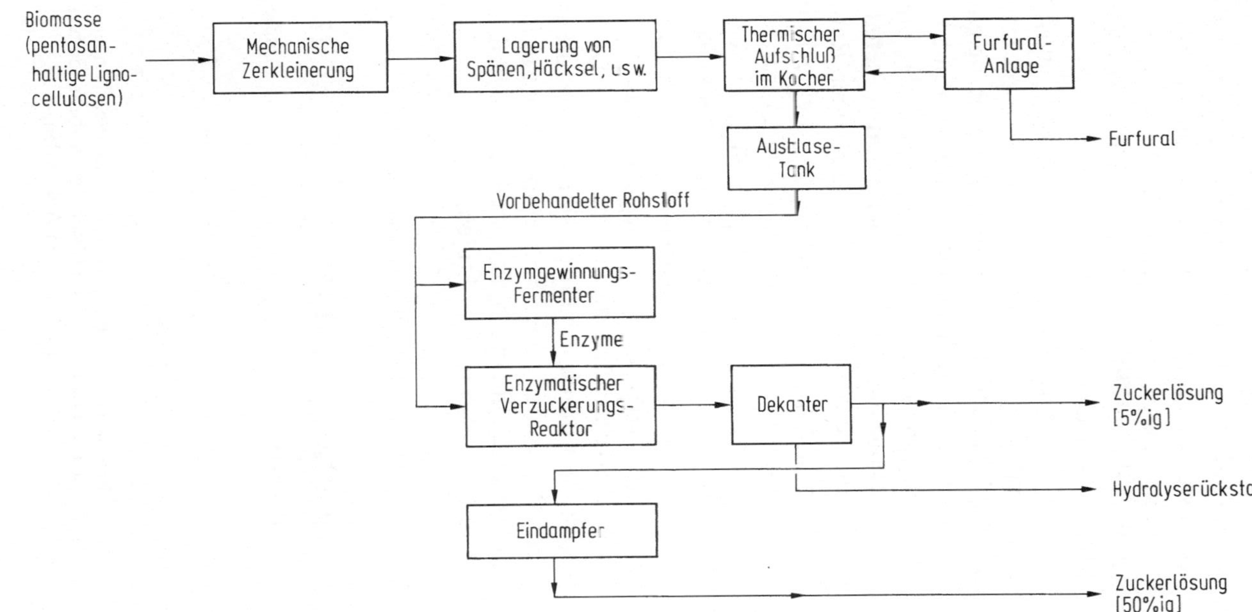

Bild 51. Vereinfachtes Blockdiagramm des VABIO-Verfahrens der VOEST-ALPINE

schalen usw. in Betracht. Voraussetzung für eine glatt verlaufende enzymatische Hydrolyse solcher Roh- und Abfallstoffe ist aber ein vorgeschalteter Kochprozeß (mit oder ohne Zusatz von Chemikalien), um das Einsatzmaterial reaktionsfähiger zu machen und vollständigeren Abbau zu erreichen.

In Österreich hat die Firma Voest-Alpine Apparatebau GmbH einen enzymatischen Verzuckerungsprozeß für Lignocellulosen zu technischer Reife entwickelt, der in einer Versuchsanlage in Linz erprobt wird. Das Blockdiagramm des VABIO-Prozesses zeigt Bild 51.

Der mechanisch zerkleinerte und aufbereitete Rohstoff (Häckselung, Trockenmahlung oder Refinermahlung) wird in einem Kocher durch direkte Zufuhr von Sattdampf für die enzymatische Verzuckerung vorbereitet. Bei pentosanhaltigen Lignocellulosen werden die Hemicellulosen durch entstehende Säuren (Essigsäure neben Ameisensäure) autokatalytisch zu monomeren bzw. oligomeren Zuckern (bestehen aus nur wenigen Molekülen) gespalten, die in Lösung gehen. Die Kochlauge zirkuliert durch die Furfuralanlage, wo die Pentosen durch Ringschluß unter Wasserabspaltung in den Aldehyd Furfural[1] überghen, der abdestilliert wird. Der Prozeß verläuft also in zwei Stufen:

I. Stufe (Hydrolyse der Pentosane):

$$\underset{\text{Pentosan}}{[C_5H_8O_4]_n} + n\,H_2O \xrightarrow[\text{H}^+\text{-Ionen}]{\text{Temperatur}} \underset{\text{Pentose}}{n\,C_5H_{10}O_5}$$

---

[1] Die veraltete Bezeichnung „Furfurol" sollte nicht länger verwendet werden; die Endung „-ol" sollte Alkoholen vorbehalten bleiben (z. B. Methanol), „-al" entsprechend den Aldehyden.

II. Stufe (Furfuralbildung, stark vereinfachend formuliert):

```
HO–CH——CH–OH                          CH–CH
 |      |                             ‖    ‖
 |      |     H                       ‖    ‖    H
 |      |    /          –3 H2O        ‖    ‖   /
HO–CH  H–C–C          ————————→      CH   C–C
        |    \\                         \  /   \\
        |     O                          O      O
        |
        OH
```

Pentose $\xrightarrow{-3\,H_2O}$ Furfural

Im Gegensatz zur Hydrolyse von Pentosanen zu Pentosen (Zucker mit 5 Kohlenstoffatomen pro Molekül), die rasch und mit guten Ausbeuten verläuft, treten bei der Bildung von Furfural erhebliche Ausbeuteverluste ein, durch Kondensations- und Polymerisationsreaktionen, so daß schließlich nur etwa ein Drittel der Pentosen als Furfural vorliegt.

Nach beendeter Furfuralbildung wird das bei 8 bar im Kocher aufgeschlossene Rohmaterial in den Ausblasetank entlassen, wobei es wie der Ligninkuchen im Scholler-Prozeß zerspratzt. Ein Teil wird dann in den Fermenter geleitet und mit einer Vorkultur von Trichoderma reesei versetzt, die zuvor auf dem gleichen Rohmaterial herangezüchtet wurde. Ein Fermentationszyklus dauert von der Inokulation bis zur Ernte etwa 90 bis 95 Stunden.

Der andere Teil gelangt über eine Mischschnecke in den enzymatischen Reaktor; zugleich wird (mit einer Schnecke) cellulasehaltiges Material aus dem Fermenter zugemischt. Im Reaktor erfolgt nun bei etwa 50 °C innerhalb von 36 Stunden die enzymatische Verzuckerung von Cellulose. Der Rückstand wird von der nur 5%igen Zuckerlösung zentrifugiert, die entweder direkt in nachfolgenden biotechnischen Prozessen als Rohstoff eingesetzt, oder zu 50%iger Glucoselösung eingedampft wird, die sich besser lagern läßt.

Durch weitere Fermentation läßt sich die Glucoselösung mit geeigneten Mikroorganismen bzw. Enzymen zu einer ungeheuren Vielfalt biotechnisch weiterverarbeiten. Solche Produkte sind u. a.:

▷ *Grundchemikalien*: Ethanol, Butanol, Glycerin, Aceton, organische Säuren (Essigsäure, Buttersäure, Zitronensäure, Weinsäure, Gluconsäure, Milchsäure), Waschmittelenzyme.
▷ *Pharmaka*: Antibiotika, Diagnostika, Vitamine, Steroide, Alkaloide.
▷ *Feinchemikalien*: Enzyme, Aminosäuren (z. B. Glutaminsäure), Duftstoffe.

Die Furfuralherstellung läßt sich auch an eine herkömmliche Sulfitzellstoffanlage anschließen, wenn z. B. pentosanreiches Buchenholz verarbeitet und ein Teil der Kochlauge kontinuierlich durch die Furfuralanlage zirkuliert wird.

Laubhölzer sind reich an Pentosanen, vorwiegend an Xylanen. Es handelt sich dabei um Hemicellulosen, die hauptsächlich aus Xyloseeinheiten bestehen. Auch beim Scholler-Verfahren wird Furfural gebildet, jedoch nicht gewonnen, obwohl es aus dem Entspannungsdampf durch Kondensation und nachfolgende fraktionierte Destillation isoliert werden könnte. Nach einer Vorhydrolyse wäre die Gewinnung ohne weiteres möglich, denn die Hydrolyse von Hemicellulosen verläuft leichter als die von Cellulose.

Deshalb läßt sich die Holzverzuckerung in zwei Stufen durchführen:

1. Vorhydrolyse, bei der eine Lösung von Pentosen anfällt, die in geschilderter Weise in Furfural übergeführt werden können.
2. Haupthydrolyse, bei der Cellulose zu Glucose abgebaut wird.

R. Eyckemeyer und H. Hennecke erhielten bei Einsatz von Buchenholz pro Tonne Trockensubstanz in der Vorhydrolyse 2 m^3 Zuckerlösung mit rund 200 kg Xylose sowie in der Haupthydrolyse 3 m^3 Zuckerlösung mit 240 kg Glucose; als Rückstand verblieben 350 kg Lignin. Übrigens hat schon K. Schönemann bei einem verbesserten Bergius-Verfahren gleichfalls eine Vorhydrolyse mit verdünnter Salzsäure empfohlen.

Das modifizierte Scholler-Verfahren ist dadurch charakterisiert, daß die einzelnen Flüssigkeitsschübe in den Perkolator in Reaktionsschübe und Waschschübe unterteilt werden: Während der Reaktionsschübe erfolgt unter härteren äußeren Bedingungen die Hydrolyse von Cellulose zu Glucose; unter wesentlich milderen Bedingungen wird in Waschschüben hauptsächlich die gebildete Glucose herausgelöst. Durch geschickte Prozeßführung ist es sogar möglich, zum Auswaschen dünne Zuckerlösungen aus vorigen Waschgängen zu benutzen. Auf diese Weise ist es möglich, den Zuckergehalt der ablaufenden Lösungen auf 9 bis 10% zu steigern und beim Eindampfen Energie einzusparen. Die Gewinnung von kristallisierter Glucose könnte dadurch endlich wirtschaftlich werden.

Auch das modifizierte Scholler-Verfahren arbeitet chargenweise in großen Hydrolysegefäßen (Perkolatoren). Das Einsatzmaterial muß perkolierbar sein: Im Schnitzelgut muß dem Flüssigkeitsstrom auch bei großen Füllhöhen genügend Zwischenraum zur Verfügung stehen. Bei den Hölzern unserer Breiten ist das problemlos möglich. Schwierigkeiten treten jedoch bei der Hydrolyse von Lignocellulosen mit geringen Schüttgewichten auf, etwa Stroh, Einjahrespflanzen (z. B. Kartoffelkraut), abgeerntete Fruchtbüschel von Ölpalmen, Maiskolben usw., die ebenfalls großes Interesse als Einsatzprodukt verdienen. Daher laufen Arbeiten mit dem Ziel, eine kontinuierliche Hydrolyse in Apparaturen mit kleinem

Volumen, aber mit raschem Durchlauf der Reagenzien zu erreichen. Ein Beispiel unter mehreren ist das BIOL®-Verfahren der Münchener Firma Zellplan GmbH, die eine Versuchsanlage für einen stündlichen Durchsatz von 50 bis 100 kg Rohmaterial gemeinsam mit österreichischen Partnerfirmen in Wien errichtet hat.

Ausgangspunkte für die Konzeption der Anlage waren die drei prinzipiell möglichen Maßnahmen zur Steigerung der Reaktionsgeschwindigkeit der Hydrolyse und der Ausbeute:

- Erhöhung der Reaktionstemperatur bei der Hydrolyse.
- Erhöhung der Säurekonzentration.
- Optimierung der Verweilzeit.

Die größte Wirkung bringt eine Temperaturerhöhung, wobei zugleich die Verweilzeit in der heißen Reaktionszone verringert werden muß, um die erwähnten Zersetzungserscheinungen zu vermeiden. Dabei kommt man mit verringerter Säuremenge aus. Das BIOL®-Verfahren läuft folgendermaßen ab: Die Verzuckerung wird in einem Schneckenreaktor durchgeführt. Dabei handelt es sich um ein liegend angeordnetes, druckfestes Stahlrohr mit innenliegender Schnecke für den Transport und die Durchmischung des Rohstoffes. Kontinuierlicher Materialien- und -austrag an den Rohrenden erfolgt gleichfalls mit Schnecken. Der Prozeß wird zudem in zwei Stufen durchgeführt: In der ersten Stufe erfolgt die Hydrolyse der Hemicellulosen bei Temperaturen von 170 bis 200 °C und einer Schwefelsäurekonzentration von 0,5%. Der eigentliche Celluloseaufschluß erfolgt in der zweiten Stufe bei vorzugsweise 250 °C und höher und einer Säurekonzentration von 0,1 bis 0,5%. Das Aufheizen des Reaktorinhalts erfolgt durch Einleiten von Dampf. Angestrebt wird eine Verweilzeit von ca. 1 Minute in der ersten und von ca. 20 Sekunden in der zweiten Hydrolysestufe. Die in der ersten Stufe anfallenden Pentosen können zu Furfural weiterverarbeitet werden.

Bei den Versuchen zeigte sich, daß die Abtrennung der Zuckerlösung aus der zweiten Hydrolysestufe bei Einsatz von Einjahrespflanzen schwierig ist. Zurückgeführt wird dieses Verhalten u. a. auf den unterschiedlichen Vernetzungsgrad von Phenylpropaneinheiten, der bei Strohlignin im Vergleich zu anderen Ligninen nur schwach ist. Bei der Strohhydrolyse tritt somit starker Strukturverfall ein, der das schlechte Abtrennen mitverursacht. Auch der hohe Silikatgehalt in Stroh kann Filtrationsprobleme mit sich bringen. Daher wurde vorgeschlagen, die Glucosemaische aus der zweiten Hydrolysestufe (gemeinsam mit dem festen Rückstand Cellolignin) zu Alkohol zu vergären; obendrein lassen sich dadurch aufwendige Trennoperationen vermeiden. Die Reaktion kann so gelenkt werden, daß gleichzeitig noch im Lignin anwesende beachtliche Mengen von kurzen Zuckerketten (Oligosaccharide) vollständig zu Glucose abgebaut und bei der Vergärung mitgenutzt werden können. Diese Maischefermentation ist eine neue interessante Variante für die Nutzung landwirtschaftlicher Abfälle, konnte jedoch bisher nur im Labormaßstab getestet werden.

3.5.3 Furan – vom natürlichen zum synthetischen Polymer

Furfural, eine Flüssigkeit mit Siedepunkt 162 °C, ist das bedeutendste Produkt, das im industriellen Maßstab aus

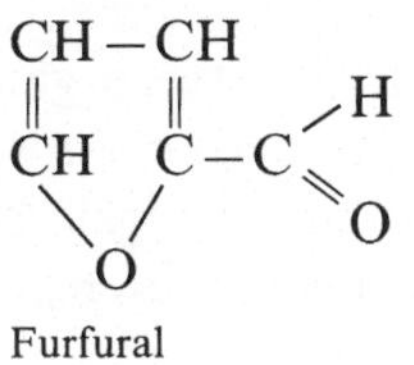

```
CH–CH
‖    ‖      H
CH   C–C⁄          abgekürzt:  [Furanring]–C⁄H
  \ /    ⩵O                                 ⩵O
   O
```

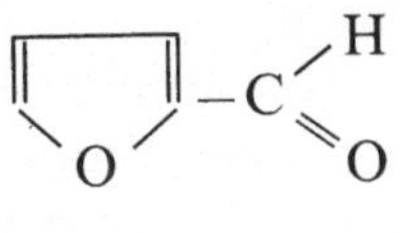

Furfural

Hemicellulosen hergestellt wird; Rohstoffe für seine Gewinnung sind landwirtschaftliche Abfälle (Haferspelzen, Maisspindeln und Getreidehülsen). Die jährliche Produktion lag in den 70er Jahren weltweit bei rund 200 000 Tonnen, von denen mehr als die Hälfte für die Synthese von Furfurylalkohol eingesetzt wurde:

$$\text{Furfural (C}_4\text{H}_3\text{O}-\text{CHO)} \xrightarrow[\text{Druck}]{H_2,\ \text{Katalysator}} \text{C}_4\text{H}_3\text{O}-CH_2OH$$

Furfural bestitz gutes Lösevermögen für aromatische Kohlenwasserstoffe und wird deswegen bei der Herstellung von Schmierölen verwendet. In diesen sind Aromaten unerwünscht, weil ihre Viskositätsänderung mit der Temperatur erheblich stärker als die von Paraffinen ist und sie zudem auch oxidationsanfällig sind (durch Extrahieren der Aromaten wird also die Lebensdauer der Schmieröle erhöht).

Vom chemischen Standpunkt gesehen ist Furfural eine vielseitige Verbindung. So geht sie bei katalytischer Abspaltung von CO in Furan über, das beim Hydrieren Tetrahydrofuran liefert. Diese Verbindung ist wiederum Ausgangsprodukt für die Gewinnung von Polytetramethylenglycol

$$HO[(CH_2)_4O]_n H$$

einem Zwischenprodukt für Polyurethan-Kunststoffe und eine Vielzahl weiterer technisch wichtiger Verbindungen.

Im Prinzip könnte die breite Palette organisch-chemischer Produkte, die heute auf petrochemischem Wege, d.h. auf der Basis von Erdöl und Erdgas, hergestellt wird, auch aus nachwachsenden Rohstoffen gewonnen werden!

Als ein Beispiel hierfür sei die Synthese von Nylon mit Furfural angeführt, wie sie tatsächlich auch im technischen Maß erfolgte:

Zuerst wird Furfural über Furan in Tetrahydrofuran umgewandelt. Diese Verbindung wird bei 180 °C in 1,4-Dichlorbutan übergeführt, das mit Natriumcyanid unter Abspaltung von Natriumchlorid (Kochsalz) in Adiponitril übergeht:

$$\text{THF (O-Ring)} \xrightarrow[-H_2O]{+HCl} \begin{matrix} CH_2-CH_2 \\ | \quad\quad | \\ CH_2 \quad CH_2 \\ | \quad\quad | \\ Cl \quad\quad Cl \end{matrix} \xrightarrow[-2\,NaCl]{2\,NaCN} \begin{matrix} CH_2-CH_2 \\ | \quad\quad | \\ CH_2 \quad CH_2 \\ | \quad\quad | \\ CN \quad\quad CN \end{matrix}$$

Adiponitril wird durch „Verseifung" in Adipinsäure umgewandelt, während durch katalytische Hydrierung Hexamethylendiamin gebildet wird:

$$\begin{matrix} CH_2-CH_2 \\ | \quad\quad | \\ CH_2 \quad CH_2 \\ | \quad\quad | \\ CN \quad\quad CN \end{matrix} \begin{cases} \xrightarrow{H_2,\,Kat.} H_2N-(CH_2)_6-NH_2 \quad \text{Hexamethylendiamin} \\ \xrightarrow{-H_2O} HOOC-(CH_2)_4-COOH \quad \text{Adipinsäure} \end{cases}$$

Durch Polykondensation dieser beiden Komponenten wird schließlich Nylon erhalten.

$$\cdots -NH-(CH_2)_6-NH-CO-(CH_2)_4-CO-$$
$$-NH-(CH_2)_6-NH-CO(CH_2)_4-CO- \cdots$$

Anhand weiterer Beispiele ließe sich leicht zeigen, zu welcher Fülle von Stoffen der Syntheseweg von Furfural führen kann, doch ist die petrochemische Synthese unter den heutigen Umständen der ökonomisch vorgeschriebene Weg – abgesehen von der Tatsache, daß die derzeit benötigten Mengen Furfural gar nicht zur Verfügung stehen. Zu allem Übel ist Furfural *selbst* nicht einmal gewinnbringend.

Ein wichtiger Grund für die mangelnde Wirtschaftlichkeit sind die erwähnten schlechten Ausbeuten beim Furfural-Prozeß. Beim Acetosolv-Prozeß fällt neben Zellulose und Lignin eine wäßrige Lösung von Hemicellulosen an, die sich möglicherweise als geeigneter Rohstoff für eine kostengünstigere Furfuralgewinnung erweisen könnte. Angesichts der gewaltigen Mengen von Hemicellulosen, die Jahr für Jahr anfallen, sollte ihrer Nutzung durch verbesserte Verfahren größte Beachtung geschenkt werden. Hier liegt ein Beispiel für den gewaltigen Nachholbedarf der Forschung auf dem Gebiet der chemischen Nutzung von Biomasse vor; viele Jahrzehnte lang beherrschte die Entwicklung petrochemischer Prozesse die Forschung – und dies nicht nur in der chemischen Industrie: Auch an Universitäten und Hochschulen führten nachwachsende Rohstoffe ein Schattendasein.

VIERTES KAPITEL

Bioethanol und was dahinter steckt

Seit vielen Jahrzehnten ist bekannt, daß sich Ethanol hervorragend als Treibstoff für Ottomotoren eignet. Die „Ölkrisen“ der 70er Jahre haben die Endlichkeit der Erdölvorräte und die Abhängigkeit der Weltwirtschaft von der politischen Stabilität der Ölländer in unser Bewußtsein gerückt. Die Verwendung von Ethanol anstelle von Benzin wurde erneut zur Diskussion gestellt.

Neben Holz eignen sich besonders Zucker und Stärke als Rohstoffe für die Alkoholgewinnung aus Biomasse; die hierfür erforderlichen Technologien stehen zur Verfügung.

4.1 Zucker – eine süße Geschichte

Unter Zucker versteht man im alltäglichen Sprachgebrauch „Rohrzucker“ bzw. „Rübenzucker“, die auch als Saccharose bzw. „Sucrose“ bezeichnet werden und chemisch identisch sind. Es handelt sich um ein Disaccharid, das hydrolytisch leicht in seine beiden Grundbausteine, die Monosaccharide Glucose (Traubenzucker) und Fructose (Fruchtzucker) zerlegt werden kann:

$$\underset{\text{Rohrzucker}}{C_{12}H_{22}O_{11}} + \underset{\text{Wasser}}{H_2O} \xrightarrow{H^{\oplus}} \underset{\text{Traubenzucker}}{C_6H_{12}O_6} + \underset{\text{Fruchtzucker}}{C_6H_{12}O_6}$$

Glucose und Fructose haben zwar die gleiche Summenformel $C_6H_{12}O_6$, sind aber im Bau unterschiedlich. Ein Blick auf die komplizierte Strukturformel von Rohrzucker läßt erkennen, daß die stark vereinfacht formulierte Zuckerhydrolyse bei genauer Betrachtung verwickelter abläuft.

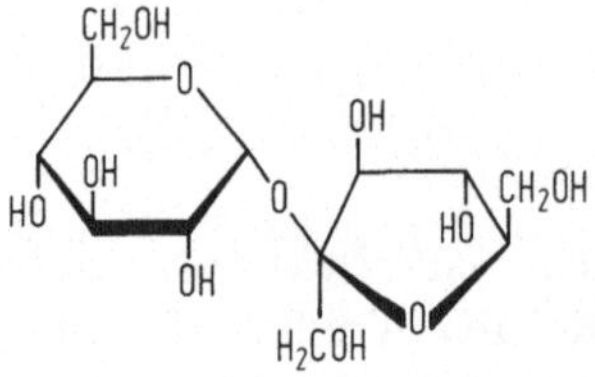

Bei Rohr-(Rüben)-Zucker handelt es sich um das in der Natur am weitesten verbreitete pflanzliche Disaccharid mit einer überragenden Bedeutung als Nahrungsmittel: 1988 wurden weltweit rund 116 Miol. t erzeugt, die zu rund 70% aus Zuckerrohr und zu ca. 30% aus Zuckerrüben stammten.

Die Stammform des heutigen Zuckerrohrs war offensichtlich schon 15000 Jahre v. Chr. in Melanesien heimisch und breitete sich von dort um 8000 v. Chr. über die Inseln der Südsee nach Osten sowie über Indonesien nach Westen aus. Jahrtausende später kosteten Soldaten Alexander d. Gr. auf ihrem indischen Feldzug (327–325 v. Chr.) das süße „Honigschilf". Im Zuge der Eroberung der Iberischen Halbinsel übertrugen die Mauren (711 n. Chr.) den Anbau des Zuckerrohrs auch auf europäischen Boden. Erste große Zuckerplantagen wurden um 950 in den fruchtbaren Ebenen von Valencia angelegt.

Die Gewinnung von noch recht unreinem Kristall-Zucker war erst um 300 n. Chr. in Indien erfunden worden, und nochmals dreihundert Jahre später gelang in Persien auch die Herstellung von Raffinade, d. h. von reinem Zucker. Mitteleuropäer sahen im Verlauf des ersten Kreuzzuges (1196–1199) zum ersten Mal

„Honigschilf“ in der Ebene von Tripolis, das die Einheimischen „zucra“ nannten, und lernten den auf noch recht primitive Weise gewonnenen Zucker kennen. Das „süße Salz“ stieg schon bald vom Kuriosum zum wichtigen Handelsprodukt auf. Venedig, der Haupthafen der Kreuzfahrer, entwickelte sich zum wichtigsten Handelsplatz für Zucker, der von dort neben weiteren Produkten aus dem Orient mühselig über die Alpen u. a. nach Augsburg, Regensburg, Konstanz, Friedrichshafen und Ravensburg transportiert wurde. Bereits im 12. Jahrhundert war Zucker eine so gängige Handelsware, daß das Laterankonzil im Jahre 1179 den „Handel mit den Ungläubigen“ verbot. Allerdings war damals Zucker noch kein Volksnahrungsmittel, und nur Wohlhabende konnten sich diesen Genuß leisten. Der Markt für Süßmittel wurde noch für einige Jahrhunderte vom Honig beherrscht.

Mit der Entdeckung der Neuen Welt und der Schaffung großer europäischer Kolonialreiche verloren die alten Handelsplätze im Binnenland an Bedeutung; an ihre Stelle traten Hafenstädte wie Hamburg. In Kisten und Fässern wurde der gelb bis braun gefärbte Rohzucker dorthin verschifft und in zahlreichen (meist ebenfalls in Hafenstädten gelegenen) Zuckerfabriken zu fast weißem Kristallisat „raffiniert“.

Schon Christoph Kolumbus hatte auf seiner zweiten Westindien-Reise (1493–1496) von den Kanarischen Inseln Zuckerrohr nach San Domingo gebracht. Im günstigen Klima dieser Region gedieh es prächtig, und schon wenige Jahre später entstanden hier und auf den übrigen Westindischen Inseln ausgedehnte Zuckerrohrplantagen. 1665 eroberten die Engländer die Insel Jamaika und entwickelten sie zum damals bedeutendsten Zentrum des Zuckerhandels.

Die wenigen Indios, die die Eroberungszüge und deren schlimme Auswirkungen überlebt hatten, konnten den Bedarf an Arbeitskräften für die Zuckerrohrplantagen bei weitem nicht decken. Dieser Arbeitskräftemangel führte zum abstoßendsten Kapitel der Kolonisation: zum Sklavenhandel. Schiffe, die Zucker und andere tropische Erzeugnisse aus der Neuen Welt nach Europa transportierten, nahmen bei der Rückfahrt auf dem Umweg über die westafrikanische Küste Eingeborene als Sklaven für die Plantagen mit. Schon um 1530 arbeiteten allein auf San Domingo etwa 30000 afrikanische Sklaven.

Zuckerrohr (Saccharum), das zu den Gräsern zählt, ist eine formenreiche, bis zu 7 m hohe Kulturpflanze mit maisähnlichen Blättern an einem bis zu 7 cm dicken Stamm, der in seinem Inneren zuckersafthaltiges Mark enthält (siehe Bild 52). Es wird heute weltweit in tropischen und subtropischen Gebieten angebaut, so in Brasilien und Mexiko, in Indien, Australien, China sowie in Louisiana (USA) und auf Kuba.

Die Zuckergewinnung erfolgt durch Auspressen des Zuckersaftes mit Walzen, anschließender Neutralisierung mit Kalk, Reinigung und Eindampfen bis zur Kristallisation. Im Jahre 1987 wurden insgesamt 65,57 Mio. t Zucker aus Zuckerrohr gewonnen, davon 9,27 Mio. t in Brasilien, 9,22 Mio. t in Indien und 7,23 Mio. t auf Kuba.

Die Wildrübe Beta vulgaris maritima, die besonders an den Küsten des Mittelmeeres weit verbreitet ist, gilt als die Stammform der heutigen Zuckerrübe (siehe Bild 53). Aus dieser Wildpflanze gingen im Verlauf des 6.–4. Jahrhunderts v. Chr. erste Kulturformen hervor: es handelte sich um mangoldähnliche Pflanzen, deren Blätter als Gemüse genossen wurden. In Griechenland war im 5. Jahrhundert v. Chr. eine Salatrübe bekannt, die dreihundert Jahre später auch in Italien angebaut wurde. Mit den Römern gelangte die Beta nach Germanien; Karl d. Gr. empfahl im Jahre 794 im „Capitulare de villis" ihren Anbau. Zwar fiel Olivier de Serres schon im 16. Jahrhundert eine gewisse Ähnlichkeit zwischen Rübensaft und

Bild 52. Zuckerrohr. (Mit freundlicher Genehmigung von Krupp Bukkau Maschinenbau, Grevenbroich)

Bild 53. Zuckerrüben. (Mit freundlicher Genehmigung von Krupp Buckau Maschinenbau, Grevenbroich)

Zuckerrohrsirup auf, die Identität von Rübenzucker und Rohrzucker bewies jedoch erst Andreas Sigismund Marggraf (1709–1782) im Jahre 1747 (die Veröffentlichung erfolgte 1749 in französischer Sprache). Marggraf, damals Direktor der physikalischen Klasse an der Königlichen Akademie der Wissenschaften zu Berlin, wurde von seinen Zeitgenossen als bedeutendster „Chymikus" seines Jahrhunderts im deutschsprachigen Raum angesehen. Er hatte aus Wurzeln von Weißem Mangold und aus Roten Rüben ein „Salz" gewonnen, das sich unter dem Mikroskop als identisch mit Rohrzucker erwies. Sein Schüler Franz Carl Achard (1753–1821), bereits mit 23 Jahren Mitglied der Akademie und späterer Nachfolger seines Lehrers, führte Marggrafs Arbeiten zielstrebig fort. Für ihn waren aber nicht nur die wissenschaftlichen Ergebnisse dieser Arbeiten von Interesse sondern auch Möglichkeiten für deren Übertragung in die industrielle Praxis. Zwar fehlen Originalaufzeichnungen seiner frühen Beobachtungen, doch aus seinen Briefen kann mit Sicherheit entnommen werden, daß er schon 1784 auf dem Gut Caulsdorff bei Berlin auch „Runkelrüben" gezüchtet hat. Als eine Brandkatastrophe die Wirtschaftsgebäude des Gutes vernichtet hatte, führte Achard seine Versuche in Französisch-Buchholz (heute Berlin-Pankow) fort. Im 18. Jahrhundert entwickelten sich aus dem Mangold und aus der Salatrübe durch Vergrößerung des Rübenkörpers die Runkel- oder Futterrüben, aber es gelang erst Achard, aus weißen schlesischen Runkelrüben eine wirkliche „Zuckerrübe" zu züchten: Nach jahrelangen Versuchen war er schließlich davon überzeugt, aus der heimischen Rübe Zucker im industriellen Maßstab herstellen zu können und reichte 1799 dem preußischen König Friedrich Wilhelm III. eine Denkschrift ein, in der er auf die wirtschaftlichen Vorteile einer landeseigenen Zuckerproduktion hinwies, die auch der Königlichen Kasse ein vermehrtes Einkommen verschaffen könne. Mit einem Darlehen des preußischen Staates kaufte er 1801 das Gut Cunern in Niederschlesien und errichtete dort die erste Rübenzuckerfabrik der Welt, der 1805 die zweite in Krayn folgte, die Moritz von Koppy mit Achard's Hilfe baute. Beiden Fabriken war kein langes Leben beschieden: Cunern brannte 1807, Krayn 1811 ab. Der Beweis

Bild 54. Wirtschaftsgebäude der Lehranstalt für Rübenzuckergewinnung auf Gut Cunern (Niederschlesien), 1810 von Achard errichtet. (Zeichnung vom Autor)

war jedoch erbracht: Aus Runkelrüben konnte Zucker großtechnisch gewonnen werden, auch wenn die Ausbeute nur 4% war! Achard baute Cunern 1810 als Lehranstalt für Rübenzuckergewinnung wieder auf; das Wirtschaftsgebäude wurde erst 1945 durch Kriegseinwirkungen zerstört (siehe Bild 54).

In Krayn wurde die Rübenzuckerproduktion im Jahre 1811 wieder aufgenommen und auch die Saatzuchtvermehrung der weißen Rübe fortgesetzt. Ehe sich jedoch die Rübenzuckerindustrie zu einem bedeutsamen Zweig entwickeln konnte, mußte die Runkelrübe zu einer leistungsstarken Zuckerrübe hochgezüchtet werden.

Während der Kriege Napoleons erlangte Rübenzucker erstmals wirtschaftliche Bedeutung, als der französische Kaiser 1806 die Kontinentalsperre verfügte und die Einfuhr von westindischem Zucker aus England unterbunden wurde. Im Schutz dieser Handelsblockade konnte sich die Fabrikation von Rübenzucker entfalten. Napoleon selbst nahm regen Anteil an dieser Entwicklung und förderte vor allem auch die französische Rübenzuckerproduktion, die 1812 in 158 Fabriken erfolgte. Die erste Blütezeit währte jedoch nicht lange: Mit dem Sturz Napoleons endete die Handelssperre; so wurde 1814 u. a. auch der Hamburger Hafen wieder für den Zuckerimport geöffnet.

Rohrzucker aus den randvollen englischen Lagern – fast alle westindischen Inseln waren inzwischen unter englische Herrschaft gebracht – überschwemmte schlagartig und zu niedrigen Preisen den europäischen Markt. Das Ende der Rübenzuckerindustrie schien besiegelt, und eine Fabrik nach der anderen stellte die Produktion ein. Ein Fabrikant jedoch machte unbeirrt weiter: der Franzose Louis François Xaver Joseph Crespel, genannt Crespel-Dellisse (1789–1865). Justus von Liebig (1803–1873), einer der Wegbereiter der modernen Chemie, besuchte 1828 den Begründer der französischen Rübenzuckerindustrie in Arras. In seinem Tagebuch hielt er fest, daß damals bereits wieder über 300 Zuckerfabriken in Frankreich arbeiten, von denen er eine Menge besucht hatte, „die Zucker schöner und billiger liefern als es die Kolonien imstande sind“. Seine Meinung wird klar formuliert: „Die Einführung der Rübenzuckerfabrikation wird eine neue Quelle für den Staat begründen“. Es kam so, wie Liebig vorausgesehen hatte: 1830 veranlaßten Berichte über die erfolgreiche französische Zuckerindustrie die Regierungen in Preußen und anderen deutschen Staaten, die Gründung solcher Fabriken zur Förderung des „Gewerbefleisses“ zu unterstützen; als flankierende Maßnahme wurde die Einfuhr von Kolonialzucker mit Zoll belegt. Nach wenigen Jahren hatte die Rübenzuckergewinnung erneut in ihrem Ursprungsland Fuß gefaßt und wurde in weit mehr als einhundert Fabriken praktiziert. Zentrum der deutschen Zuckerindustrie wurde die mitten in der fruchtbaren Börde gelegene Stadt Magdeburg. Eine ähnliche Entwicklung wie in Frankreich und

Deutschland vollzog sich auch in Rußland und Österreich.

Wichtigste Voraussetzung für diese Erfolge war, wie schon erwähnt, die Hochzüchtung der Beta-Rübe zur heutigen Zuckerrübe, der leistungsstärksten Kulturpflanze Mitteleuropas. Die gewaltige Leistungssteigerung durch gezielte Züchtung belegen folgende Zahlen: Während Marggraf nur 1,3% Zucker in der Rübe ermittelte, konnte Achard schon 4% in weißen schlesischen Rüben erzielen. Um 1900 wurden in Deutschland im Mittel 30 Tonnen Rüben pro Hektar geerntet, die durchschnittlich etwa 15% Zucker enthielten und etwa 4 Tonnen weißen Zucker lieferten. Die moderne Rübe weist im Durchschnitt 15 bis 20% Zuckergehalt auf. Pro Hektar Anbaufläche werden 40 bis 50 t Rüben geerntet, aus denen etwa 6 bis 7 t Weißzucker gewonnen werden.

Die Zuckerrübe, Beta vulgaris, ist ein zweijähriges Gewächs, das im ersten Jahr eine fleischige Rübe mit einer Blattrosette hervorbringt. Die Saat erfolgt im März/April, die Ernte ab Ende Oktober, wenn die älteren Blätter bereits abfallen und die Blattmasse sich gelb zu färben beginnt. Läßt man die Rüben jedoch überwintern, entwickelt sich im zweiten Jahr ein bis zu 2 m hoher Sproß mit Blüten; die Frucht ist ein Knäuel aus miteinander verwachsenen Samen.

Die Gewinnung des Zuckers erfolgt durch Extraktion von Rübenschnitzeln mit heißem Wasser und Eindicken des gereinigten zuckerhaltigen „Dünnsaftes" unter Vakuum zum „Dicksaft". Auskristallisierender Zukker wird mit Zentrifugen abgetrennt, wobei dunkelbraun gefärbte sirupartige „Melasse" als Rückstand anfällt.

4.1.1 Bioalkoholprojekte in Brasilien

Die Idee, eine köstliche süße Gabe der Natur im großen Stil in einen gewöhnlichen Treibstoff für Autos umzuwan-

Tabelle 17

Kraftstoff	Verbrennungswärme in KJ/l
herkömmlicher Otto-Kraftstoff	32660
Ethanol	21170
Methanol	15650

Angaben nach: D. Schliephake in: Nachwachsende Rohstoffe, Bochum 1986.

deln, kommt aus Brasilien. Dies Land, das selbst über keine nennenswerten Erdöllagerstätten verfügt, sah sich durch die „Ölkrisen" der 70er Jahre mit einem wachsenden Handelsdefizit konfrontiert. Die Antwort der Regierung auf diese wirtschaftliche Herausforderung ist das 1975 gestartete „Proalcool"-Programm: „Sprit aus Zukkerrohr".

Schon seit Jahrzehnten ist bekannt, daß sich Ethanol (Ethylalkohol) C_2H_5OH ebenso wie Methanol (Methylalkohol) CH_3OH als Treibstoff für Ottomotoren eignet. Der Einsatz dieser Alkohole, die aus nachwachsenden Rohstoffen zugänglich sind, ist eine der Möglichkeiten, den Straßenverkehr von einem fossilen auf einen nichtfossilen Energieträger umzustellen (andere Möglichkeiten bieten die Verwendung natürlicher Öle und Fette als Treibstoffe für Dieselmotoren, das Elektroauto, mit Wasserstoff betriebene Kraftfahrzeuge usw.). Ein Nachteil ergibt sich aus der geringeren Verbrennungswärme dieser Alkohole im Vergleich zu herkömmlichem Vergaser(Otto)-Kraftstoff (Benzin), wie Tabelle 17 ausweist.

Ein Kostenvergleich zwischen dem Betrieb mit herkömmlichen Ottokraftstoff und mit diesen Alkoholen darf daher nicht auf Volumenbasis (d.h. DM/l), sondern muß auf Energiebasis (d.h. DM/kJ) erfolgen, weil ja für gleiche Fahrleistung naturgemäß ein höherer Verbrauch bei Alkoholen eintreten muß. Die Fahrzeuge müssen daher mit größeren Tanks ausgerüstet werden, um mit einer Tankfüllung die gleiche km-Zahl zu erreichen. Die Alkohole können zudem bei einigen Metall-Legierungen Korrosionserscheinungen hervorrufen und außerdem auch Kunststoffteile angreifen.

1978 rollten in Brasilien die ersten Personenwagen vom Band, die mit einem Gemisch aus Benzin und wasserfreiem Ethanol betrieben werden. 1980 folgten die ersten Wagen, die ganz für den Betrieb mit wasserfreiem Alkohol konzipiert sind. Als Rohstoff für die Alkoholgewinnung dient Zuckerrohr. Den Weg vom Zuckerrohr zu Bioethanol zeigt Bild 55.

Frisch geerntetes Zuckerrohr wird zur Fabrik transportiert, sofort gewogen und zum sog. Mühlenzug befördert, der aus vier aufeinanderfolgenden Drei-Walzen-Einheiten besteht, vor die Maschinen zur Zerkleinerung geschaltet sind (Shredder). Der Preßrückstand heißt „Bagasse“ und dient in der Regel als Heizmaterial zur Energieversorgung der Fabrik, die „energieautark“ ist (d.h. keine zusätzliche Energie von außen zu beziehen braucht).

Der 14%ige Rohsaft, nach der Reinigung klar und goldgelb, wird unter Vakuum zum Dicksaft und weiter zum sog. Magma eingedampft. Das Magma, ein Kristall-Sirup-Gemisch, wird auf Zentrifugen abgeschleudert, wobei Rohzucker und Ablaufsirup anfallen; der Rohzucker wird weiter zu Raffinade verarbeitet. Der Ablaufsirup wird einer nochmaligen Kristallisation unterzogen und erneut abgeschleudert. Nun fällt der Restablauf, die sog. „Melasse“ an, die noch Zucker enthält und zur Alkoholgärung geht. Soll nur Alkohol produziert werden, so wird der Zuckersaft direkt vergoren. Die Bagasse wird in der Regel verfeuert oder einer Hydrolyse unterworfen, deren Hydrolysat gleichfalls in die Gärung wandert. Aus der vergorenen Maische („Bier“) wird der Alkohol destillativ abgetrieben; als Rückstand bleibt

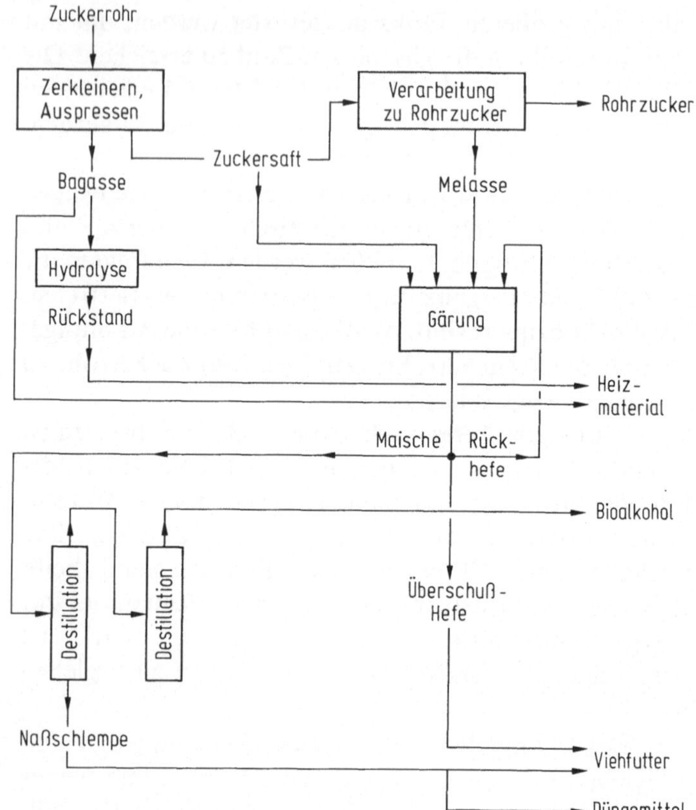

Bild 55. Schema der Gewinnung von Bioethanol aus Zuckerrohr

„Schlempe“, die ebenso wie nach der Gärung anfallende Überschußhefe verfüttert werden kann oder als Düngemittel auf die Zuckerrohrplantagen gebracht wird. Schlempe kann auch nach einer (allerdings energieaufwendigen) Trocknung als festes Viehfutter genutzt oder aber zu „Biogas“ abgebaut werden (siehe Kap. 6).

Die Erzeugung von Bioalkohol stieg in Brasilien sprunghaft von 900 Mio. l im Jahre 1975 auf 4,08 Mrd. l im Jahre 1981 an und erreichte 1989 12 Mrd. l (gleichbedeutend mit einer Substitution von 32 Mio. l Benzin pro Tag); rund 5 Mio. Autos fahren heute mit „Benzin aus Zucker". Das Proalcool-Projekt ist übrigens weltweit das mit Abstand größte Unterfangen zur Substitution eines flüssigen fossilen Energieträgers durch einen aus nachwachsenden Rohstoffen gewonnenen Treibstoff (siehe Bild 56).

Für die Treibstoff-Versorgung Brasiliens über Bioethanol aus Zuckerrohr werden lediglich 7,5% der landwirtschaftlich genutzten Fläche in Anspruch genommen. Die Schaffung zusätzlicher Zuckerrohrplantagen erfolgte nach amtlichen Angaben im wesentlichen auf Kosten von Weiden und Wiesen, und nur in wenigen Ausnahmefällen sollen tropische Regenwälder zu diesem Zweck gerodet worden sein. Rund 700000 Brasilianer haben im Rahmen des Proalcool-Projektes Arbeit gefunden.

Als Mitte der 80er Jahre die Ölpreise wieder fielen, konnte die neue Bioethanol-Industrie nur mit riesigen Subventionen am Leben erhalten werden. Zugleich zwang diese Entwicklung zur Steigerung ihrer Effektivität: So erhöhten sich die Hektarerträge zwischen 1975 und 1985 von 55 auf 75 t Zuckerrohr, und außerdem stiegen die Alkoholerträge von 65 auf 80 l pro Tonne! Bei der Alkoholgewinnung wurde durch Einergieeinsparungen, insbesondere durch Verbesserung der Destillationsanlagen, eine jährliche Kostensenkung von 4% erreicht. Brasiliens Brennereien gehören heute zu den am besten ausgerüsteten der Welt und stellen sich inzwischen aggressiv dem internationalen Wettbewerb (siehe Bild 57).

Die Produktionskosten pro Liter Biosprit betragen zwar noch immer etwa DM 0,40, weitere kostensenkende Maßnahmen sind aber durchaus noch möglich. So könn-

---

Bild 56. Gesamtansicht einer Bioalkoholfabrik mit dahinter liegender Zuckerfabrik in Brasilien. (Mit freundlicher Genehmigung von Krupp Buckau Maschinenbau, Grevenbroich)

te die anfallende Bagasse wesentlich effektiver als Brennstoff genutzt werden, wenn an die Stelle der heute meist fabrikeigenen Niederdruck-Kraftwerke mit Erntesaisonbetrieb Hochdruck-Kraftwerke in Dauerbetrieb treten würden: Während mit Niederdruck-Anlagen bei saisonalem Betrieb 20 kWh/t Zuckerrohr erzeugt werden, könnten im modernisierten Saisonbetrieb 100 kWh, bei kontinuierlichem Betrieb sogar fast 250 kWh erreicht werden. Auf diese Weise ließe sich ein erheblicher Energieüberschuß erzielen, der über den Verkauf an externe Verbraucher die Kosten für Biosprit senken würde.

Die Schlempemengen sind allerdings gewaltig: Pro Liter Alkohol fallen etwa 12–13 l an, ein organisch außerordentlich belastetes Abwasser, das schwer zu entsorgen ist: Bei einer Alkoholproduktion von 10,4 Mrd. l im Jahre 1986 hätten 122 Mio. m^3 verarbeitet werden müssen! Diese Menge entspricht der Abwasserproduktion von 61 Mio. Einwohnern. Bei unsachgemäßer Beseitigung können schwere Umweltschäden eintreten (z. B. durch direktes Einleiten in Gewässer). Eine weitere Entsorgungsmöglichkeit besteht im anaerob-bakteriellen Abbau zu Biogas, das in der Fabrik als Energiequelle genutzt oder aber an externe Verbraucher abgegeben werden könnte (siehe Kap. 5).

Um den relativ langsamen Gärprozeß zu beschleunigen, wurden neue kontinuierlich arbeitende Bioreaktoren entwickelt, über die im folgenden Abschnitt berichtet wird.

Weiterhin laufen Versuche, mit gentechnisch veränderten Hefen zu größeren Leistungen zu kommen; erste vielversprechende Ergebnisse hat man bereits erzielt („Superhefe").

◄

Bild 57. Bioethanol-Destillationsanlage (Mit freundlicher Genehmigung von Krupp Buckau Maschinenbau, Grevenbroich)

Eine weitere Gefahr für die Umwelt droht durch die Zuckerrohr-Monokulturen; ihr soll durch Anbau von stärkehaltigem Maniok begegnet werden. Zuckerrohr wird in Zukunft nicht die einzige Quelle für Bioethanol sein.

4.1.2 Bioalkoholprojekte in Deutschland

Auch in der Bundesrepublik wurden Überlegungen zur Nutzung nachwachsender Rohstoffe für die Herstellung flüssiger Treibstoffe angestellt. Waren in Brasilien Haushaltsdefizit und Devisenmangel die Gründe für eine letztlich verantwortungsbewußtere Energiepolitik, so stand in der Bundesrepublik die Verwertung landwirtschaftlicher Überschüsse im Vordergrund der Überlegungen.

Zwei Gründe sprechen für den Einsatz von Zuckerrüben:

- ▷ Der Alkohol-Ertrag pro Hektar ist bei Zuckerrüben besonders hoch, wie ein Blick auf Tabelle 18 zeigt.
- ▷ In der Bundesrepublik wird erheblich mehr Rübenzucker produziert als verbraucht; die Produktion betrug 1988 2,76 Mio. t, der Verbrauch lag jedoch bei rund 2,2 Mio. t. Würden bei uns 10% der Ackerflächen für die Produktion von Bioalkohol genutzt, so ließen sich auf diesem Wege etwa 10 bis 15% des konventionellen Treibstoffbedarfs decken, wenn ein jährlicher Alkohol-Ertrag von 3000 l pro Hektar angenommen wird.

An dieser Stelle erscheint mir ein Hinweis sehr wichtig: Unter dem Eindruck der „Ölkrisen“ hatte die Gewinnung von Treibstoffen höchste Priorität (hier soll auch an die großen Anstrengungen zur Kohle-„Verflüssigung“ erinnert werden!). In den Ländern der EG wurden zu diesem Zweck zahlreiche Projekte in Angriff genommen. Inzwi-

Tabelle 18

Rohstoff	Ertrag in t pro ha und Jahr	Alkoholausbeute in l reiner Alkohol pro t Rohstoff	durchschnittlicher Alkoholertrag in l reiner Alkohol pro ha und Jahr
Zuckerrohr, frisch	60–100	60–80	5000–6000
Zuckerrüben, frisch	30–60	50–110	3000–4000
Manioka, frisch	10–20 (60) [a]	150–200	2000–3000
Kartoffeln, frisch	15–30	80–120	2000–3000
Mais, trocken	2–7,5	360–400	1500–2000
Geteide, trocken	2–5,5	340–400	1000–2000
Hirsearten, trocken	2–6	360–420	800–1500
Holz, trocken	2–6	180–220	500–1000

[a] In Hochzüchtungen wurden Erträge von 60 t/ha Maniokwurzeln geerntet; diese Hochzüchtungen erwiesen sich jedoch als anfällig gegen Krankheiten.

Entnommen aus: Starcosa GmbH, Braunschweig, und K. Misselhorn, Berlin, in Branntweinwirtschaft 1/1980, S. 2 ff.

schen ist die Verwendung nachwachsender Rohstoffe in der chemischen Industrie immer mehr in den Vordergrund des Interesses getreten.

In der Zuckerfabrik Ochsenfurt (Franken) wurde 1983 eine Pilotanlage zur Erzeugung von Bioethanol und Biogas in den vorhandenen Betrieb integriert. Diese reine Pilotanlage hat eine Kapazität von 15000 l Ethanol und 3000 bis 15000 m^3 Biogas pro Tag. Sie wurde zunächst für die Verarbeitung von Resten aus der Zuckergewinnung, Rübensäften und anderer Sirupe eingesetzt. Später (nach einer entsprechenden apparativen Ergänzung) konnte sie auch stärkehaltige Rohstoffe (Getreide, Kartoffeln) aufnehmen. Bild 58 verdeutlicht ihre Arbeitsweise:

Nach erfolgreichen pflanzenbaulichen Vorarbeiten erwies sich auch Zuckerhirse als geeignet. Nach einem neuen Verfahren wird die Alkoholgewinnung kontinuierlich durchgeführt; die in den Fermenter (Bioreaktor) eingespeiste Maische muß dazu frei von Feststoffen sein. Schlempe und weitere Abfallstoffe der Fabrik werden in der Biogasanlage anaerob, d.h. unter Ausschluß von Sauerstoff, abgebaut. Bei ausgelastetem Betrieb werden täglich 15000 m^3 Biogas gewonnen, die im Heizwert fast 10 t Heizöl entsprechen und zur Erzeugung von täglich 125 t Dampf ausreichen, von dem nur die Hälfte für die Ethanolgewinnung erforderlich ist. Bei Einsatz von Zuckerrüben rechnet sich der Energieertrag im Alkohol auf das 2,5-fache des Energieeinsatzes (Anbau + Ernte sowie Alkoholherstellung). Dies war durch eine kontinuierliche Gärung, energiesparende Verfahren zum Eindampfen sowie für die Destillation und Umsetzung der Schlempe zu Biogas möglich.

Die kontinuierliche Vergärung erfolgt in einem von Hoechst/Uhde entwickelten Schlaufenreaktor. Durch die hohe Hefekonzentration von 50 g/l Maische erreicht man eine 5- bis 10-fach höhere Gärrate als in den konventionellen (diskontinuierlichen) Gärbottichen.

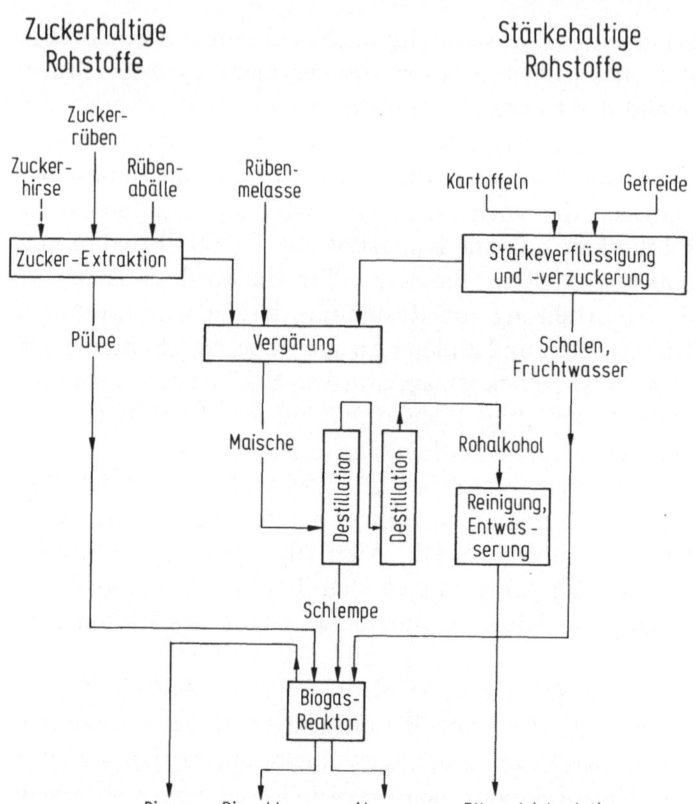

Bild 58. Fließbild des Pilotprojektes Ochsenfurt zur Gewinnung von Bioalkohol und Biogas

Die Gärdauer verringert sich von etwa 24 auf nur 4 Stunden. Bei konventioneller Arbeitsweise wären 240 m³ Gärraum erforderlich, während beim neuen Verfahren 40 m³ ausreichen. Das Prinzip des Verfahrens zeigen Bild 59a und 59b.

Herzstück der Anlage ist ein Axial-Schlaufenreaktor mit einem zentral angeordneten Leitrohr. Treibende Kraft für den Flüssigkeitsumlauf ist der Gewichtsunterschied der Maische zwischen dem zentral begasten Leit-

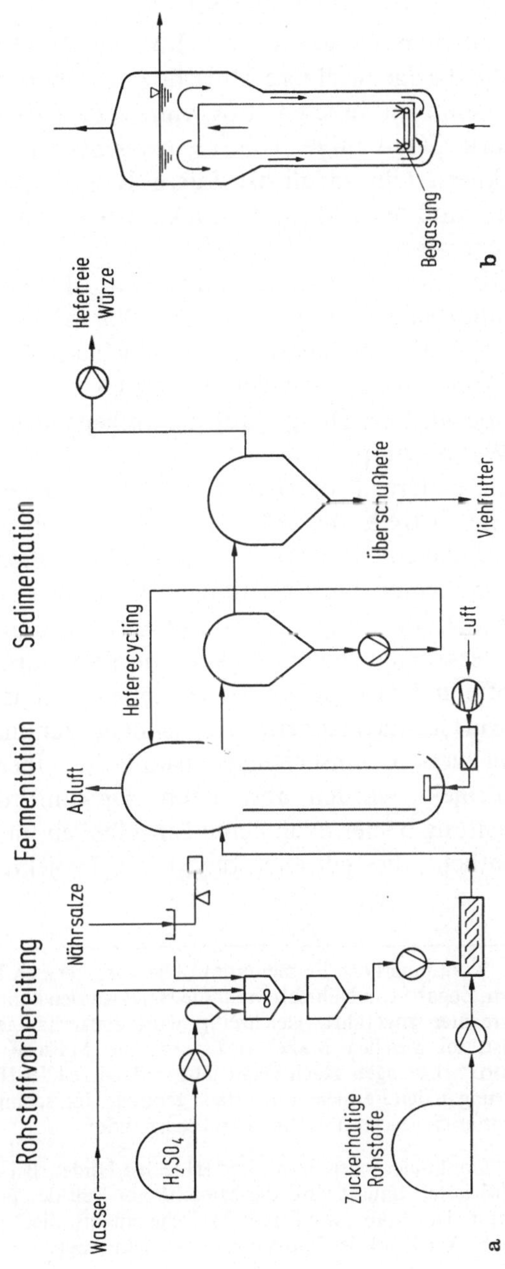

Rohstoffvorbereitung
Fermentation
Sedimentation
Wasser
H_2SO_4
Nährsalze
Zuckerhaltige Rohstoffe
Abluft
Heferecycling
Luft
Überschußhefe
Viehfutter
Hefefreie Würze
Begasung
a
b

rohr und dem Ringraum. Im Inneren des Leitrohres steigt die blasige, leichtere Maische nach oben, gast dort ab und sinkt im äußeren Ringraum wieder nach unten. Die stark CO_2-haltige Abluft entweicht am Kopf des Bioreaktors. Um möglichst kurze Reaktionszeiten zu erzielen, muß der zudosierte Zuckersaft sofort mit Hefe vermischt werden.

Die erste Großanlage nach dem Hoechst/Uhde-Fermentationsverfahren, die in zwei 200 m^3-Fermentern täglich 150 m^3 Bioethanol ausschließlich aus Zuckerrohr liefert, kam 1986 in Brasilien in Betrieb. Die anfallende Schlempe wird als Dünger auf die umliegenden Zuckerrohrfelder gepumpt.

Ein anderes Projekt wird in Ahausen-Eversen verfolgt. Hier betreibt die DAA (Deutsche Agrar-Alkoholversuchsanlagen GmbH) seit Ende 1985 eine Bioalkoholanlage mit einer Jahresleistung von 10000 t Alkohol, wofür ca. 60000 Tonnen Rohstoffe benötigt werden. Die Fabrik verarbeitet sowohl zucker- wie auch stärkehaltige Rohstoffe und wird ganzjährig betrieben. Ähnlich wie in Ochsenfurt ist auch hier eine Biogasanlage zur anaeroben Klärung von Dünnschlempe installiert. Über dieses F + E-Projekt wurden aber nach Auskunft der Geschäftsleitung bisher noch keine Einzelheiten und Daten veröffentlicht; dies gilt auch für weitere Projekte. Insge-

---

Bild 59a. Kontinuierliche Fermentation. Die vorbereiteten Rohstoffe (Ansäuern, Zugabe von Nährsalzen für die Hefe) werden kontinuierlich dem Fermenter zugeführt, gleichzeitig wird zuckerhaltige Lösung eingespeist; im gleichen Maße wird vergorene Maische aus dem „Bioreaktor" abgezogen. Nach Vergärung wird ein Teil der Hefe durch Rückführung in den Fermenter mehrfach genutzt; Überschußhefe wird als Viehfutter eingesetzt. (Werkbild Hoechst/Uhde)

Bild 59b. Kontinuierlicher Fermenter (Hoechst/Uhde). Bei dieser etwas modifizierten Bauart wird die Maische am Fuß des Fermenters zugeführt; in dem Maße, wie frische Maische zuläuft, fließt vergorene Maische ab. Am Kopf des Fermenters entweicht Abgas

samt gesehen ist es derzeit recht still um das Thema „Bioalkohol als Treibstoff" geworden. Viel interessanter ist die Verwendung von „Naturdiesel", die keine aufwendigen Produktionsanlagen erfordert und m. E. als die optimale Lösung für die Bundesrepublik zu werten ist.

4.2 Bioethanol aus Stärke

Zur Herstellung von Bioethanol eignet sich Zucker deshalb so gut, weil er unmittelbar vergoren werden kann, während Polysaccharide wie Cellulose oder Stärke erst zu gärfähigen Zuckern (in den genannten Fällen zu Glucose) abgebaut werden müssen. Weiterhin ist die Zuckerrübe der leistungsstärkste Kohlenhydratproduzent Mitteleuropas und bietet sich schon allein aus diesem Grunde für eine industrielle Verwertung an. Von der Menge her wäre allerdings Stärke der wichtigste Rohstoff: Weltweit wird jährlich etwa zehnmal so viel Stärke geerntet wie Zucker erzeugt wird. Wichtige stärkeliefernde Pflanzen sind Getreide, Mais, Reis, Kartoffeln und Maniok.

4.2.1 Stärke als Rohstoff

Der wichtigste pflanzliche Reservestoff ist Stärke, das Assimilationsprodukt grüner Pflanzenzellen. Ähnlich wie Cellulose ist auch das Polysaccharid Stärke aus Glucose-Einheiten aufgebaut und kann hydrolytisch in seine Grundbausteine zerlegt werden:

$$\underset{\text{Stärke}}{[C_6H_{10}O_5]_n} + \underset{\text{Wasser}}{n\,H_2O} \longrightarrow \underset{\text{Glucose}}{n\,C_6H_{12}O_6}$$

Stärkekörner bestehen zu etwa 80% aus Amylopektin und zu etwa 20% aus Amylose. Amylose findet sich im Inneren der Körner, während Amylopektin die Hüllsubstanz bildet. Beide Komponenten unterscheiden sich in ihren physikalischen und chemischen Eigenschaften und werden auch in industriellem Maßstab voneinander getrennt. Stärkekörner haben je nach Herkunftspflanze ein charakteristisches Aussehen und lassen sich daher unter dem Mikroskop identifizieren.

Die Verknüpfung der Glucoseeinheiten kann in 1–4- bzw. 1–6-Stellung erfolgen (die C-Atome sind nicht eingezeichnet, ihre Plätze sind aber numeriert).

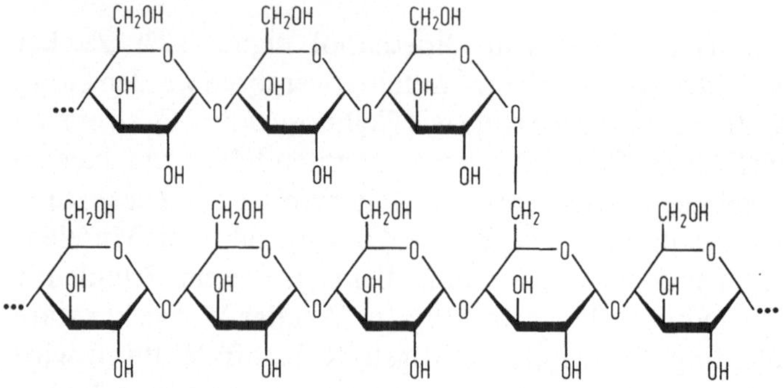

Amylopektin

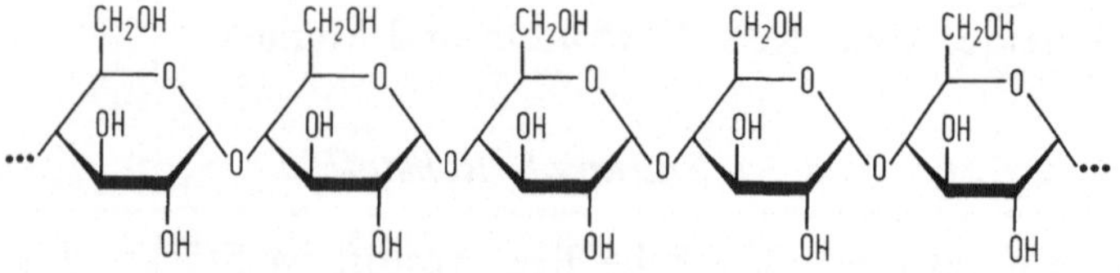

Amylose

Bei Amylose sind die Glucosemoleküle α(1,4)-„glucosidisch" miteinander verbunden und bilden eine Kette aus etwa 200 bis 1000 Glucose-Molekülen, während Amylopektin aus büschelartig verzweigten Ketten besteht, wobei die seitlichen Verzweigungen durch α(1,6)-glucosidische Bindung bedingt sind:

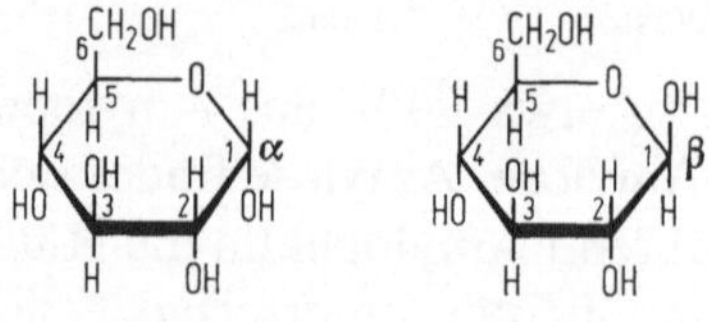

α-Form β-Form

Glucose

Im Mittel befindet sich an jedem 25. Glucosemolekül des Amylopektins eine 1–6-Verknüpfung. Mit einem Molekulargewicht von 200 000 bis 1 000 000 liegt das des Amylopektins erheblich über dem

Cellulose ist zwar ähnlich wie Amylose gebaut, doch liegt bei ihr β(1,4)-glucosidische Bindung vor, die für die unterschiedlichen Eigenschaften beider Naturstoffe ausschlaggebende Bedeutung hat.

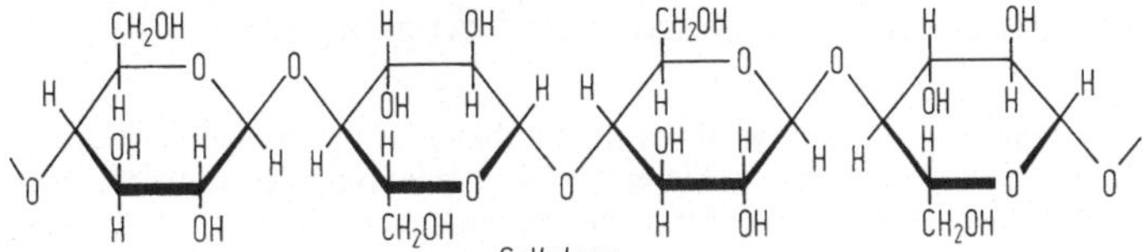

Cellulose

4.2.2 *Kartoffelsprit und so weiter*

Für die gewerbliche bzw. industrielle Herstellung von „Spiritus" (hochprozentiger, aber noch ungenügend gereinigter „Fuselöle" enthaltender Ethylalkohol) wurden um 1800 in Deutschland fast ausschließlich Roggen und Weizen als Rohstoffe eingesetzt. Hundert Jahre später war die Kartoffel zum wichtigsten Rohstoff aufgestiegen. Die Produktion erfolgte in enger Verbindung mit der Landwirtschaft. Viele Landwirte, besonders in den ehemaligen Ostprovinzen des Deutschen Reiches, hatten sich ähnlich wie die Zuckerrübenbauern zu Gesellschaften vereinigt und verarbeiteten in genossenschaftseigenen Brennereien während der Wintermonate die Kartoffeln zu Alkohol; die Schlempe wurde an das Vieh verfüttert.

Der „klassische Weg" von der Kartoffel (oder vom Getreide) zum Spiritus verläuft über folgende Prozeß-Stufen:

▷ Malzbereitung,
▷ Dämpfen und Maischen in Druckapparaten,
▷ Verzuckerung der Maische mit enzymhaltigem Malz,
▷ Vergärung der zuckerhaltigen Maische,
▷ Entgeisten der vergorenen Maische und weitere destillative Aufarbeitung des Rohalkohols.

Zur Verzuckerung der Maische wird in der Brennerei sog. „Langmalz" verwendet, d.h. Gerste, die zehn bis vierzehn Tage gekeimt hat und reich an Amylasen (hauptsächlich β-Amylase) ist; früher war die Bezeichnung „Diastase" anstelle von Amylase gebräuchlich. Langmalz wird als „Grünmalz" eingesetzt.

Im Gegensatz hierzu wird beim Bierbrauen Kurzmalz verwendet, dessen Keimung durch „Darren" (Wärmebehandlung) unterbrochen wird: Darren bei 80 °C führt zu hellem, bei 106 °C zu dunklem Malz. Die beim Darren gebildeten Farb- und Aromastoffe haben maßgeblichen Einfluß auf den Charakter des Biers.

Das Auskeimen des zuvor durch Weichen in Wasser zum Keimen gebrachten Getreides erfolgt bei 15 bis 20 °C in Kästen oder langsam rotierenden Trommeln unter Einblasen von Luft. Früher ließ man auf der „Malztenne" keimen, wo die „quellreife" abgetropfte Gerste etwa 30 cm hoch geschichtet und von Hand umgeschaufelt werden mußte, um so für Durchlüftung zu sorgen und zu starkes Erwärmen und Schimmeln zu unterbinden, denn bei Temperaturen oberhalb von 35 °C hört die Keimung auf.

Der Aufschluß des Rohstoffs unter gleichzeitiger Verkleisterung der Stärke erfolgt in Henze-Dämpfern, die schon vor mehr als hundert Jahren Einzug in die Brennereien gehalten hatten. Es handelt sich um stehende Druckkessel von etwa 2 bis 5 m^3 Inhalt (siehe Bild 60), die durch ein Mannloch mit Kartoffeln (oder Getreide) befüllt werden. Durch ein Rohr wird Dampf in drei verschiedenen Höhen eingeblasen; sobald der Druck auf 2 bis 3 bar angestiegen und kurze Zeit auf dieser Höhe gehalten ist, wird das Bodenventil geöffnet und der Inhalt in den Maischebehälter gedrückt. Oberhalb des Ventils sind scharfkantige Einbauten befestigt, die dafür sorgen, daß beim raschen Passieren ein feiner Kartoffelbrei entsteht.

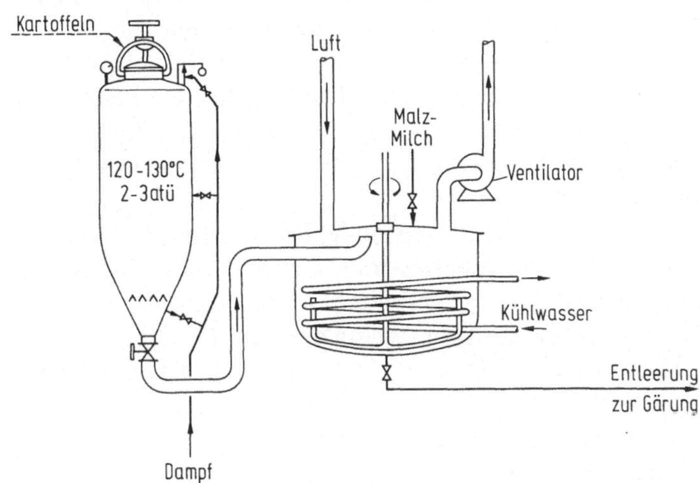

Bild 60. Henze-Dämpfer (Entnommen aus: A. Rieche, Grundriß der technischen organischen Chemie Leipzig 1956)

Der Maischebottich, in dem die Verzuckerung in nur einer halben Stunde erfolgt, besteht aus einer abgedeckten Schale, die mit einem Rührwerk ausgerüstet ist, und im Inneren eine Kühlschlange besitzt. Bevor der Inhalt aus dem Dämpfer in den Maischebottich ausgeblasen wird, läßt man Malzmilch (durch Zerquetschen des Grünmalzes erhalten) einlaufen. Von außen wird mit einem Ventilator kalte Luft eingesaugt und warme, dampfbeladene Luft abgeführt. Dabei kühlt sich die Maische ab; durch zusätzliches Kühlen mit der Kühlschlange kann die Abkühlung beschleunigt werden. Die Verzuckerung soll bei 55 bis 60 °C ablaufen, denn bei höheren Temperaturen wird die Aktivität der Maltase beeinträchtigt. Während dieses Prozesses verwandelt sich der Kartoffelbrei in eine süß schmeckende, wasserdünne Maische, die anschließend auf 17 bis 20 °C Gärtemperatur abgekühlt wird. Nach Einrühren von Hefe erfolgt die

Gärung in Gärkesseln; die vergorene Maische wird entgeistet und weiter zu reinem Alkohol aufgearbeitet.

Nachteilig ist die diskontinuierliche und zudem mit hohem Energieaufwand (Dampfverbrauch) verbundene Arbeitsweise. Weil die Verarbeitung von Getreide und Mais schwieriger ist, sind die Dämpfer mit Rührwerken ausgerüstet. Insgesamt ist dieser Weg für eine Großproduktion ungeeignet.

Hefen sind nicht imstande, Polysaccharide direkt zu Alkohol zu vergären; so wird ja Cellulose mit Säuren erst in gärfähige Glucose gespalten, um auf diese Weise vom Holz zum Ethanol zu gelangen. Stärke dagegen wird enzymatisch zu Maltose, einem gärfähigen Disaccharid abgebaut, ehe Hefe wirksam werden kann. Da die Enzyme nur verkleisterte Stärke anzugreifen vermögen, erfolgt zuvor der Aufschluß unter Druck im Dämpfer.

Enzyme werden heute für die Durchführung zahlreicher biotechnischer Prozesse in der Industrie benötigt. Viele können als handelsübliche Produkte direkt bei Spezialfirmen bezogen werden. Vielfach wurden Enzymkombinationen für bestimmte Anwendungszwecke „maßgeschneidert“: So werden z. B. Kombinationen aus Pektinasen, Pektinmethylesterasen und Cellulasen in der Fruchtsaftindustrie verwendet, um bei der Herstellung von Fruchtsäften durch Maischeenzyme die Zellwandlamellen von Früchten zu lockern und erhöhte Saftausbeuten zu ermöglichen. Als ein weiteres Beispiel sei Lactase angeführt, die das Disaccharid Lactose (Milchzucker) in seine beiden Bausteine Glucose und Galactose zerlegt. Sie wird aus bestimmten Hefestämmen isoliert und Milchprodukten wie Speiseeis zugesetzt, um das Auskristallisieren von schwerlöslicher Lactose zu vermeiden (würde sich als „Sandgeschmack“ bemerkbar machen!). Große Mengen von Enzymen werden u. a. bei der Herstellung von Waschpulvern verwendet und bewirken den Abbau von Eiweißflecken.

Den enzymatischen Abbau von Stärke bewirkt die im Malz enthaltene β-Amylase. Zunächst werden sog. Dextrine (schwer zu trennende Gemische aus Bruchstücken der Polysaccharidkette) als Zwischenprodukte gebildet, die nach weiterer Enzym-Einwirkung schließlich in das Disaccharid Maltose (Malzzucker) übergehen. Nunmehr kann die Gärung durch Hefe einsetzen: Im ersten Schritt erfolgt der Abbau der Maltose zu Glucose durch das Hefeenzym Maltase, und der Enzymkomplex Zymase sorgt für die eigentliche Gärung, den Abbau zu Ethanol und CO_2:

$$\underset{\text{Stärke}}{2\,[C_6H_{10}O_5]_n} + \underset{\text{Wasser}}{n\,H_2O} \xrightarrow{\text{Amylase}} \underset{\text{Maltose}}{n\,C_{12}H_{22}O_{11}}$$

$$\underset{\text{Maltose}}{2\,C_{12}H_{22}O_{11}} + \underset{\text{Wasser}}{H_2O} \xrightarrow{\text{Maltase}} \underset{\text{Glucose}}{2\,C_6H_{12}O_6}$$

$$\underset{\text{Glucose}}{2\,C_6H_{12}O_6} \xrightarrow{\text{Zymase}} \underset{\text{Ethanol}}{2\,C_2H_5OH} + \underset{\text{Kohlendioxid}}{2\,CO_2}$$

Im Malz ist das Enzym β-Maltase enthalten; daneben ist auch α-Maltase bekannt, die aus Bauchspeicheldrüsen (Pankreas) von Rindern und Schweinen, aber auch aus bestimmten Bakterien und Schimmelpilzen im industriellen Maßstab isoliert wird. Enzyme sind, wie bereits erwähnt, thermisch empfindliche Eiweißkörper und werden in der Regel schon bei Temperaturen von 50 bis 60 °C desaktiviert; es sind aber auch Enzyme bekannt, die Temperaturen von >90 °C vertragen. Die hohe Temperaturbeständigkeit von Bakterien-Amylasen, insbesondere aus Bac. licheniformis, ist technisch von großem Interesse, denn z. B. der Abbau von Maisstärke wird bei 105 bis 110 °C durchgeführt. Höhere Temperatur führt zu größerer Reaktionsgeschwindigkeit.

Abschließend sei festgestellt, daß diese „Biokatalysatoren“ schon in sehr geringer Konzentration Geschwindigkeit und Richtung biochemischer Reaktionen bestimmen und sich ferner durch hohe Substrat-Spezifität auszeichnen; unter einem Substrat versteht man die Substanz, die unter der Wirkung eines Enzyms verändert wird. Die Wirkung von Enzymen hängt stark vom pH-Wert ab und erfordert in vielen Fällen auch die Anwesenheit von Metallionen. Enzymreaktionen verlaufen drucklos bei mäßigen Temperaturen; der Energieaufwand sowie auch die Anforderungen an die Werkstoffe sind relativ gering. Dies sind wesentliche Gründe dafür, daß die Biotechnologie in Zukunft immer mehr an Bedeutung gewinnen wird.

Der herkömmliche Stärkeaufschluß im Henze-Dämpfer und im nachgeschalteten Maischbottich – anstelle von Malz werden heute handelsübliche Fermente eingesetzt – hat, wie z. T. auch schon erwähnt, eine Reihe von Nachteilen:

▷ Diskontinuierliche, für Großproduktion ungeeignete und zudem apparativ aufwendige Arbeitsweise,
▷ erheblicher Energiebedarf, der bei 3 bis 3,5 kg Dampf pro Liter reinem Alkohol liegt,
▷ thermische Schädigungen des im Rohmaterial enthaltenen Proteins, die zu Braunfärbungen (bedingt durch sog. Maillard-Produkte, die durch Reaktion von Kohlenhydraten mit Aminosäuren gebildet werden) und zu verringerten Alkoholausbeuten und schlechterer Verdaulichkeit der als Viehfutter benutzten Schlempe führen.

Ein Beispiel für kontinuierliche Arbeitsweise ist der „Mash- and Mill“-Prozeß der KRUPP-Industrietechnik; das Schema zeigt Bild 61.

Das vorgewärmte Rohmaterial, in diesem Fall Maiskörner, fließt vom Silo gleichmäßig in die Einweich-

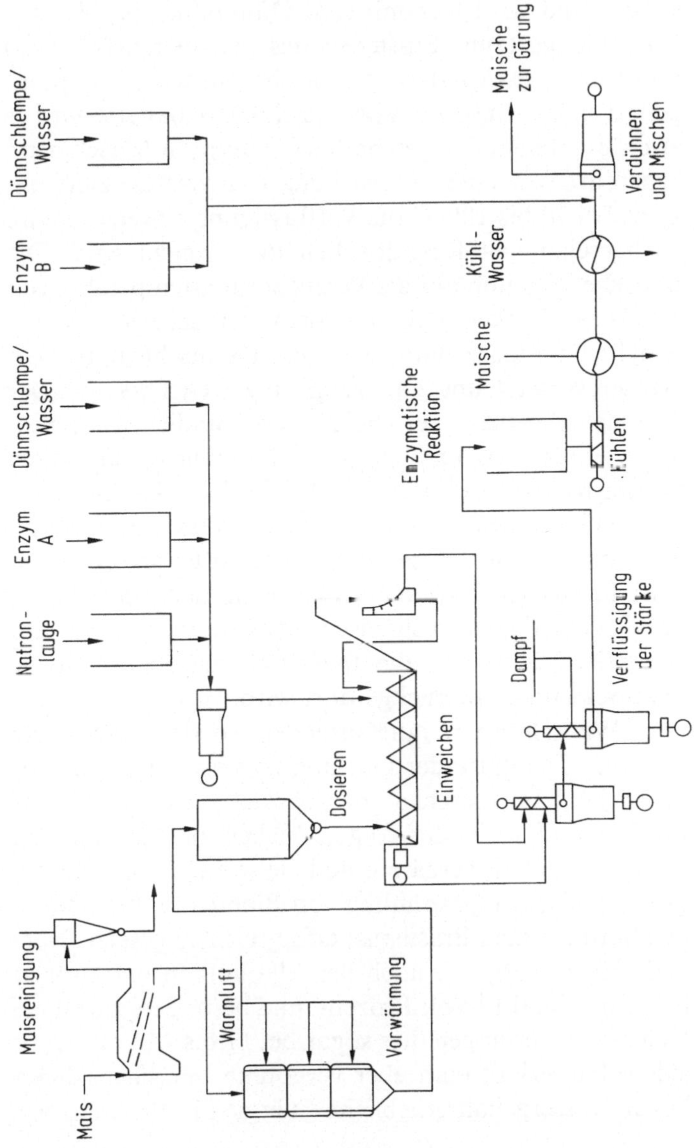

Bild 61. Schema des „Mash and Mill"-Prozesses

strecke und wird hier mit sog. Dünnschlempe, Wasser, Natronlauge (zum Einstellen des genauen pH-Wertes) und Enzym (α-Amylase) vermischt. Mittels Monopumpen (d. h. Schraubenpumpen bestimmter Bauart) wird es zwei hintereinander geschalteten Supraton-Maschinen [1] zugeführt, wo unter Einwirkung des Verflüssigungsenzyms bei 70 bis 100 °C die Verflüssigung einsetzt, die im nachgeschalteten Reaktionsbehälter beendet wird. Die Maische wird nun auf die Verzuckerungstemperatur von 55 bis 60 °C abgekühlt, mit dem Verzuckerungsenzym Amyloglucosidase und weiterer Dünnschlempe bzw. Wasser versetzt und zur Vergärung weitergeleitet. Der Energieverbrauch, der beim herkömmlichen Henzedämpfer bei 8 MJ/l reinen Ethylalkohol liegt, beträgt bei diesem Kontiprozeß nur 0,17 MJ/l reinen Alkohol!

Dünnschlempe fällt bei der Verarbeitung von Schlempe zu einem rieselfähigen Viehfutter an. Zunächst wird die aus der Alkoholdestillation abfließende Schlempe mit Zentrifugen mechanisch entwässert; dabei entsteht einerseits Dickphase, die thermisch getrocknet, sowie Dünnschlempe, die rückgeführt wird.

Wie schon vor Jahrtausenden, so sind noch heute einzellige Hefepilze der Gattung Saccharomyces unentbehrliche „Haustierchen" der Bäcker, Brauer und Winzer; sie sind ja in der Lage, Zucker zu Alkohol und Kohlendioxid zu vergären, und sie werden auch bei der großtechnischen Gewinnung von Bioethanol (so etwa in den Spritfabriken Brasiliens) erfolgreich eingesetzt. Normale Hefen vergären noch bei Alkoholkonzentrationen bis zu maximal 14 Vol.-Prozent, und besonders gärfähige Heferassen vermögen dies sogar bei 17 bis 18 Vol.-%. In jedem Fall erhält man aber vergorene Maischen, deren hoher Wassergehalt erhebliche Energie für die Aufarbei-

[1] Schnell rotierende Mühlen.

tung erfordert. Übrigens soll auch der Zuckergehalt in der Maische im allgemeinen 15% nicht übersteigen.

Neben Alkohol und Kohlendioxid (Bäckerei: CO_2 läßt den Teig „gehen") entsteht bei der alkoholischen Gärung eine Reihe von Nebenprodukten, so „Fuselöl" (Gemisch aus mehreren Alkoholen, wie Amylalkohol, Isoamylalkohol, Isobutylalkohol u. a.), ferner Glycerin, Aldehyde, Ester, Säuren (Essigsäure, Bernsteinsäure u. a.).

Nun gibt es auch Bakterien, die gleichfalls Zucker zu Alkohol und Kohlendioxid abbauen können und sich auch bei relativ hohen Alkoholkonzentrationen noch vermehren. Bei der Kölner Firma Pfeifer & Langen wurde in deren Werk Dormagen sog. B-Stärke, ein Nebenprodukt aus der Weizenmehlverarbeitung, nach enzymatischer Verflüssigung und Verzuckerung im technischen Maßstab (in 70000 l-Fermentern) mit Bakterien in Ethanol umgewandelt. Bei diesem mit wissenschaftlicher Unterstützung des Institutes für Biotechnologie der Kernforschungsanlage Jülich und des BMFT durchgeführten Projektes waren u. a. folgende Gesichtspunkte für die Wahl maßgeblich:

▷ Das Bakterium lebt völlig anaerob (Hefe braucht zum Wachstum etwas Sauerstoff).
▷ Das Wachstum der Bakterien erfolgt schneller als das von Hefen.
▷ Die Alkohol-Produktion verläuft schneller als bei Hefen.
▷ Dadurch werden höhere Raum-Zeit-Ausbeuten im Fermenter erreicht.
▷ Die Bildung von Nebenprodukten (Fuselölen) ist geringer.
▷ Die Gärung kann kontinuierlich durchgeführt werden.

Mit diesem bakteriellen Verfahren wurde ein neuer Weg in der industriellen Alkoholproduktion beschritten, bei dem jedoch – mit zeitlichen Verschiebungen von 2 bis 6 Tagen – folgendes beobachtet wurde:

▷ Steigende Milchsäurekonzentration durch starke Vermehrung von Milchsäurebakterien, die sich ebenso wie Zymomonas bei 28 bis 32 °C optimal vermehren,
▷ steigende Konzentration an Restglucose,
▷ fallende Alkoholkonzentration.

Aus verschiedenen Gründen gelang es nicht, die Infektion mit Milchsäurebakterien zu beherrschen; andererseits ist aber die Arbeit unter sterilen Bedingungen mit hohem Aufwand verbunden (Sterilisation des Substrates sowie zusätzliche apparative Einrichtungen). Die Versuche wurden daher eingestellt, weil sich eine kostengünstige Alkoholherstellung trotz zweifellos vorhandener Vorteile beim Einsatz von Bakterien in der Praxis nicht erreichen ließ.

Im Rahmen von Versuchen zur Behebung der Schwierigkeiten beim Arbeiten mit Bakterien gelang es, einen Hefestamm zu isolieren, der unter Bedingungen befriedigende Gärergebnisse liefert, bei denen Milchsäurebakterien nur noch sehr begrenzt lebensfähig sind: Der Zufall wies den Weg, der bei der heutigen Produktion beschritten wird.

Weiterhin wird in verschiedenen Forschungsinstituten, u. a. in Brasilien versucht, die Leistungsfähigkeit von Hefe mit gentechnischen Methoden zu erhöhen. In Brasilien wird die größte Menge Bioalkohol aus Zuckerrohr gewonnen; wegen ökologischer Probleme, die von den Zuckerrohr-Monokulturen herrühren, soll in Zukunft verstärkt auch Maniok zur Alkoholherstellung eingesetzt werden. Nun enthalten Maniok-Knollen Stärke, die erst zu Glucose abgebaut werden muß, ehe Vergärung mit Hefe möglich ist. Ziel der Forschungsarbeiten war die Züchtung einer „Super-Hefe“, deren „genetische Neuausstattung“ die Produktion von α-Amylase und Maltase ermöglicht, und die somit Stärke direkt angreifen kann. Derzeit laufen Versuche, die Leistungsfähigkeit der „Super-Hefe“ noch zu steigern: Durch weitere Veränderungen im Erbgut soll ein noch schnellerer Abbau erreicht werden.

Ziel anderer Arbeiten ist es, Bakterien gentechnisch so zu verändern, daß sie auch Pentosen, also Zucker mit fünf Kohlenstoffatomen im Molekül, zu Alkohol abbauen können; besonders die Vergärung von Xylose ist von technischem Interesse: Auf die umständliche, zudem auch unbefriedigend ablaufende Furfuralgewinnung könnte verzichtet werden.

4.3 Pflanzenöl oder Bioalkohol: Was ist wirtschaftlicher?

Will man beurteilen, welche Pflanzen als Rohstoffe für Bioethanolproduktion besonders vorteilhaft sind, so gibt die *Energiebilanz* hierüber Aufschluß: Dazu wird der „Energie-Output", d.h. die im Alkohol enthaltene Energiemenge, in Relation zum „Energie-Input" gesetzt, d.h. zur insgesamt aufgewendeten Energie von der Saat der Energiepflanze bis hin zur Alkoholgewinnung (siehe Tabelle 19).

Eindeutig weist die Tabelle die Sonderstellung der Zuckerrübe aus.

Interessant ist ein Vergleich mit der Energiebilanz bei der Gewinnung von Rapsöl: Berücksichtigt man hierbei nur den Energiegehalt, der im rohen Rapsöl enthalten ist, so steht einem Energie-Output von 48,5 GJ/ha ein Energie-Input von 21,5 GJ/ha gegenüber, d.h. es errechnet sich ein Verhältnis von 2,3:1. Angesetzt wurde eine Ausbeute von 1000 l Rapsöl pro Hektar. Dabei muß berücksichtigt werden, daß der technische Aufwand bei der Gewinnung von Rapsöl im Vergleich zur Gewinnung von Alkohol aus Kohlenhydraten viel geringer ist. Allerdings muß daran erinnert werden, daß Rapsöl nur für den Betrieb von Dieselmotoren, Alkohol dagegen für den Betrieb von Ottomotoren geeignet ist.

Tabelle 19. Summarische Energiebilanz bei Anbau von Energiepflanzen und Gewinnung von Ethanol, ohne Berücksichtigung von Nebenprodukten

	Zuckerrübe GJ/ha	Kartoffel GJ/ha	Weizen GJ/ha	Körnermais GJ/ha
Energieaufwand				
Anbau	30	29	23	41
Ethanolgewinnung	33	20	17	28
insgesamt	63	49	40	69
Energieertrag durch Ethanol	150	60	51	84
Energieertrag : Energieaufwand	2,4 : 1	1,2 : 1	1,3 : 1	1,2 : 1

Entnommen aus: F. X. Kammerer in: Zuckerindustrie *109*, 905 (1984).

Die Herstellung von Alkohol aus Zucker ist ein technisch aufwendiger und zudem energieintensiver Prozeß, der beträchtliche Investitionen für zentrale Großanlagen erfordert und in seiner Durchführung insgesamt teuer ist. Weiterhin verursachen die zwangsläufig anfallenden großen Mengen Schlempe erhebliche Entsorgungsprobleme, und schließlich führt der Transport von „Biosprit" von den zentralen Spritfabriken in Brasilien zu den weit über das ganze Land verstreuten Verteiler- und Tankstellen zu beträchtlichen Energieverlusten. Diesen Erkenntnissen konnte sich auch die brasilianische Regierung nicht verschließen. Nicht zu übersehen sind ferner die negativen ökologischen Folgen durch die riesigen Zuckerrohr-Monokulturen, denen zu begegnen mit dem Anbau von Maniok als zweitem Rohstoff versucht wird. Dies bedeutet jedoch einen zusätzlichen Prozeß, denn die in den Maniok-Knollen enthaltene Stärke muß erst verzuckert werden, ehe sie von Hefe zu Alkohol vergoren werden kann.

Im Vergleich zur Bioalkoholgewinnung ist der technische Aufwand bei Verwendung von Pflanzenölen als Treibstoffe für Dieselmotoren erheblich kleiner, zumal wenn man auf Umesterung mit Methanol verzichtet und die Öle direkt als Treibstoffe einsetzt. In Brasilien gedeihen viele Ölpflanzen, u.a. Erdnüsse, Sojabohnen und Sonnenblumen sowie Kokospalmen und Ölpalmen.

Eine riesige und bisher kaum angezapfte Planzenölreserve stellt die Babassupalme dar. Die Heimat dieser bis zu 20 m hohen Palme sind die äquatorialen Urwälder Südamerikas, wo sie vorzugsweise in Gebieten längs der Flußtäler gedeiht und allein in Brasilien eine Fläche von ca. 13,4 Mio. ha bedeckt; weitere große Bestände finden sich in den angrenzenden Ländern Bolivien und Peru. Eigentliche Ölträger sind die Kerne der gänseeigroßen Früchte, die dichtgedrängt an großen Fruchtbüscheln sitzen und an reife Maisbüschel erinnern. Die jährliche

Ölernte läge bei 2 t/ha. Bezogen auf die genannte Fläche in Brasilien entspricht dies einer theoretischen Menge von rund 27 Mio. t eines wertvollen Öls, das zum weitaus größten Teil ungenutzt im Urwald verrottet; dies entspricht etwa einem Drittel der weltweit genutzten Menge an tierischen und pflanzlichen Fetten und Ölen! Neben dem Babassufett fallen jährlich noch 20 bis 25 t/ha Steinkernschalen an, aus denen Holzkohle oder durch Vergasen Heiz- und Synthesegas gewonnen werden könnten. Grund dafür, daß diese riesigen Reserven bisher kaum angezapft wurden, sind neben fehlender verkehrsmäßiger Erschließung der unzugänglichen Urwälder und der Arbeit unter den schwierigen klimatischen Bedingungen, daneben auch technische Schwierigkeiten bei der Verarbeitung der außerordentlich harten, spröden Steinschalen. In Brasilien werden große Anstrengungen unternommen, diese Reserve allmählich wirtschaftlich zu nutzen. Es wurden auch Versuche unternommen, das stärkehaltige Fruchtfleisch zu Alkohol zu vergären, wobei 2,5 kg Fruchtfleisch 1 Liter Alkohol ergaben. Rein rechnerisch ließe sich aus den Früchten eine zusätzliche Alkoholmenge gewinnen, die die des Öls übertrifft.

Heute werden in Brasilien trotz der erfolgreichen laufenden Programme neue Überlegungen angestellt, ob die Treibstoff-Versorgung des Landes mit Pflanzenölen im Vergleich zu Alkohol aus Zucker und Stärke Vorteile bringen könnte. Deshalb ist 1991 ein zunächst mit 5 Mio. Dollar ausgestatteter Versuch angelaufen, um dieser Frage nachzugehen. Auf der Basis von Pflanzenölen könnte die Treibstoffversorgung dezentral genau dort durchgeführt werden, wo Bedarf besteht. Die Ölgewinnung ist einfach und könnte selbst in kleinen landwirtschaftlichen Betrieben mit primitiven Handpressen erfolgen. Riesige Monokulturen rund um die Alkoholdestillerien ließen sich so vermeiden. Es wird u. a. an Palmkernöl gedacht, das in Elsbett-Motoren direkt eingesetzt werden könnte. Erfolgversprechend sind Versuche verlaufen, bei denen ein Gemisch aus drei Teilen Palmöl und einem Teil Petrodiesel verwendet wurde.

Solche Überlegungen stehen im Schatten der Preisentwicklung beim Erdöl, die bisher anders verlief als von den Experten prognostiziert wurde; die derzeit niedrigen Erdölpreise bieten keinen wirtschaftlichen Anreiz, Erdöl auf dem Energie-Sektor durch nachwachsende Rohstoffe zu ersetzen. Abgesehen von speziellen Fällen gilt dies weltweit, und so ist es derzeit auch in Deutschland recht still geworden um die Alkoholherstellung aus Kohlehydraten. In den neuen Bundesländern muß 10 bis 20% des Ackerlandes stillgelegt werden. Es wäre sinnvoller, auf den freiwerdenden Flächen Raps für die Gewinnung von Dieselkraftstoff anzubauen.

FÜNFTES KAPITEL

Biogas zum Heizen und als Rohstoff

Wie bereits geschildert, fallen bei der Holzpyrolyse (Holzverkohlung) brennbare Gase an, die zum Beheizen der Retorten in den Holzverkohlungswerken eingesetzt werden. Ehe auf weitere Möglichkeiten zur Gewinnung von Holzgasen bei höheren Temperaturen eingegangen wird, soll zunächst die Gewinnung von Heizgasen aus Biomassen bei niedrigen Temperaturen behandelt werden. Es handelt sich dabei um biochemische Prozesse, die heute z.T. sehr große Bedeutung erlangt haben, etwa bei der Aufbereitung von Abwässern.

5.1 Wie entsteht Biogas?

Im Rahmen der weltweiten Bestrebungen, verstärkt regenerative Energien einzusetzen und den Wirkungsgrad vorhandener Ressourcen zu optimieren, hat „Biogas“ auch bei uns Eingang in die Energieversorgung gefunden. Die Idee, Biogas zu nutzen, ist nicht neu: Schon 1857 soll in Bombay (Indien) eine erste Biogasanlage errichtet worden sein. Nach dem zweiten Weltkrieg stieß Biogas in Indien auf großes Interesse: Dieser aus landwirtschaftlichen Abfallprodukten leicht zu gewinnende Energieträger ermöglicht eine dezentrale Energieversorgung in Dörfern weitab von Großstädten und Industrierevieren, wobei zugleich auch Entsorgungsprobleme hygienisch gelöst werden. In Indien leben etwa 75 Prozent der Bevölkerung in rund 600000 Dörfern im wesentlichen von der Landwirtschaft. 1978 gab es dort 75000 Biogasanlagen, während zum gleichen Zeitpunkt in China schon mehr als 7 Millionen Biogasanlagen in Betrieb waren. Biogas kann zum Heizen, Kochen oder für Beleuchtungszwecke verwendet werden. Zugleich fällt beim „Faulprozeß" hochwertiger Dünger an, und es wird eine Sterilisation menschlicher und tierischer Abfälle mit allen positiven Auswirkungen für die Gesundheit erreicht. So gesehen kann die Herstellung von Biogas im Rahmen von Entwicklungshilfe-Programmen auch einen wertvollen Beitrag zur Energieversorgung abseits gelegener Regionen leisten, wo eine zentrale Anbindung mit Sicherheit noch für Jahrzehnte kaum möglich sein wird. Das größte Hemmnis für diese Entwicklung ist die Bereitstellung geeigneter haltbarer Baustoffe, die sich billig „vor Ort" herstellen lassen. Darüber hinaus müssen die Biogasanlagen so konzipiert sein, daß sie ohne weiteres auch von ländlichen, im Umgang mit modern(st)er Technik wenig erfahrenen Handwerkern im Eigenbau errichtet werden können und trotzdem die erforderliche Sicherheit gewährleisten.

Biogas bildet sich beim bakteriellen Abbau von feuchtem organischem Material unter anaeroben Bedingungen, d.h. unter Luftabschluß. In der Landwirtschaft, aber auch bei der industriellen Verarbeitung landwirtschaftlicher Erzeugnisse, (z.B. in der Zucker- und Stärke-Industrie), kommen beträchtliche Mengen von Neben- und Abfall-Produkten zusammen, die in der Regel nicht lagerfähig sind. Sie unterliegen schon nach kurzer Zeit Fäulnisprozessen, die eine Gefährdung für die Umwelt bedeuten können, zumindest aber zu geruchlichen Belästigungen führen.

Solche leicht verderblichen Stoffe lassen sich in geeigneten Anlagen in einem über mehrere Stufen laufen-

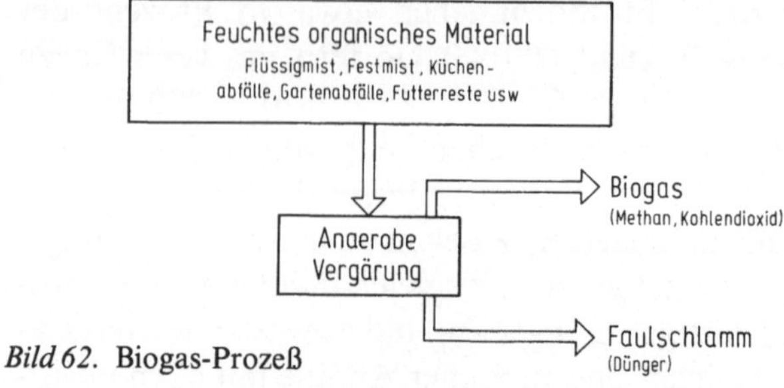

Bild 62. Biogas-Prozeß

den Faulprozeß bakteriell in Biogas umwandeln. Das Prinzip veranschaulicht Bild 62.

Biogas ist ein wasserdampfgesättigtes Mischgas aus brennbarem Methan, inertem Kohlendioxid, kleineren Mengen des unangenehm riechenden, sehr giftigen Schwefelwasserstoffs sowie geringen Anteilen von Schwebstoffen. Liegt der Methangehalt über 50%, so brennt es selbständig. Sein Heizwert verläuft parallel zum Methangehalt und beträgt z.B. bei 65% Methan 6,5 kWh/m^3 (entsprechend 0,64 l Heizöl).

Der Faulprozeß kann in verschiedenen Temperaturbereichen ablaufen, wobei jeweils unterschiedliche Bakterien beteiligt sind:

▷ Der mesophile Bereich (etwa 30 bis 37 °C) hat weltweit die größte Bedeutung.
▷ Der psychrophile Bereich (unterhalb von 30 °C, sog. „Kaltprozeß").
▷ Der thermophile Bereich (zwischen 45 bis 60°).

Er verläuft über mehrere Stufen:

1. Hydrolyse:

Hochmolekulare organische Stoffe, wie Cellulose oder Eiweißkörper, werden durch extrazellulare Enzyme von Bakterien in wasserlösliche niedermolekulare Verbindungen umgewandelt. Die an diesem Prozeß beteiligten

Bakterien sind fakultative oder aber strikte Anaerobier und im pH-Bereich von 3 bis 7 aktiv (in der Praxis arbeitet man bei einem pH-Wert von fünf).

2. Versäuerung:

Die Spaltprodukte aus der Hydrolyse werden in die Zellen acidogener (d. h. säurebildender) Bakterien eingeschleust und hier weiter umgesetzt; dabei fallen hauptsächlich kurzkettige Carbonsäuren (Essigsäure, Ameisensäure, Propionsäure, Buttersäure) neben niederen Alkoholen (Ethylalkohol), Kohlendioxid und Wasserstoff an. Das pH-Optimum liegt bei 6 bis 7,5.

3. Methanisierung:

Wasserstoff, CO_2 und Essigsäure werden schließlich von strikt anaeroben methanbildenden Bakterien direkt zu Methan umgesetzt; das pH-Optimum liegt bei 6,5 bis 7,5. Diese Bakterien sind äußerst empfindlich gegenüber Sauerstoff. Weitere Stoffwechselprodukte aus der Versäuerung müssen erst noch von anderen Bakterien in CO_2, Wasserstoff und Essigsäure umgewandelt werden, ehe auch sie in Methan übergeführt werden können.

Das Abbauschema organischer Verbindungen durch anaerobe Mikroorganismen faßt Bild 63 nochmals zusammen.

Während Zucker innerhalb sehr kurzer Reaktionszeiten leicht hydrolysiert und versäuert werden, erfolgt der Abbau von Cellulose je nach dem Grad der Ligninkrustierungen erheblich langsamer. Stoffe wie Lignin oder Horn sind unter anaeroben Bedingungen nicht zersetzbar. Insgesamt hängt der Umsetzungsgrad entscheidend von der Fauldauer ab: Bei kurzen Verweilzeiten in den Biogasanlagen von wenigen Tagen werden nur die leicht abbaubaren Stoffe versäuert und methanisiert; bei langen Verweilzeiten von 20 und mehr Tagen werden auch mittel-

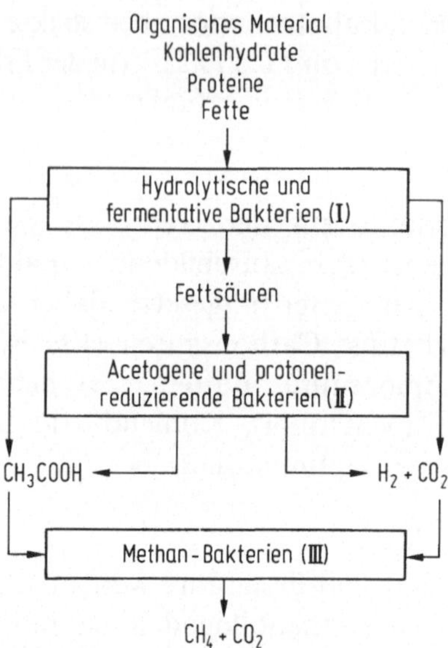

Bild 63. Abbauschema organischer Verbindungen durch anaerobe Mikroorganismen (Entnommen aus: M. Radke, H. Sahm und Ch. Wandrey in: Fortschrittliche Anwendungen der Biotechnologie. Der Bundesminister für Forschung und Technologie (Hrsg), Bonn 1989

und schwerabbaubare Stoffe angegriffen und schließlich bis zum Methan abgebaut.

Am Rande sei vermerkt, daß die hydrolytischen Bakterien erheblich größere Wachstums- und Stoffumsetzungsraten aufweisen als die relativ langsamen methanogenen Bakterien. Bei einem Überangebot von Substrat besteht daher die Gefahr, daß der Gesamtprozeß durch übermäßigen Anstieg der Konzentrationen organischer Säuren nachhaltig gestört wird.

Infolge des sehr unterschiedlichen Verhaltens der am Faulprozeß beteiligten Bakterienstämme ist die Durchführung des Biogas-Verfahrens in einstufigen Anlagen schwierig. Dennoch sind in landwirtschaftlichen Betrieben fast ausschließlich einfache, kontinuierlich arbeitende Durchflußanlagen anzutreffen, die im mesophi-

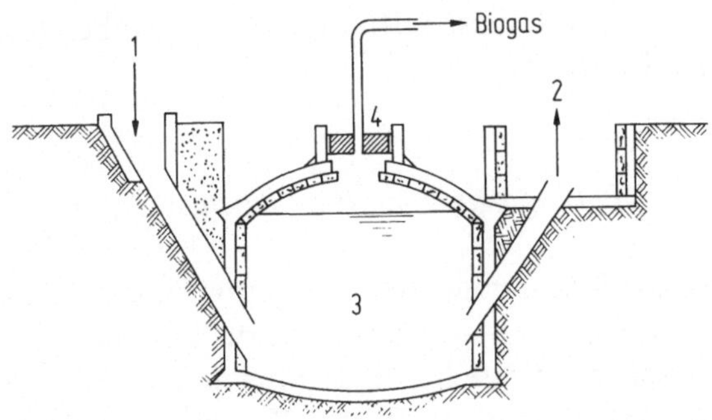

Bild 64. Einfache Biogasanlage, wie sie in Entwicklungsländern häufig anzutreffen ist. 1 Einlaufrohr, 2 Auslaufrohr, 3 Faulbehälter, 4 Mannlochdeckel mit Gasableitungsrohr. (Entnommen aus: S. M. Maishanu, A. Muse und A. S. Sambo in: Energy and the Environment, Vol. 3, 1990)

len Bereich arbeiten. (Kaltanlagen oder thermophil arbeitende Biogasanlagen haben bisher keine Bedeutung erlangen können.) In solchen einstufigen Anlagen rechnet man mit durchschnittlichen Verweilzeiten von 15 bis 30 Tagen.

Die bewährte Bauart einer einfachen Biogasanlage nach dem Durchflußverfahren, wie sie in Entwicklungsländern weit verbreitet ist und leicht vor Ort z. B. aus Beton und Betonplatten errichtet werden kann, zeigt Bild 64.

Die zur Biogaserzeugung bestimmten flüssigen bzw. mit geeigneten Flüssigkeiten (Gülle, Urin, Abwasser) vermischten festen Abfallstoffe werden durch das Einlaufrohr (1) in den (im Erdboden eingebauten) Faulbehälter (3) eingebracht und treten nach längerer Verweilzeit aus dem Auslaufrohr (2) wieder aus; diese Rohre sind aus PVC gefertigt. Um Schwankungen zwischen Biogasproduktion und -abnahme auszugleichen, ist ein Gasspeicher in den Faulbehälter integriert: In dessen oberen Teil sammelt sich das Gas an und bildet eine Gaskappe. Das Gasentnahmerohr ist in den Deckel (4) des Mannlochs eingelassen; durch diese Öffnung ist der Faulbehälter im Bedarfsfall begehbar.

5.1.1 Biogasanlagen für Selbstversorger

Kommunale Kläranlagen reinigen „nur“ organisch belastete Abwässer. Im Vergleich dazu kommen in der Landwirtschaft sämtliche Flüssigmistarten, verflüssigter Festmist und pflanzliche Reststoffe als Faulsubstrat in Betracht. Dung

▷ ist in seiner Zusammensetzung sehr heterogen,
▷ ist faserreich und kann Feststoffgehalte bis zu ca. 12% aufweisen,
▷ enthält hohe Anteile an schwer- oder nichtabbaubaren organischen Substanzen, z.B. Stroh,
▷ neigt beim Faulprozeß je nach Art des Substrates zur Bildung von Schwimm- und Sinkschichten.

Beim Einsatz des Biogas-Verfahrens in der Landwirtschaft von Industrieländern kommt es nicht in erster Linie auf den Abbau organischer Substanzen und deren Veredelung zu Dünger an. Im Vordergrund steht die Verminderung des penetranten Geruchs. Das anfallende Biogas als vielseitig einsetzbarer Energieträger ist ein durchaus willkommenes Nebenprodukt. Als Hauptdungarten gelten Rinder-, Schweine- und Geflügelmist; letzterer muß vor Einsatz in den Biogasanlagen mit Wasser verdünnt werden.

In Einstufen-Anlagen laufen sämtliche Faulprozesse nebeneinander in einem Behälter ab, der häufig mit einem abgeteilten Vorgärraum ausgerüstet ist. Innerhalb von vertretbaren Zeiten werden nur etwa 20 bis 40% der organischen Bestandteile abgebaut; daher sind die erzielbaren Gasausbeuten begrenzt. Vor allem das ligninreiche Stroh wird nicht ohne weiteres abgebaut. Außerdem sind auch die sonstigen Strohsubstanzen von Lignin inkrustiert und dadurch schwer angreifbar. Die Bindungen müssen zuerst durch mechanische, chemische oder biologische Vorbehandlung gelöst werden, bevor annehmbare Gasausbeuten erreicht werden können.

Um zu vergleichbaren Aussagen über die Ausbeuten in Biogasanlagen zu kommen, wurde die „Großvieheinheit" GV (500 kg Lebendgewicht) eingeführt. Mit einwandfrei arbeitenden Biogasanlagen werden bei Einsatz von frischem Dung als durchschnittliche Ausbeuten an Biogas erzielt:

$$1{,}5\ \mathrm{m^3/GV \times Tag}$$

bzw.

$$0{,}3\ \mathrm{m^3/kg}\ \text{zugeführter Trockenmasse}$$

Unter günstigen Bedingungen können bis zu 0,6 m^3/kg organische Trockenmasse erzielt werden. Minderausbeuten sind im wesentlichen auf zu lange Verweilzeiten des Mists im Stall zurückzuführen, wobei der Abbau bereits (ungenutzt) stattfindet, sowie auf „Schadstoffe" im Mist, die die Tätigkeit von Bakterien hemmen, z. B. Medikamente und Desinfektionsmittel. Als durchschnittliche Brutto-Biogasausbeuten kann man die in Tabelle 20 aufgeführten Werte ansetzen.

Dung läßt sich nur bedingt lagern und muß daher entsprechend dem Anfall kontinuierlich den Biogasanlagen zugeführt werden. Die Zusammensetzung von Biogas schwankt in Abhängigkeit vom Faulsubstrat, ist aber auch von der Bauart der Anlage und deren Betriebsweise abhängig. Als guter Mittelwert gilt:

Methan ca. 65%
CO_2 ca. 35%
Schwefelwasserstoff ca. 0,4%
Heizwert/m^3 = 6,5 kWh (!)

Tabelle 20. Durchschnittliche Brutto-Biogasausbeuten

1 Großvieheinheit (GV) 500 kg Lebendgewicht	Anzahl Tiere	brutto $m^3/GV \cdot Tag$	netto $\varnothing\, m^3/GV \cdot Tag$
Rind	1	1,5	1
Mastschwein	9 Mastplätze	1,8	1
Zuchtschwein	2 + Ferkel	1,8	1
Legehennen	150	2,0	1,5
Gasausbeute pro 1 kg zugeführte organische Masse		$0{,}3\ m^3/kg$	$0{,}2\ m^3/kg$

Aus: E. Dohne, gwf-gas/erdgas *124*, 389 (1983).

Zum Vergleich sei angeführt, daß der Heizwert von Erdgas bei etwa 8,8 kWh/m^3 liegt.

Für jedes Bauelement einer Biogasanlage gibt es heute eine Reihe von z.T. seit Jahren bewährten Lösungen, wobei sich als Werkstoffe Beton, Stahl und Kunststoffe eignen. Dennoch hat die Biogasgewinnung bis heute nur sehr zögernd Eingang in den landwirtschaftlichen Betrieben der Bundesrepublik gefunden; im Jahre 1988 waren nur etwa 80 Anlagen in Betrieb. Einer der Gründe dürfte der relativ hohe Anschaffungspreis sein.

Damit der Faulprozeß in den einfachen, vorwiegend nach dem Durchflußprinzip arbeitenden Anlagen störungsfrei abläuft, darf es zu keinen Verstopfungen kommen; die Ausbildung von Schwimm- und Sinkschichten muß daher verhindert werden. Festmist kann zu erheblichen Schwierigkeiten führen, zumal hauptsächlich Langstroh in die Ställe eingestreut wird; das Material muß daher vor Einsatz in einer Vorgrube zerkleinert und homogenisiert werden. Um mit wenig Beheizungsenergie auszukommen, soll der Dung auf dem Wege vom Stall zur Biogasanlage nicht abkühlen, und die Anlagen selbst müssen gut isoliert und frostsicher sein. Während des Prozesses muß das Substrat gut durchmischt werden,

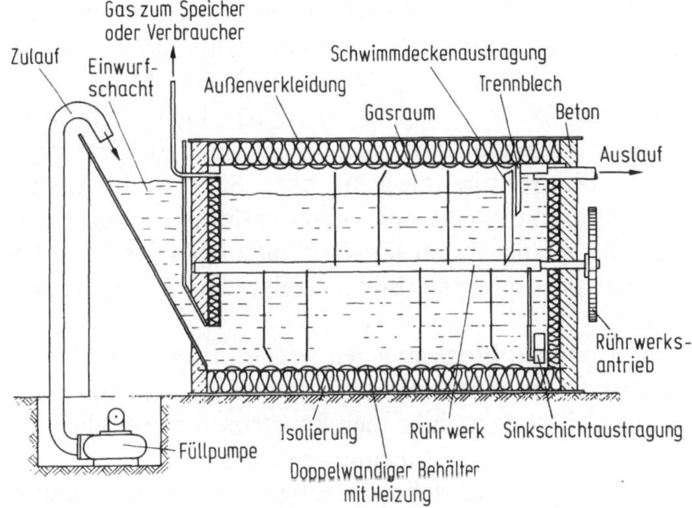

Bild 65. Funktionsschema der liegenden LIPP-Biogasanlage. (Entnommen aus: Fortschritte beim Biogas, KTBL-Schrift 285, Münster-Hiltrup 1983)

damit keine Temperaturunterschiede auftreten. Zugleich werden dabei die Bakterien immer wieder mit frischer, abzubauender Substanz in Berührung gebracht. Die Biogasanlagen werden sowohl in liegender wie auch stehender Bauweise ausgeführt.

Als Beispiel für ein Aggregat in liegender Bauweise soll die LIPP-Biogasanlage dienen (siehe Bild 65).

Anfallender Mist und Gülle werden vom Stall automatisch in die Biogasanlage gepumpt. Durch einen Einwurftrichter können zusätzlich noch Stroh, Festmist und geeignete organische Abfälle aus Küche und Garten zugeführt werden. Im Gärbehälter fault das Substrat bei einer konstanten Temperatur von ca. 33 °C. Das zur Beheizung notwendige Warmwasser wird unter Verbrennung eines Teils des erzeugten Biogases gewonnen und durch den Heizmantel des Gärbehälters gepumpt. Der Prozeß selbst läuft vollautomatisch ab. Frisches Substrat wird von der Rührwelle erfaßt und in den Gärbehälter eingezogen. Dieses sehr langsam laufende Rührwerk sorgt für die notwendige Durchmischung des Substrates und den Weitertransport der Sinkschicht. Sämtliche aufschwimmenden bzw. sich absetzenden Stoffe werden durch die Schwimmdecken- bzw. Sinkschicht-Austragung automatisch aus der Anlage entfernt; die ausgefaulte Gülle gelangt durch ein Überlaufrohr in den Lagerbehälter. Das folgende Bild 66 zeigt eine LIPP-Biogasanlage.

Einfache Biogasanlagen werden nach dem Durchflußsystem auch in stehender Bauweise ausgeführt; das Schema einer der zahlreichen konstruktiven Möglichkeiten für vertikale Ausführung zeigt Bild 67.

In den beschriebenen Biogasanlagen fällt kontinuierlich Gas an, das jedoch nur selten auch kontinuierlich im landwirtschaftlichen Betrieb verwendet werden kann. So ergibt sich die Notwendigkeit, einen Puffer zu schaffen, d.h. Biogas zu speichern. Für eine von der Anlage abgesetzte Gasspeicherung eignen sich die in der Gastechnik üblichen Sammeleinrichtungen, deren Anschaffungskosten jedoch recht hoch sind.

Für die Lagerung von Biogas werden oft sog. Folienspeicher verwendet, d.h. im Prinzip große Säcke aus gasdichten Folien, die mit Biogas aufgeblasen werden; den erforderlichen Druck erzeugt ein Gebläse. Solche Gasspeicher sind zwar relativ kostengünstig, andererseits aber empfindlich gegen mechanische Beschädigungen, Witterungseinflüsse und auch Insektenfraß. Daher empfiehlt es sich, solche Gasspeicher nicht ungeschützt im Freien zu lagern; eine Möglichkeit zum Schutz besteht darin, sie in leichten Stahlbehältern unterzubringen (siehe Bild 68).

Die einfachste und zugleich wirtschaftlichste Verwertung von Biogas auf dem Bauernhof ist die Wohnraumheizung oder die Warmwasserbereitung. In diesem

Bild 66

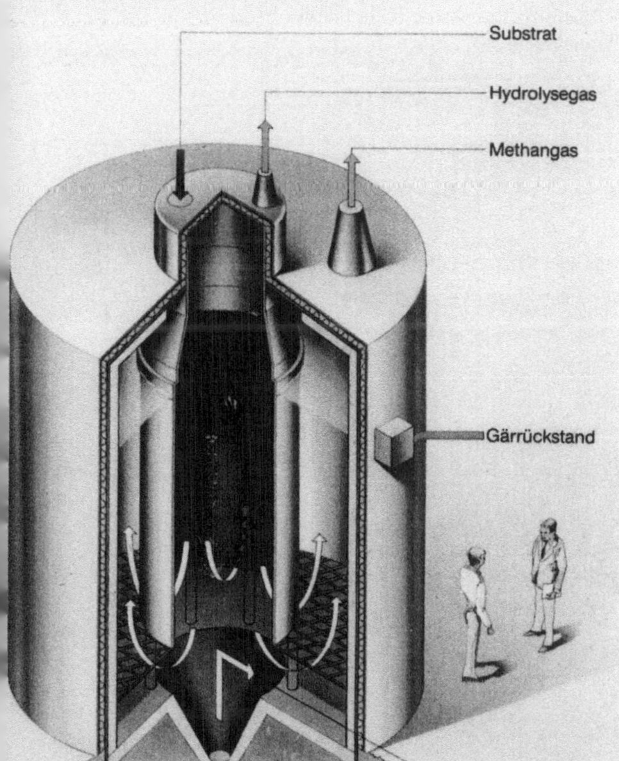

Bild 69

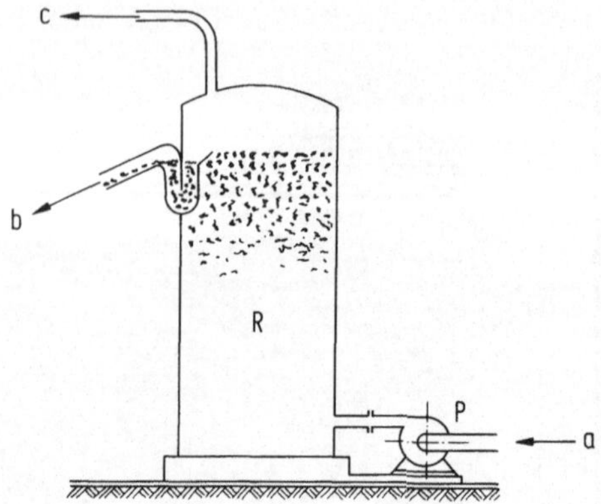

Bild 67. Schema einer Biogasanlage in vertikaler Ausführung. P Pumpe, R Faulbehälter, a Gülle usw., b Ablauf der ausgefaulten Gülle, c Biogas

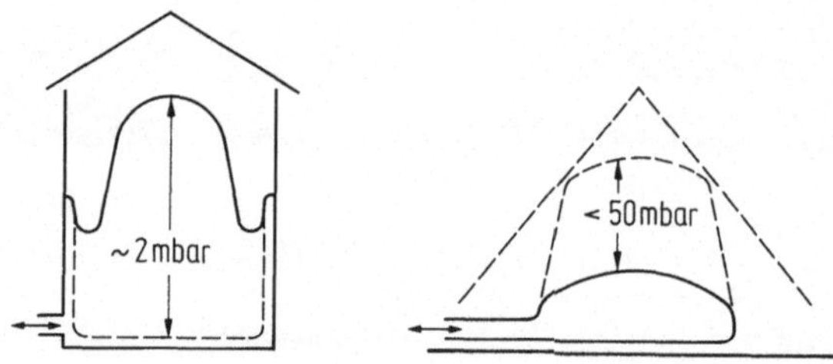

Bild 68. Schema von Foliengasspeichern

Bild 66. Lipp-Biogasanlage (Mit freundlicher Genehmigung der Firma Lipp GmbH, Tannhausen)

Bild 69. MBB – Zweiphasen-Anaerob-Fermenter. (Mit freundlicher Genehmigung der Firma MBB Energie- und Industrietechnik, München)

Fall ist es nicht notwendig, das Gas zu entschwefeln. In den meisten übrigen Fällen muß jedoch der im Gas enthaltene Schwefelwasserstoff durch Gasreinigung entfernt werden: Einmal wirkt H_2S korrosiv, ferner ist es selbst sehr giftig und bildet bei seiner Verbrennung giftiges, stechend riechendes Schwefeldioxid. Soll z.B. Biogas zum Betreiben der bei der Jungtieraufzucht üblichen Infrarotstrahler Verwendung finden, so ist entschwefeltes Gas nötig, da sonst die SO_2-haltigen Abgase direkt in den Stall gelangen. Ähnliches gilt für seine Verwendung in Gaskochherden.

Sorgfältig gereinigtes und getrocknetes Biogas kann auch zur Stromerzeugung genutzt werden; vorteilhaft ist dabei eine Kraft-Wärme-Nutzung. Robuste Aggregate mit hoher Lebensdauer sind auf dem Markt zu haben, doch ihre Anschaffungskosten sind hoch. Nur in Ausnahmefällen, z.B. in Betrieben mit hohem Eigenbedarf, sind sie wirtschaftlich. Entschwefeltes Biogas kann auch auf 200 bar Druck komprimiert, in Druckflaschen gelagert, und in dieser Form in Motoren mit Fremdzündung verfahren werden; so ließe sich z.B. der Sommerüberschuß (wenn kein Bedarf für Heizung von Wohnräumen besteht) in Biogasschleppern nutzen. Bei den derzeitigen Preisen für flüssige Treibstoffe ist dieser Weg jedoch nicht wirtschaftlich, zumal die Investitionen für die notwendigen Einrichtungen zur Gasreinigung, Komprimierung und Abfüllung in Stahlflaschen beträchtlich sind.

In der Regel wird es sicherlich nicht empfehlenswert sein, an einen landwirtschaftlichen Betrieb eine „kleine chemische Fabrik" anzugliedern; dieser Weg kann sich nur in Ausnahmefällen, etwa in Großbetrieben lohnen. Wirtschaftlichkeit könnte auch durch Zusammenschluß mehrerer Höfe erreicht werden; so könnte das Gas aus mehreren Biogasanlagen zu einer zentralen Aufarbeitungsanlage geleitet und von hier aus verteilt werden. Ebenso ist eine zentrale Biogasanlage mit allen erforderlichen Nebenanlagen denkbar, in der die „Rohstoffe“ aus mehreren Betrieben zentral verarbeitet werden. Ob auf diesem Wege ein wirtschaftlicher Beitrag zur Entlastung unserer Umwelt geleistet werden kann, hängt entscheidend von der weiteren Entwicklung der Energiepreise und von der künftigen Agrar- und Umweltpolitik der EG ab. Modelle hierfür werden erprobt.

Auch die Landwirtschaft muß ihren Beitrag zur Sanierung und Erhaltung unserer Umwelt leisten. Ich möchte an dieser Stelle E. U. von Weizsäcker zitieren („Erdpolitik“ S. 101):

> „Umweltprobleme wurden seitens der deutschen Landwirtschaftsvertreter lange Zeit weitgehend geleugnet. Anders als in England, Dänemark, Holland und sogar Italien hielt sich in der deutschen Agrarpolitik bis etwa Mitte der achtziger Jahre die Vorstellung, daß die Landwirtschaft als solche der Natur nicht abträglich sei, solange sie nur „ordnungsgemäß“ durchgeführt werde. ... Der Sachverständigenrat für Umweltfragen (SRU) kam 1973 zu der Überzeugung, er solle sich mit den Umweltproblemen der Landwirtschaft beschäftigen. Sein Mitglied und späterer Vorsitzender Prof. Wolfgang Haber koordinierte diese Arbeit und erstellte ein umfassendes Sondergutachten „Umweltprobleme in der Landwirtschaft“. Diese monumentale Studie zeigt in sachlicher Sprache, wie die moderne Landwirtschaft zu einem der größten Gefahrenherde für die Umwelt geworden ist“.

Sicherlich ist die Lösung des Gülle- und Mist-Problems in den üblichen bäuerlichen Betrieben nur eine Nebensache, in den großen Massentierhaltungs-„Fabriken“ ist es aber – wie noch berichtet wird – zu einem schwerwiegenden Faktor geworden.

5.1.2 Industrielle Erzeugung

Im industriellen Bereich der Verarbeitung von Biomassen, so in Zuckerfabriken, Brennereien, Brauereien und Hefefabriken, Betrieben der Lebensmittelindustrie, in Molkereien, Schlachthöfen, Konserven- oder Stärkefabriken, Betrieben für Massentierhaltung, Tierkörperverwertungsanstalten usw. fallen die großen Mengen organischer Rest- und Abfallprodukte meist in Form hochbelasteter Abwässer an. Gerade dieser Verdünnungsgrad macht deren Aufarbeitung so schwierig. Ein aussichtsreicher Weg ist die Entsorgung über Biogasanlagen, die jedoch angesichts der großen Mengen anders konzipiert sein müssen als die kleinen Biogasanlagen für Bauernhöfe, Metzgereien usw.

Ein Beispiel hierfür bietet die MBB-Biogasanlage, deren entscheidendes Merkmal das integrierte Zweiphasen-System ist, bei dem die Hydrolyse-Phase und die Methanisierungs-Phase in getrennten Faulräumen ablaufen. Herzstück der Anlage ist der MBB-Zweiphasen-Fermenter (siehe Bild 69).

Deutlich ist der innere Faulraum für die Hydrolyse- und Versäuerungs-Phase mit dem Einlauf für Substrat und das Abführen des Hydrolysegases zu erkennen; hier werden die nicht gelösten, wertlosen Gase (CO_2 und H_2S) aus dem Fermenter abgeleitet und zur Entfernung von H_2S über ein sog. Biofilter entsorgt. Das Substrat bewegt sich dabei von oben nach unten, tritt dann in die Methanisierungsstufe ein und bewegt sich hier nach oben. Aus der zweiten Stufe wird ein wertvolles Gasgemisch entnommen, das bis zu 80% Methan, bis zu etwa 20% Kohlendioxid und kaum noch Schwefelwasserstoff enthält. Der Gärrückstand aus der zweiten Stufe, der aus Mikroorganismen, Mineralstoffen und nicht abgebauten organischen Stoffen besteht, wird – wo dies möglich ist – zu Dünger und Bodenverbesserern weiterverarbeitet.

Die Ansicht einer Gülleentsorgungs-Großanlage in Holland zeigt Bild 70.

Diese erste industrielle Gülleentsorgungs-Anlage in Europa ist für eine Jahresverarbeitungskapazität von 1,2 Mio. m^3 Schweinegülle mit einem durchschnittlichen Trockensubstanz-Gehalt von 14% vorgesehen. Die erste Ausbau-Stufe für 100000 m^3/a ist in Betrieb genommen. Herzstück dieser Anlage sind zwei anaerobe MBB-Fermenter mit einem Volumen von je 1250 m^3; ihre Höhe beträgt ca. 14 m, ihr Durchmesser ca. 11 m. Bei Vollast fallen täglich 2600 bis 2800 m^3 Biogas mit einem Methan-Gehalt von 65 bis 75% an. Antibiotika und andere Hemmstoffe in der Gülle können die Leistungsfähigkeit der Bakterien einschränken. Der aus den Fermentern ablaufende Gärrückstand wird anschließend von Feststoff-Anteilen befreit, die zu Trockendünger weiterverarbeitet werden; der Flüssiganteil wird in einer Kläranlage aerob nachbehandelt und das geklärte Abwasser in den Vorfluter abgeleitet.

5.2 Die Mülldeponie – ein Biogasfeld?

Bei der Verrottung organischer Abfälle in Mülldeponien entsteht Faulgas, in diesem Fall „Deponiegas“ genannt. Die derzeit in den alten Ländern der Bundesrepublik jährlich anfallende Menge Hausmüll beläuft sich auf 31 Mio. t, die sich im Durchschnitt folgendermaßen zusammensetzen (siehe Tabelle 21),

Der weitaus größte Teil des Hausmülls wird in Deponien gelagert; den Hauptanteil haben Küchen- und Gartenabfälle. Da der eingelagerte Müll mit Spezialmaschinen verdichtet wird, um das Deponievolumen möglichst gut zu nutzen, gelangt fast kein Sauerstoff (Luft) zu den inneren Müllschichten. Dort werden nun anaerobe Bakterien wirksam und besorgen die Umwandlung or-

Tabelle 21. Durchschnittliche Zusammensetzung von Hausmüll

46%	Küchenabfälle
16%	Papier und Pappe
10%	Asche, Sand u. ä.
9%	Glas
5%	Kunststoffe (davon 0,7% PVC)
5%	Textilien, Windeln u. ä.
3%	Metalle
6%	Sonstiges
100%	

ganischer Substanz in Methan und Kohlendioxid. In den riesigen Müllbergen unserer Gesellschaft sind beträchtliche Energiemengen enthalten, von denen zumindest ein Teil gewonnen werden kann. In Deponien fällt das ganze Jahr hindurch Deponiegas in relativ gleichmäßigen Mengen an, die sich innerhalb von 10 bis 20 Jahren auf etwa 200 bis 300 m^3 pro Tonne Müll belaufen und einem Heizwert von etwa 100 l Heizöl entsprechen. Diese Energie reicht für die Stromerzeugung aus, gegebenenfalls auch für den Betrieb von Blockheizkraftwerken [1] unter gleichzeitiger Wärmenutzung, wenn die Entfernung zu den Wärmeverbrauchern nicht allzu groß ist.

[1] Blockheizkraftwerke (BHKW) sind kleine Kraftwerke, die anstelle von Dampfkessel und Dampfturbine mit einem Verbrennungsmotor als Antriebsaggregat für den Generator arbeiten, der für den Betrieb u. a. mit Biogas, Deponiegas oder Faulgas (aus den Faultürmen von Kläranlagen) geeignet ist. Die Abwärme im Motorenabgas sowie im Kühlwasser wird für Beheizungszwecke im Nahbereich eingesetzt. Durch die vorteilhafte Verwertung der Abwärme erreichen sie sehr hohe Wirkungsgrade (80 bis 90%).

Bild 70. Groß-Gülleentsorgungs-Anlage in Helmond, Niederlande. (Mit freundlicher Genehmigung der MBB Energie- und Industrietechnik, München)

Strom aus Müll

In erster Linie ist die Erfassung von Deponiegas notwendig, weil Methan zu den besonders klimawirksamen Spurengasen gehört; aus der Sicht des Umweltschutzes wäre sie sogar zwingend erforderlich, selbst wenn das Gas nicht genutzt und lediglich abgefackelt würde. Zur Gasgewinnung wird die Deponie angebohrt und das Gas mit perforierten Rohren aus Kunststoff abgeführt. Bild 71 zeigt einen „Gasbrunnen".

Die Gasbrunnen sind untereinander mit Leitungen für die Energieversorgung des Kraftwerkes verbunden.

Ein Beispiel für ein Blockheizkraftwerk bietet die 10 MW-Deponiegasanlage in Berlin-Wannsee zur Nutzung der ehemaligen Mülldeponie Wannsee, wo rund 11 Mio. m^3 Müll und Abfälle lagern (siehe Bild 72).

Aus (insgesamt 135) Gasbrunnen (B) wird das 20 bis 45 °C warme Gas der Deponie (A) abgesaugt. Es sind 15 bis 25 m lange, mit Schlitzen versehene Kunststoffrohre, die an 6 Sammelleitungen angeschlossen sind und zur Pumpstation (C) führen. Das Gas besteht aus ca. 55% Methan, 40% Kohlendioxid und 5% Stickstoff, enthält daneben aber noch Spuren giftiger bzw. karzinogener Substanzen. Bevor es zur Verbrennung geht, wird es in einer Gasreinigungsanlage von solchen unerwünschten Begleitstoffen befreit. Die energetische Nutzung des Gases erfolgt in drei turboaufgeladenen 16-Zylinder-Gasmotoren, die jeweils direkt mit 10-kV-Hochspannungsgeneratoren einer maximalen Leistung von je 1,5 MW gekoppelt sind. Die nutzbare Abwärme aus den Motoren von insgesamt 6,5 MW fällt je zur Hälfte im Kühlwasser bzw. Motorenöl, zur anderen Hälfte im

---

Bild 71. Gasbrunnen. Mülldeponie Wangen – Obermooweiler, Landkreis Ravensburg (Werksfoto: EVS)

Bild 73. Deponie-Kraftanlage Eberstadt, Landkreis Heilbronn. 16-Zylinder turbogeladener Gas-Ottomotor 430 kW/380 V, Verbrauch 310 m^3/h Deponiegas. (Werkfoto: EVS)

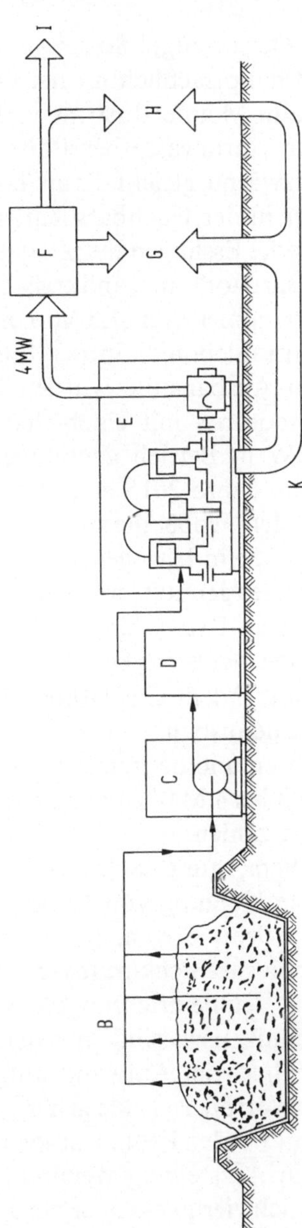

Bild 72. Deponiegasanlage in Berlin-Wannsee

Motorenabgas an. Der erzeugte Strom geht ins öffentliche Netz und wird hauptsächlich im neben dem Kraftwerk gelegenen Hahn-Meitner-Institut verbraucht. Die Abwärme dient zur Warmwasserbereitung und wird in dieser Form als Heizwärme gleichfalls an das Institut und weitere Verbraucher in der Nachbarschaft abgegeben.

Die Neckarwerke Esslingen nutzen das Deponiegas aus der Deponie „Burghof" im Landkreis Ludwigsburg, die mit einem Lagervolumen von 11,5 Mio. m^3 Auffüllgut zu den größten Zentraldeponien in der Bundesrepublik zählt. In der ersten Ausbaustufe wurden 1985 zwei 6-Zylinder Gas-Ottomotoren mit einer elektrischen Leistung von je 345 kW in Betrieb genommen. Nach der Planung soll bis zum Jahre 2015 eine Fläche von etwa 36 ha aufgefüllt werden, wobei die mittlere Schichtdicke dieses Müllberges ca. 55 m betragen wird – Deponiegas wird hier noch lange genutzt werden können! Das Kraftwerk ist nach dem Baukastenprinzip erstellt; seine Kapazität kann ohne Schwierigkeiten dem steigenden und später wieder sinkendem Gasaufkommen angepaßt werden. Bis zum Endausbau soll es schrittweise auf 8 Aggregate anwachsen und dann mit einer voraussichtlichen Leistung von 3 bis 4 MW zu den größten Anlagen dieser Art in Europa zählen.

Die Energie-Versorgung Schwaben AG (EVS), Stuttgart, hat für die Nutzung von Deponiegas zusammen mit Herstellern von Stromaggregaten ein neues Konzept für Deponiegas-Blockkraftwerke entwickelt: Verbrennungsmotor, Kühleinrichtungen, erforderliche Meß- und Regeltechnik usw. sind in einem Container untergebracht, der ohne viel Aufwand aufgestellt und, wenn die Deponiegasvorräte zu Ende gehen, zur nächsten Deponie transportiert werden kann. Ein solches Kraftpaket kann man durch Aufstellung weiterer „Container-Kraftwerke" ohne Schwierigkeiten ergänzen. Die Leistung einer Containereinheit liegt zwischen 210 und

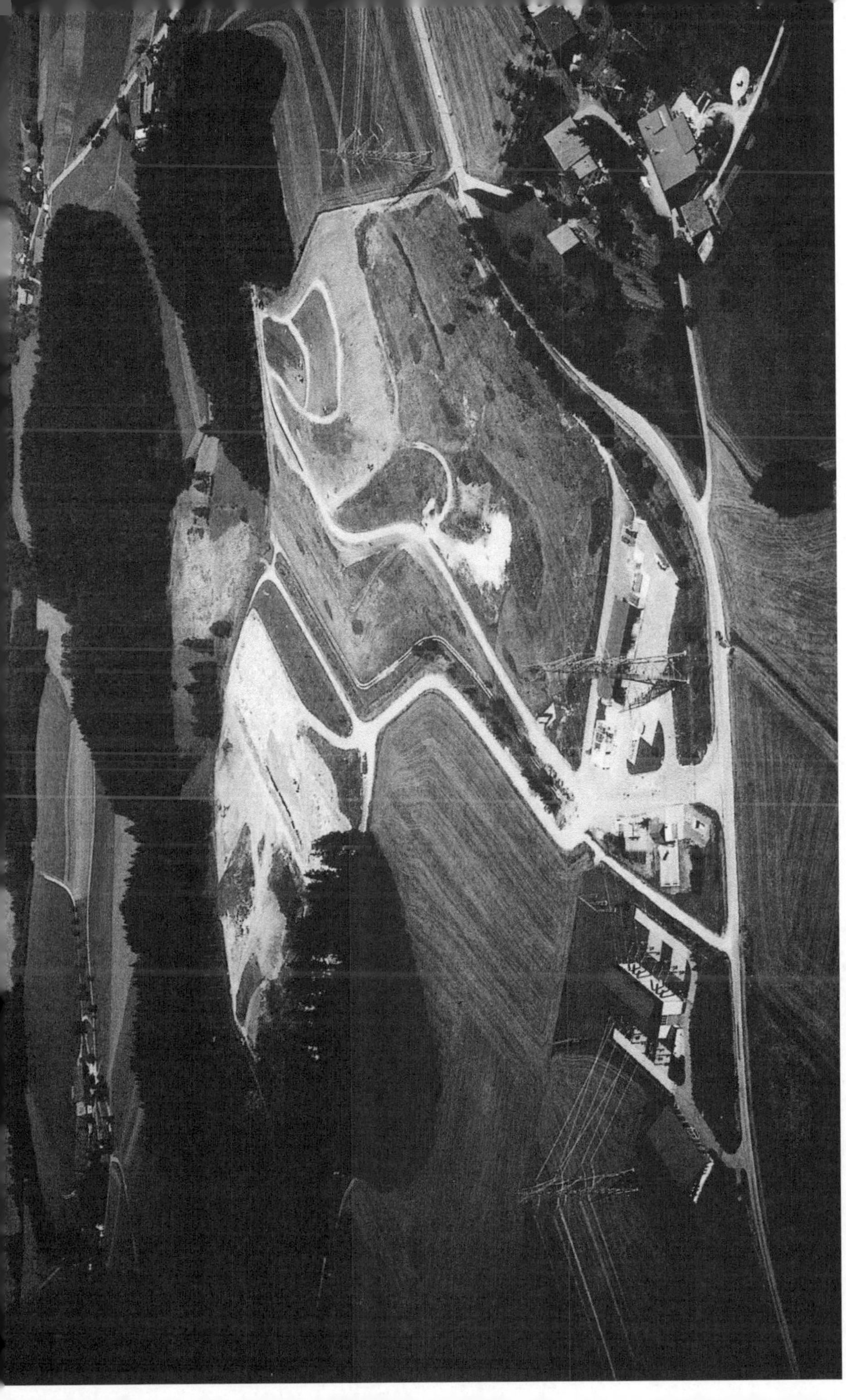

450 kW. Eine Einheit mit 210 kW Leistung erzeugt jährlich Strom zur Versorgung von rund 400 Haushalten. Die EVS betrieb 1989 bereits 10 Aggregate an verschiedenen Standorten mit einer Gesamtleistung von mehr als 3 MW und will bis Mitte der neunziger Jahre insgesamt über 30 solcher Kraftwerke mit einer Gesamtkapazität von 9 MW verfügen. Ein Blockkraftwerk dieses Typs zeigt Bild 73.

Die Gesamtansicht der 9 ha großen Mülldeponie Wangen-Obermooweiler des Landkreises Ravensburg und das hier von EVS betriebene Blockkraftwerk zeigt Bild 74.

An dieser Stelle sei noch angefügt, daß sich mit der heutigen Technik nur etwa 30 bis 40 % des in der Deponie gebildeten Gases gewinnen lassen.

Solche Container-Kraftwerke eignen sich natürlich auch zur Energieversorgung in Entwicklungsländern und könnten Biogas aus den bereits besprochenen Fermentern beziehen. Voraussetzung ist allerdings eine sorgfältige Gasreinigung, um die Motoren vor Korrosion durch schädliche Begleitstoffe ($H_2S \rightarrow SO_2$) zu schützen.

5.3 Holz- und anderes Gas

Bei der Pyrolyse, d. h. thermischen Zersetzung von Holz unter Luftabschluß, entstehen brennbare Gase, mit denen die Retorten der Holzverkohlungswerke beheizt werden; der Rückstand ist die begehrte Holzkohle. Im Gegensatz zu dieser Entgasung steht die Holzvergasung, bei der die gesamte organische Masse mit Vergasungsmitteln (Luft bzw. Sauerstoff, Wasserdampf) zu Heizgas bzw. Synthe-

Bild 74. Gesamtansicht der 9 ha großen Mülldeponie Wangen – Obermooweiler des Landkreises Ravensburg mit Blockkraftanlage (265 kW) (Werkfoto: EVS)

segas umgesetzt wird. Im Prinzip lassen sich dazu die gleichen Apparaturen verwenden, wie sie für die Vergasung von Kohle eingesetzt werden, wobei Kohlenstoff mit Sauerstoff in einer exothermen (d.h. wärmeliefernden) Reaktion Kohlenoxid bildet:

$$2C + O_2 \rightleftharpoons 2CO$$

während die Umsetzung mit Wasserdampf nach

$$C + H_2O \rightleftharpoons CO + H_2$$

eine endotherme Reaktion ist; zu ihrer Durchführung muß also Energie hineingesteckt werden, meist in Form von autothermer Vergasung.

Die gleichzeitige Vergasung von Biomasse mit Sauerstoff und Wasserdampf kann so gelenkt werden, daß unmittelbar Synthesegas für die Methanolsynthese mit der Zusammensetzung ($2H_2 + CO$) entsteht, das katalytisch unter Druck zu Alkohol umgesetzt werden kann:

$$CO + 2H_2 \xrightarrow{\text{Katalysator}} CH_3OH$$

Auch dieses Verfahren ist von mir ausführlich behandelt[1].

So sind, ausgehend von Holz, die beiden einfachsten Alkohole Methanol und Ethanol auf ganz unterschiedlichen Wegen zugänglich (siehe Bild 75).

Bei der Holzvergasung wird im Prinzip der gesamte organisch gebundene Kohlenstoff in Methanol umgewandelt (sieht man einmal von den geringen Mengen Teer ab, die als Nebenprodukt anfallen). Ganz anders sieht es bei der Bioethanolgewinnung durch Holzverzuckerung aus: Hierbei wird nur die Cellulose (etwa die Hälfte der Holzsubstanz) zu vergärbarer Glucose abgebaut, die

[1] siehe dazu D. Osteroth, „Von der Kohle zur Biomasse", Berlin, Heidelberg, New York, 1989, S. 103f.

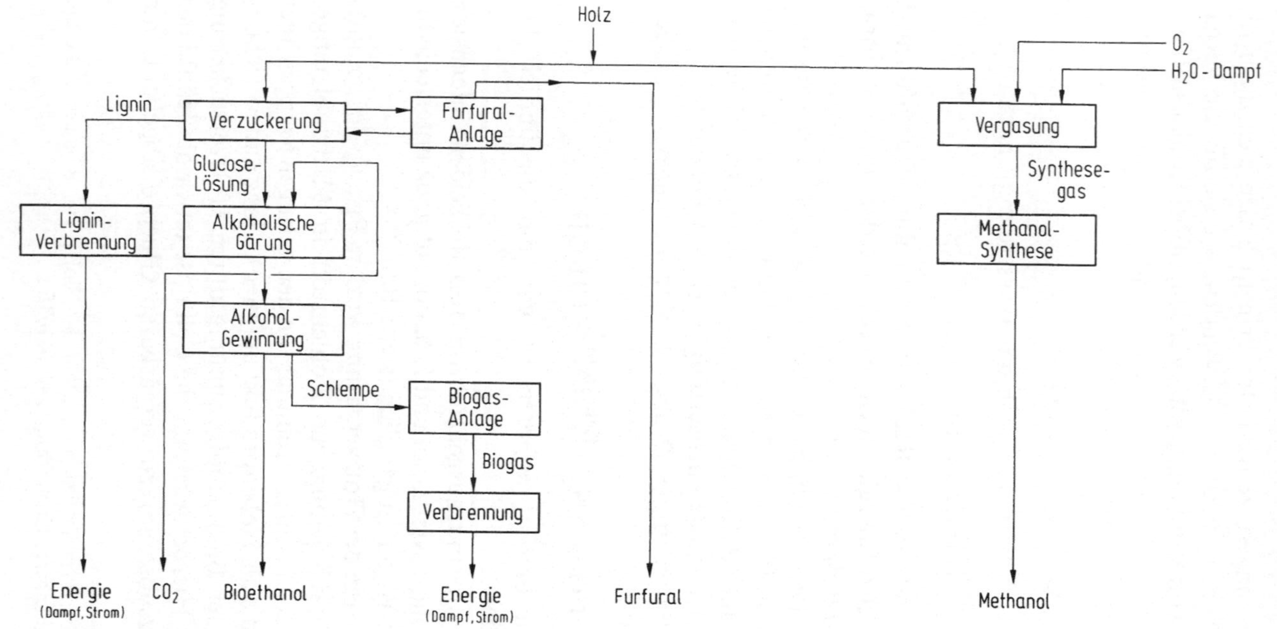

Bild 75. Gewinnung von Bioethanol und Methanol aus Holz

wiederum zu 2/3 in Alkohol und zu 1/3 in wertloses CO_2 umgewandelt wird. Lignin (etwa 25 % der Holzsubstanz) kann beim derzeitigen Stand der Technik hauptsächlich nur als Energielieferant unter den Dampfkesseln der Fabrik verbrannt werden, und die restlichen Hemicellulosen liefern schließlich in unbefriedigenden Ausbeuten Furfural. Die Schlempe kann als Viehfutter genutzt oder in Biogas umgewandelt werden. Schließlich kann die Gärung so gelenkt werden, daß sog. Futterhefe, ein eiweißreiches Viehfutter, als Hauptprodukt anfällt – ein Weg, der die Eiweißlücke in der Ernährung der Weltbevölkerung schließen könnte.

Die Methanolsynthese ist insgesamt endotherm. Ähnlich wie bei der Kohlevergasung läßt sich die Abwärme des Hochtemperatur-(HTT)-Reaktors auch zur Vergasung von Biomasse einsetzen, und anstelle einer Kombination von Kohle und Kernenergie wäre auch eine Kombination aus Biomasse und Kernenergie denkbar [2].

Verbrennung von Biomasse (Holz): An der Australian National University wurde ein Dampferzeuger entwickelt, der zur Befeuerung mit Sägemehl und Holzschalen (von Kokosnüssen) vorgesehen ist und z. B. zum Betreiben von Dampfturbinen für die Stromerzeugung in Sägewerken geeignet ist. Das Prinzip dieses Dampferzeugers für Leistungen zwischen 132 und 166 kW zeigt Bild 76.

In der ersten Stufe der Anlage (A) erfolgt die Vergasung des Brennstoffes mit Primärluft (a); die zurückbleibende Asche fällt in den Sammelraum (B). Das gebildete Gas wird in der zweiten Stufe (C) mit Sekundärluft (b) verbrannt; die heißen Verbrennungsgase strömen

---

[1] siehe dazu D. Osteroth, „Von der Kohle zur Biomasse", Berlin, Heidelberg, New York, S. 44f. bzw. 99f.

[2] siehe dazu D. Osteroth, „Von der Kohle zur Biomasse", Berlin, Heidelberg, New York, 1989, S. 124, 125.

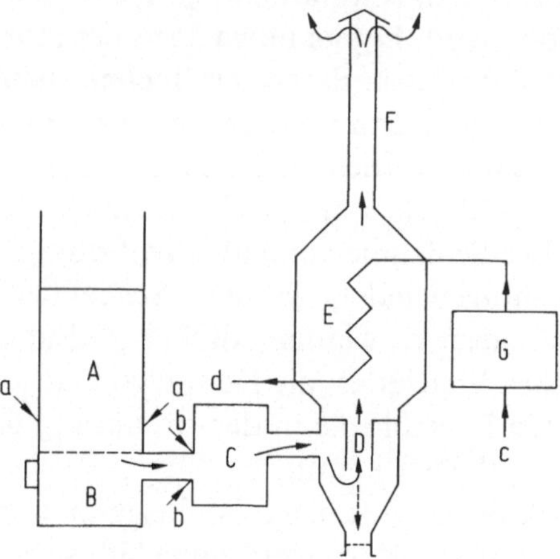

Bild 76. Dampferzeuger für die Nutzung von fester Biomasse (Holz)

durch einen Zyklon (D, dient zum Abscheiden von mitgerissenen Ascheteilchen) in den Dampferzeuger (E) und entweichen schließlich durch den Kamin (F). Speisewasser (c) wird von der Speisepumpe (G) in das System gefördert und in Betriebsdampf (d) umgeformt.

Im Rahmen einer Studie „Energetische Nutzung von Biomasse", die von der Landwirtschaftskammer und dem Verband der E-Werke in Auftrag gegeben war, macht A. Schmidt vom Universitätsinstitut für Verfahrenstechnik, Wien, folgenden Vorschlag: In etwa 5 Jahren wird es in Österreich auf 120000 ha Ackerland keine Nahrungsmittelproduktion mehr geben; würden auf dieser freiwerdenden Fläche schnellwachsende „Energiewälder" angepflanzt, so ließe sich der Phytomasseanteil an der heimischen Energie von heute 10 auf 18% im Jahre 2005 steigern. Allerdings besteht erheblicher Nachholbedarf bei der Technologie der Holzverbrennung, die nach seiner Meinung neunzig Jahre Rückstand aufholen muß!

5.4 Kann Biogas das Erdgas ersetzen?

Die Gewinnung großer Mengen Synthesegas aus Phytomasse ist technisch ohne weiteres möglich; geeignete Großvergaser stehen zur Verfügung. Hier stellt sich jedoch die Frage: Ist dieser Weg wirtschaftlich vertretbar?

Methanol gehört zu den mengenmäßig bedeutendsten petrochemischen Produkten; im Jahre 1986 lagen die Kapazitäten weltweit bei über 21 Mio. t/a. Rohstoffe für die Synthesegasherstellung sind Erdölfraktionen wie Naphtha (bis zum Siedepunkt von ca. 200 °C), sowie Erdgas und Kohle. Im nahen Osten bestanden Pläne, jährlich aus 50 Mrd. Nm^3 [1] „Fackelgas", das auf den Ölfeldern ausbläst, „vor Ort" 50 Mio. t Methanol (hauptsächlich für den Export) zu produzieren. Trotz der erwähnten Nachteile des Methanols als Treibstoff wird seit Jahren die Entwicklung des „Methanol-Autos" vorangetrieben (was im Nahen Osten nicht übersehen wurde). Zudem besteht hier ohnehin der Trend, neben Erdöl in steigenden Mengen auch Erdölprodukte wie Methanol und Polyethylen (wichtiger Kunststoff) aus eigenen Anlagen zu exportieren.

Rezente und fossile Rohstoffe haben theoretisch dieselbe Produktpalette: synthetische Alkohole (Methanol, Ethanol), Kunststoffe und Synthesefasern sind Konkurrenzerzeugnisse, mit denen sie sich auf dem Markt messen müssen. Moderne Anlagen für die Methanolsynthese weisen Kapazitäten von jährlich 1 Mio. (und mehr) t auf, für deren Herstellung täglich 5000 t Steinkohle vergast werden müssen. Wollte man die Gewinnung von Synthesegas auf der Basis von Holz durchführen, so müßten für eine Produktion von nur 1000 t Methanol/Tag 2500 t atro Holz eingesetzt werden, pro

[1] Normkubikmeter.

Jahr 825000 t atro, für deren Gewinnung etwa 80000 ha Plantagenfläche erforderlich wären. Angesichts der bestehenden riesigen Methanolkapazitäten in der ganzen Welt und der zunehmenden Methanolproduktion in den Erdölförderländern sowie des enormen Flächenbedarfs (im Plantagenanbau) kann davon ausgegangen werden, daß in Westeuropa eine solche Produktion keine wirtschaftliche Alternative ist. In Brasilien wurde dagegen über eine Methanolproduktion auf der Basis Holz nachgedacht, doch zunächst ist der Zug in Richtung „Bioethanol aus Zuckerrohr" abgefahren.

Eines der Schlüsselprodukte der heutigen organisch-technischen Großchemie ist Ethylen, daneben weitere niedere Olefine wie Propylen und Butene, die gleichfalls aus fossilen Rohstoffen hergestellt werden. Moderne Anlagen weisen jährliche Kapazitäten von 750000 t Ethylen und 450000 t Propylen auf. Diese wichtigen Grundstoffe für petrochemische Synthesen sind auch aus Methanol durch katalytische Dehydratation zugänglich, z.B. Ethylen:

$$2\,CH_3OH \xrightarrow{\text{Katalysator}} CH_2{=}CH_2 + 2\,H_2O$$

Geeignete Verfahren wurden von Mobil, von der BASF und von Hoechst ausgearbeitet. Hier bietet sich zwar ein Weg zu Treibstoffen und Ethylen über kohlestämmiges Methanol an, nicht jedoch für Methanol aus Biomasse.

Durch katalytische Wasserabspaltung aus Ethanol ist gleichfalls Ethylen produzierbar; dieser Weg wurde in früheren Jahrzehnten bei uns sogar technisch beschritten:

$$C_2H_5OH \xrightarrow[400\,^{\circ}C]{Al_2O_3\text{-Katalysator}} CH_2{=}CH_2 + H_2O$$

Die Ansicht einer älteren Anlage zur Gewinnung von Ethylen aus Ethanol zeigt Bild 77.

In Brasilien war beabsichtigt, auf der Basis von Bioethanol auch Ethylen und weitere Produkte, die

üblicherweise auf petrochemischem Wege gewonnen werden, herzustellen. Diese Pläne sind zunächst zurückgestellt.

5.5 Gülle reduziert Stickoxide

In den alten und neuen Bundesländern fallen jährlich insgesamt 340 Mio. t Gülle an, von denen drei Viertel aus der Rinderhaltung stammen. Zwischen 10 und 20% dieser Menge, d.h. etwa 50 Mio. t, können nicht mehr als Dünger in der Landwirtschaft genutzt werden: Um der Gefahr der Überdüngung und Verseuchung des Grundwassers zu begegnen, haben bereits einige Bundesländer geregelt, wann und in welcher Menge Gülle auf die Felder ausgebracht werden darf.

Umweltverträgliche Güllenutzung ist über Biogasgewinnung zu erreichen; eine andere Verwertungsmöglichkeit bietet die Umwandlung in Biodünger. Kürzlich wurde eine neue Entsorgungsmöglichkeit bekannt, die gleich zwei Umweltprobleme zu lösen vermag:

▷ Umweltverträgliche Gülleentsorgung.

▷ Minderung der Stickoxid-(NO_x)-Emissionen aus kleinen und mittleren Wärmekraftwerken.

Die heute übliche Methode zur „Entstickung" von Wärmekraftwerken, d.h. zur Minderung der NO_x-Emissionen in den Rauchgasen, besteht darin, die Stickoxide katalytisch mit Ammoniak (NH_3) zu Stickstoff und Wasser(dampf) umzusetzen. Diese Umsetzung erfolgt bei Rauchgastemperaturen von etwa 400 °C; man erreicht eine NO_x-Reduzierung um rund 90%.

Gülle enthält Ammoniak! Die neue nichtkatalytische Methode besteht darin, Gülle direkt in die 750–900 °C

Bild 77. Bio-Ethylen-Anlage. (Mit freundlicher Genehmigung der Starcosa GmbH, Braunschweig)

heiße Flamme in den Kraftwerkskesseln einzusprühen. Die Wärmeleistung wird dabei etwas vermindert, denn das in Gülle enthaltene Wasser muß ja verdampft werden. Diese Methode ist allerdings nicht so effektiv wie die zuvor beschriebene, denn die für Kraftwerkskessel mit Feuerungswärme-Leistungen von mehr als 300 MW vorgeschriebenen NO_x-Werte von weniger als 200 mg/m^3 Rauchgas lassen sich nicht erreichen. Für Kessel mit weniger Wärmeleistung sind aber Werte bis zu max. 400 mg/m^3 zulässig, die mit der neuen Methode eingehalten werden.

Nach Schätzungen des Bundesministeriums für Forschung und Technologie (BMFT) ließen sich so rund 20 Mio t Gülle pro Jahr in rund 5500 Anlagen umweltverträglich entsorgen. Der bei der Gülleverbrennung entstehende Staub aus in Gülle enthaltenen Feststoffen wie Stroh wird durch Elektrofilter zurückgehalten.

SECHSTES KAPITEL

Hat die Biomasse eine Chance?

Versuch einer kritischen Wertung

Die Diskussion über Möglichkeiten einer wesentlich verstärkten industriellen Nutzung nachwachsender Rohstoffe geht auf mehrere Ursprünge zurück; die wichtigsten sind:

- ▷ Die Ölpreisschocks in den 70er Jahren, die der Öffentlichkeit die Abhängigkeit der Weltwirtschaft vom Öl und die Endlichkeit der Ölvorräte ins Bewußtsein riefen; weltweite Beachtung fand der erste Bericht „Die Grenzen des Wachstums" des Club of Rome.
- ▷ Die befürchteten globalen Klimaveränderungen durch einen zusätzlichen Treibhauseffekt, der durch anthropogene Spurengase, in erster Linie durch CO_2 aus der Verbrennung fossiler Brennstoffe (Kohle, Erdöl, Erdgas) hervorgerufen werden könnte.
- ▷ Die Katastrophe im ukrainischen Kernkraftwerk Tschernobyl im Jahre 1986, ferner die schwerwiegenden (und lange verschwiegenen) „Störfälle" in anderen Kernkraftwerken, u.a. 1979 im Kernkraftwerk Three Mile Island – 2 bei Harrisburg (USA), verunsicherten Menschen in aller Welt und führten besonders in der Bundesrepublik zu z.T. massiver Ablehnung der Energiequelle Kernkraft als CO_2-neutrale Alternative zu den fossilen Energieträgern.

▷ Der befürchtete zusätzliche Treibhauseffekt einerseits und die durch eine nukleare Katastrophe verursachten Strahlenschäden andererseits lösten in aller Welt die Suche nach technisch nutzbaren und ökonomisch vertretbaren *alternativen Energiequellen* bzw. deren effektiverer Verwendung aus:
  - *Wasserkraft.* In der Bundesrepublik bestehen kaum noch Möglichkeiten zu wesentlichem Ausbau (Vorbilder: Österreich, Schweiz, Kanada).
  - *Sonnenenergie* über den solarthermischen Effekt und dem fotovoltaischen Effekt.
  - *Nachwachsende Rohstoffe* (Biomasse). (Vorbilder: Brasilien, mit der Gefahr, daß Nutzung zur Ausbeutung führt!).
  - *Erdwärme* (Geothermische Energie) (Vorbilder: Island, Kanaren, Italien).
  - *Gezeitenkraft* (Vorbilder: Holland, Frankreich; insgesamt bestehen auf der Erde nur wenige Möglichkeiten hierfür).

▷ Devisenknappheit in Ländern der Dritten Welt ohne nennenswerte eigene Vorkommen an fossilen Energieträgern führte zur Ausbeutung von Biomassen in großem Maßstab, besonders Holz in fast allen Ländern der Dritten Welt. Bemerkenswert sind in diesem Zusammenhang die Holzplantagen mit schnellwüchsigen Eukalyptusbäumen, um der Ausbeutung entgegenzuwirken.

▷ Die landwirtschaftliche Überproduktion im EG-Raum, dessen Nahrungsmittelmärkte übersättigt sind, führt zu Produktionseinschränkungen durch Flächenstillegungen; alternative Lösungen, die eine weitere Nutzung von bislang landwirtschaftlich eingesetzten Flächen ermöglichen würden, sind Anbau von Industriepflanzen bzw. Anlegen von Holzplantagen.

Abgesehen von der Verwertung von Wasserkraft und Kernkraft spielen die übrigen Alternativenergien in den Industrieländern eine nur ganz untergeordnete Rolle bei der Stromversorgung; in überschaubaren Zeiträumen wird ihr Anteil an der Gesamtenergieversorgung auch weiterhin nur wenig zunehmen. Der Übergang auf alternative Energieformen bedarf in allen Fällen einer sorgfältigen Technikfolgenabschätzung. So müßten für die Nutzung von Windenergie ganze Küstenregionen umgestaltet werden, was wiederum zu klimatischen Veränderungen führen könnte.

Die Deckung des Energiebedarfs von Industrie, Gewerbe und Haushalten erfolgt in den Industrieländern im wesentlichen durch fossile Brennstoffe und Kernkraft; charakteristisch für die Versorgungsstruktur sind zentrale Großkraftwerke und ein flächendeckendes Verteilersystem (in das die großen Wasserkraftwerke gleichfalls eingebunden sind). Diese langsam gewachsenen Strukturen ließen sich selbst dann nicht in überschaubaren Zeiträumen ändern, wenn geeignete neue Technologien zur Verfügung stünden – ganz abgesehen von finanziellen und räumlichen Notwendigkeiten. Folgende Maßnahmen werden auch weiterhin fühlbar zur Reduzierung der CO_2-Emissionen aus Verbrennung fossiler Energieträger beitragen:

- ▷ Erhöhung des thermischen Wirkungsgrades von Kraftwerken (z. B. durch „Kombikraftwerke“, d. h. eine Kombination aus Gasturbine und herkömmlichem Kraftwerk); das senkt den Brennstoffverbrauch pro kWh (weniger CO_2-Emission).
- ▷ Energieeinsparungen durch Maschinen und Geräte in Industrie, Gewerbe und Haushalten sowie bessere Wärmeisolierung von Gebäuden und höheres Verantwortungsbewußtsein der Bürger.

▷ Entwicklung von Motoren für Kraftfahrzeuge mit noch weiter verringertem Brennstoffverbrauch pro km (verkehrspolitische Maßnahmen könnten dabei flankierende Unterstützung geben).

Die Reihe der „weiteren Maßnahmen" zur Verringerung des CO_2-Ausstoßes läßt sich beliebig fortsetzen: Für die Nutzung nachwachsender Rohstoffe als Treibstoffe für den heimischen Markt erscheint mir die Verwendung von Rüböl (und Sonnenblumenöl) bzw. der entsprechenden Methylester in Dieselmotoren, die in erster Linie in Nutzfahrzeugen und Traktoren von landwirtschaftlichen Betrieben eingesetzt sind (d. h. beim Rapsölerzeuger ihren Dienst versehen), besonders interessant; Modelle, die in Österreich erprobt werden, habe ich vorgestellt.

Aus zahlreichen Deponien entweicht über Jahrzehnte hinweg laufend Methan, das durch anaerobe Zersetzung insbesondere von Küchen- und Gartenabfällen gebildet wird und ein sehr effektives klimarelevantes Spurengas ist; sein Eintritt in die Atmosphäre muß daher, soweit das technisch möglich ist, unterbunden werden. Sein Einsatz in Blockheizkraftwerken ist zwar in erster Linie ein Beitrag zum Umweltschutz, zugleich aber auch ein Beispiel für die sinnvolle Verwendung von „Abfall aus Abfall", einer künstlichen alternativen Energiequelle.

Eine herausragende Aufgabe für die Industrieländer besteht darin, beim Aufbau von Industrie und Wirtschaft *in der Dritten Welt* mit Rat und Tat zu helfen, solche Umweltschäden und globale Umweltbedrohungen tunlichst zu vermeiden, die von den traditionellen Technologien ausgehen und uns nun langsam bekannt sein dürften. Zweifellos entstehen dadurch beträchtliche Mehrkosten; durch gezielte Entwicklungshilfe muß von den Industrieländern ein Teil dieser Kosten übernommen sowie das notwendige know-how zur Verfügung gestellt werden – wohlverstanden: Auch im eigenen Interesse, denn wir alle sitzen im „Raumschiff Erde“, das bewohnbar zu halten die Pflicht der gesamten Erdbevölkerung ist.

Projekte zur Herstellung von Bioalkohol aus Rübenzucker, Kartoffeln, Weizen oder Mais, gekoppelt mit moderner Biogaserzeugung, wie sie u. a. in der Bundesrepublik durchgeführt werden, können sicherlich zur Entlastung der heimischen Landwirtschaft beitragen – sie erscheinen mir jedoch in erster Linie deshalb so interessant, weil modernste Technologie zur Nutzung von Biomasse entwickelt und in Pilotanlagen technisch erprobt wird, die später in großem Umfang in Entwicklungsländern zur Anwendung kommen könnte (die moderne Technologie zur Erzeugung von Bioalkohol, die in Brasilien Anwendung findet, wurde zu einem erheblichen Teil in der Bundesrepublik entwickelt). Das gilt in gleichem Maße auch für die Holzverzuckerung, die in der UdSSR durchgeführt wird, und der vielleicht Bedeutung zukommen könnte, wenn an die Nutzung der riesigen Holzreserven z. B. in Kanada gedacht wird (selbstverständlich mit planmäßiger Forstwirtschaft, nicht durch Raubbau). Blockkraftwerke, wie sie bei uns z. B. zur Nutzung von Deponiegas in Betrieb sind, könnten für die dezentrale Energieversorgung in Entwicklungsländern auf der Basis von Biogas betrieben werden und in Dörfern weit entfernt von zentralen Energieversorgungseinrichtungen einen wesentlichen Beitrag zur raschen Hebung des dortigen Lebensstandards und zur Verbesserung der hygienischen Verhältnisse (Beseitigung von Fäkalien) leisten.

Die Nutzung von Biomasse ist nur eine der technischen Möglichkeiten zur Umsetzung von Sonnenenergie, deren entscheidende Nachteile ihre geringe Energiedichte und der dadurch bedingte enorme Flächenbedarf sowie ein Leistungsverlust von 50 % durch den Wechsel von Tag und Nacht sind. Hinzu kommen noch die derzeit schlechten Wirkungsgrade der Konverter (z. B. etwa 10 % bei

Tabelle 22. Solare Kenndaten (gerundet)

Region	Mittlere jährliche Einstrahlung in KWh/m^2	Mittlere jährliche Strahlungsleistung in W/m^2	Jährliche Sonnenscheindauer in Stunden
Wüstengürtel der Erde	2200	210–250	rd. 3000
Äquatornahe Zone	1700	180–210	
Subtropische Regionen	1400	130–180	>2000
Mitteleuropa	1100	80–130	rd. 1500
Deutschland	rd. 1000	rd. 115	rd. 1600

Entnommen aus: J. Grawe, Neue Techniken der Energiegewinnung, Stuttgart 1987.

Solarzellen; der Wirkungsgrad beim fotochemischen Assimilationsprozeß der Pflanzen liegt sogar bei nur etwa 1%). Die abgerundeten solaren Kenndaten weist Tabelle 22 aus.

Ein Wirkungsgrad von 10% besagt, daß nur 10% der pro Flächeneinheit einfallenden Sonnenenergie tatsächlich auch umgeformt werden können.

Die bei einer land- und forstwirtschaftlichen Großproduktion für industrielle Verwertung von Biomasse auftretenden Probleme sind zu einem erheblichen Teil noch nicht gelöst. Beispiele sind die von großflächigen Monokulturen ausgehenden Gefahren oder die nachhaltige forstwirtschaftliche Nutzung von tropischen Regenwäldern. Die Problematik ist komplex: Die Menschen in der Dritten Welt werden auch weiterhin Urwälder durch Brandrodungen oder zur Gewinnung von Brennholz vernichten und wertvolles Tropenholz hauptsächlich für den Export schlagen. Es wäre töricht zu glauben, die

Wälder durch Verbote retten und die Menschen von der Ausbeutung des Reichtums ihrer Wälder abhalten zu können. Hier gilt es, neue Wege zu einer umweltverträglichen nachhaltigen Nutzung aufzufinden, die den Einwohnern angemessenes Einkommen ermöglicht und zugleich die lebensnotwendige „CO_2-Senke" erhält.

Zum industriellen Einsatz nachwachsender Rohstoffe sind bei uns naturgemäß weit verbreitete Intensivfeldfrüchte vorgesehen, in erster Linie Zuckerrüben, Kartoffeln, Weizen, Mais und Raps. Rüben und Kartoffeln gehören zu den Nutzpflanzen mit relativ geringen Ernterückständen, sind daher Humuszehrer und verringern auf Dauer die Bodenfruchtbarkeit. Im Gegensatz dazu sind Raps und Winterweizen mit ihren wesentlich größeren Mengen an Ernterückständen Humuserhalter. Schwertransporter auf feuchtem Boden während der Erntezeit (z.B. im Zuckerrübenanbau) können zusätzliche Bodenschäden durch Bodenverdichtung verursachen, die sich besonders intensiv auswirken, wenn sie mit Humusabbau zusammenfallen. Geringere Gefahren für den Boden gehen vom Raps aus. Bodenerosionen werden in erster Linie vom Standort bestimmt, etwa von der Geländeform (Hanglage), Auftreten von erosiv wirkenden Starkregen, von der Bodenbedeckung durch lebende und tote Pflanzen oder von den Windverhältnissen usw; die Belastungen des Grundwassers dagegen sind zum erheblichen Teil von den Anbaumethoden und von den Feldfrüchten selbst bedingt, weiter auch vom Zeitpunkt der Bodenbearbeitung sowie des Aufbringens von Abfallstoffen aus der Tierproduktion (Nitrat).

Diese kurzen Ausführungen, die keinen Anspruch auf Vollständigkeit erheben, sollen lediglich darauf aufmerksam machen, daß sich negative Beeinflussungen der Bodenfruchtbarkeit und der Beschaffenheit von Grund- (und auch Oberflächen-)wasser als Technikfolgen einstellen können, und dies insbesondere dann, wenn Intensivfeldfrüchte angebaut werden. (Bei Rapsanbau sind keine entsprechenden signifikanten Auswirkungen zu erwarten.)

Hier zeigt sich ein grundlegendes Dilemma der großflächigen Produktion nachwachsender Rohstoffe für industrielle Verwertung: Jede Intensivierung der Produktion führt in der Regel zu vermehrten Belastungen von Boden und Grundwasser durch Einsatz von Agrarchemikalien, durch Vergrößerung der Anbauflächen durch Zusammenlegen und damit verbundener Zerstörung ökologischer Nischen. Durch das (verständliche) Streben der Landwirte nach höchstmöglichen Ernteerträgen könnte solchen möglichen Schädigungen noch Vorschub geleistet werden. Auch reichen die meist rein empirischen Erfahrungen nicht mehr aus: Langfristige Forschungsarbeiten und Feldversuche müssen erst eine wissenschaftliche Basis für die erforderlichen Fruchtfolgen und Anbautechnologien schaffen, um mit gutem Gewissen zu den angestrebten Strukturänderungen in der Landwirtschaft schreiten zu können und die Umweltverträglichkeit des Industriepflanzenbaus sicherzustellen. Hier muß Neuland erschlossen werden.

Demgegenüber sind vom Anbau schnellwachsender Holzarten (Pappeln, Weiden, Erlen usw.) weniger Umweltschäden zu erwarten – vorausgesetzt, daß nicht auch hier mit großem Einsatz von Düngemitteln und Pestiziden höhere Hektarerträge angestrebt werden: Bei „Holzacker-Intensiv-Monokulturen“ muß von vornherein solchen Gefahren begegnet werden. Daneben wird das fremde Aussehen solcher neuartigen Holzplantagen, die kaum noch Gemeinsamkeiten mit den Wäldern aufweisen, wie wir sie kennen und lieben, zur Frage nach der Akzeptanz solcher Holzplantagen führen.

Insgesamt wirft der Anbau von Industriepflanzen zahlreiche Fragen auf, die von Seiten der Wissenschaft und der Agrartechnik noch nicht im vollen Umfang beantwortet werden können. Außerdem darf man nicht aus den Augen verlieren, daß bei einem vergrößerten Markt für Industriepflanzenprodukte auch Konkurrenz aus anderen Erzeugerländern auf den Markt drängen wird, und schließlich müssen sich diese Produkte auch dem Wettbewerb mit petrochemischen Vor- und Zwischenprodukten stellen.

Eine große Zukunft steht der Biotechnologie bevor; als Kohlenstoff-Quellen für die Mikroorganismen werden nachwachsende Rohstoffe verwendet. Glucoselösungen, wie sie durch Holzhydrolyse oder enzymatische Verzuckerung von Stärke erhalten werden, sind geeignete Substrate.

Vom Standpunkt des Chemikers gesehen, erscheint es widersinnig, natürliche Makromoleküle wie Stärke oder Cellulose zu niedermolekularen Produkten abzubauen, aus denen dann mit großem Aufwand erneut hochmolekulare wie Kunststoffe synthetisiert werden. Ein solcher Weg ist beispielsweise der Abbau von Stärke oder Cellulose zu Bioalkohol, aus dem durch Abspalten von Wasser Ethylen erzeugt wird, das in hochmolekulares Polyethylen umgewandelt wird. Die mit Sonnenenergie aufgebauten hochmolekularen Stoffe sollten möglichst weitgehend in ihrer natürlichen Struktur erhalten bleiben und lediglich durch chemisches Modifizieren ihrer Eigenschaften „maßgeschneidert“ den jeweiligen Anwendungszwecken angepaßt werden. Das ist durchaus möglich: Die Herstellung von halbsynthetischen Fasern wie Zellwolle und Zellseide aus Cellulose bieten Beispiele hierfür. An der Verbesserung der so gewonnenen Textilfasern, die seit vielen Jahren im Schatten von erdölstämmigen Textilfasern (mit hervorragenden textilen Eigenschaften!) stehen, wird intensiv gearbeitet; auch auf diesem Gebiet gehört eine österreichische Firma, die Lenzing AG, zu den führenden Herstellern.

Dem Anbau von Flachs (Lein) und weiterer Naturfasern sollte weit größere Beachtung geschenkt werden als es heute geschieht. Die im Vergleich zu Synthesefasern unterschiedlichen textilen Eigenschaften solcher Naturfasern sowie auch deren unterschiedliche Verarbeitbarkeit sollten für Modeschöpfer und Designer eine Herausforderung sein, ihre Kreativität an den „neuen alten" textilen Ausgangsmaterialien zu erproben.

Ein schwieriges Problem sind die bei Verarbeitung von nachwachsenden Rohstoffen anfallenden großen Mengen von oft sogar nicht lagerfähigen Abfallprodukten; erinnert sei an die Schlempe bei der Bioalkoholproduktion. Weiter muß auch die Wirtschaftlichkeit der Biomassenutzung wesentlich erhöht werden; wirtschaftliche Verwertung von Lignocellulosen im ganz großen Maßstab ist erst dann gegeben, wenn auch die Hemicellulosen sowie Lignin genutzt werden können, die ja ca. 50 % der Trockensubstanz bei Holz ausmachen. Den Idealvorstellungen der Techniker entspricht z. B. weitgehend die Kokospalme: Aus dem Fruchtfleisch wird Öl gepreßt; der Rückstand, das Schrot, dient als Viehfutter. Die Holzschalen der „Kokosnüsse" dienen als Brennmaterial oder werden in Synthesegas umgewandelt, das in Methanol übergeführt wird. Aus Kokosöl und Methanol wird durch Umesterung „Biodiesel" gewonnen; das als Nebenprodukt anfallende Glycerin dient als Ausgangsmaterial z. B. für Lackrohstoffe, Kunstharze, Kosmetika und pharmazeutische Produkte. Läßt die Ertragsfähigkeit der Kokospalmen nach, so wird das Holz der gefällten Palme (als Bauholz ungeeignet) als Brennmaterial verwertet oder in den Synthesegas-Generatoren eingesetzt. Die außen an den Früchten sitzenden Fasern lassen sich zu textilen Produkten (Matten usw.) verarbeiten oder aber auch als technische Fasern benutzen.

Diese wenigen Beispiele, stellvertretend für eine Fülle weiterer Projekte, mögen zeigen, daß wir hier erst am Anfang der Entwicklung stehen. Ehe jedoch die nachwachsenden Rohstoffe in noch viel stärkerem Maße als heute Grundstoffe für die chemische Industrie werden können, gilt es, eine grundsätzliche Schwierigkeit zu überwinden: Nachwachsende Rohstoffe sind nicht einheitlich zusammengesetzt. So weisen z. B. natürliche Öle und Fette ein breites Fettsäurespektrum auf, aus dem die einzelnen Bestandteile nur mit großem Aufwand isoliert werden können. Wünschenswert wäre jedoch ein möglichst einheitliches Fettsäuremuster. Die Natur liefert hierfür Beispiele: So überwiegt in Olivenöl die Ölsäure bei weitem, und in Ricinusöl ist die Ricinolsäure die mengenmäßig bedeutendste Säurekomponente. Es ist zu erwarten, daß durch planmäßige konventionelle Züchtung und gentechnische Hilfe das angestrebte Ziel, eine möglichst einheitliche Zusammensetzung, erreicht werden kann und solche Produkte, wie sie die chemische Industrie fordert, die Bedeutung der nachwachsenden Rohstoffe beträchtlich steigern werden.

Wenn wir auch heute noch oft sorglos die „Segnungen der herkömmlichen Technik" in Anspruch nehmen, so tun wir dies auf Kosten der nächsten Generationen, denn die von uns geschaffenen instabilen Systeme könnten in den nächsten Jahrzehnten „umkippen". Wir verfügen über technische Möglichkeiten, um dem entgegenzuwirken. *Biomassen haben gute Chancen, zur Bewältigung der vor uns liegenden Probleme wesentliche Beiträge leisten zu können!*

Eine wichtige Voraussetzung muß aber noch geschaffen werden: *Ein neues ökonomisches Verständnis!* Umwelt kann nicht zum Nulltarif bezogen werden: Eine saubere Umwelt kostet Geld! Vor etwas mehr als einhundert Jahren wurde es unumgänglich, endlich die soziale Komponente in ökonomisches Handeln einzubauen, um den *sozialen Frieden* zu sichern. Was damals als großer Fortschritt bei der Entwicklung der modernen Industriegesellschaft gepriesen wurde, ist für uns heute eine Selbstverständlichkeit. Nun gilt es, die soziale

Marktwirtschaft um die ökologische Komponente zu erweitern, um den „*ökologischen Frieden*" zu sichern:

> *Allein eine soziale und ökologische Marktwirtschaft kann unseren Wohlstand in einer sauberen Umwelt sichern!*

Weiterführende Literatur

Schriften der Bundesregierung:

Presse und Informationsamt der Bundesregierung
- Umweltschutz im Bereich der Bundesregierung (1989)
- Was ist los mit unseren Wäldern? (1985)

Der Bundesminister für Forschung und Technologie
- Biotechnologie (1985)
- Klimaprobleme und ihre Erforschung (1987)
- Technikfolgenabschätzung (1987)
- Erneuerbare Energien (1987)
- Fortschrittliche Anwendungen der Biotechnologie (2. Auflage 1989)

Bundesministerium für Wirtschaft
- Energiebericht der Bundesregierung (1986)

Der Bundesminister für Forschung und Technologie
Der Bundesminister für Ernährung, Landwirtschaft und Forsten
- Expertenkolloquium: Nachwachsende Rohstoffe, Oktober 1986, Band 1 und 2

Agrarspectrum Schriftenreihe
Band 14: *Holz als nachwachsender Rohstoff*. Verlagsunion Agrar (1988). (Diese Schriftenreihe wird herausgegeben vom Vorstand des Dachverbandes Wissenschaftlicher Gesellschaften der Agrar-, Forst-, Ernährungs-, Veterinär- und Umweltforschung e.V.)

BASF (Hrsg): BASF-Symposium 1979. *Chemie in der Landwirtschaft*. Verlag Wissenschaft und Politik, Köln (1985)

BASF (Hrsg): *Unser Boden*. 70 Jahre Agrarforschung der BASF. Verlag Wissenschaft und Politik, Köln (1980)

Baltes J: *Gewinnung und Verarbeitung von Nahrungsfetten*. Verlag Paul Parey, Berlin und Hamburg (1975)

Crutzen PJ, Müller M (Hrsg): *Das Ende des blauen Planeten*? Der Klimakollaps: Gefahren und Auswege. Verlag CH Beck, München (1989)

Club of Rome: *Die Herausforderung des Wachstums*. Zur Lage der Menschheit am Ende des Jahrtausends. Scherz Verlag Bern, München und Wien (1990)

Dimitri L: *Bewirtschaftung schnellwachsender Baumarten im Kurzumtrieb zur Energiegewinnung.* Schriften des Forschungsinstitutes für schnellwachsende Baumarten, Hann. Münden, Band 4 (1988)

Fellenberg G: *Ökologische Probleme der Umweltbelastung.* Springer-Verlag, Berlin Heidelberg New York Tokyo (1985)

Fabian P: *Atmosphäre und Umwelt.* Springer-Verlag, Berlin Heidelberg New York London Paris Tokyo (2. Aufl. 1987)

Fester G: *Die Entwicklung der chemischen Technik.* Bis zu den Anfängen der Großchemie. Reprint der Ausgabe von 1923 (Springer), Dr. M. Sändig, Wiesbaden (1969)

Gimpel J: *Die industrielle Revolution des Mittelalters.* Artemis, Zürich München (1981)

Grawe J: *Neue Techniken der Energiegewinnung.* Bonn Aktuell, Stuttgart (1987)

Günther F: *Der Harz.* Verlag von Carl Meyer, Hannover (1888)

Hummel FC, Palz W and Grassi G (Editors): *Biomass Forestry in Europe: A Strategy for the Future.* Elsevier Applied Science, London and New York (1988)

Heiss R (Hrsg): *Lebensmitteltechnologie.* Springer, Berlin Heidelberg New York London Paris Tokyo Hongkong (1990)

Hoppe A (Hrsg): *Amazonien: Versuch einer interdisziplinären Annäherung.* Selbstverlag der Naturforschenden Gesellschaft zu Freiburg i. Br. (1990)

Henkel KGaA, Düsseldorf (Hrsg): *Fettalkohole.* Rohstoffe – Verfahren – Verwendung, Henkel Firmenschrift (2. Aufl. 1982)

Hohenstein A: *Die Theer-Fabrikation für Forstmänner und Waldbesitzer.* Druck und Verlag von Carl Gerold's Sohn, Wien (1857)

Huber J: *Unternehmen Umwelt.* S. Fischer Verlag, Frankfurt (1991)

Korte F: *Lehrbuch der ökologischen Chemie.* Thieme Stuttgart New York (1987)

Klemm F: *Geschichte der Technik.* Deutsches Museum. Rowohlt, Reinbek (1983)

Kinzelbach RK: *Ökologie – Naturschutz – Umweltschutz.* Wissenschaftliche Buchgesellschaft Darmstadt (1989)

Kuratorium für Technik und Bauwesen in der Landwirtschaft (Hrsg): *Fortschritte beim Biogas* (KTBL-Schrift 285) Landwirtschaftsverlag, Münster-Hiltrup (1983)

Kuratorium für Technik und Bauwesen in der Landwirtschaft (Hrsg): *Energie und Agrarwirtschaft* (KTBL-Schrift 320) Landwirtschaftsverlag, Münster-Hiltrup (1987)

Kühn H, Michel L: *Papier.* Katalog der Ausstellung, Deutsches Museum München (1986)

Landes DL: *Der entfesselte Prometheus.* Technologischer Wandel und industrielle Entwicklung in Westeuropa von 1750 bis zur Gegenwart, Kiepenheuer & Witsch, Köln (1973)

Lennerts L: *Ölschrote, Ölkuchen, pflanzliche Öle und Fette.* Herkunft, Gewinnung und Verwendung, Verlag Alfred Strothe, Hannover (1984)

Meadows D, Meadows D, Zahn E, Milling P: *Die Grenzen des Wachstums*. Bericht des Club of Rome zur Lage der Menschheit. Deutsche Verlags-Anstalt, Stuttgart (1972)
Ost H: *Lehrbuch der chemischen Technologie*. Jänecke, Hannover (1900)
Ost-Rassow: *Lehrbuch der chemischen Technologie*. Barth, Leipzig (1953)
Osteroth D: *Von der Kohle zur Biomasse*. Springer, Berlin Heidelberg New York London Paris Tokyo (1989)
Osteroth D (Hrsg): *Chemisch-technisches Lexikon*. Springer, Berlin Heidelberg New York (1979)
Osteroth D: *Soda, Teer und Schwefelsäure*. Der Weg zur Großchemie, Deutsches Museum München, Rowohlt, Reinbek (1985)
Olbrich H (Hrsg): *Zucker-Museum*. Zucker-Museum Berlin (1989)
Philip B, Stevens P: *Grundzüge der industriellen Chemie*. VCH Verlagsgesellschaft, Weinheim (1987)
Pestel E: *Jenseits der Grenzen des Wachstums*. Bericht an den Club of Rome, Deutsche Verlags-Anstalt, Stuttgart (1988)
Rau HM, Schulzke R, Albrecht J: *Steigerung und Sicherung der Holzproduktion durch Auswahl, Prüfung und züchterische Verbesserung geeigneten Ausgangsmaterials bei schnellwachsenden Baumarten*. Schriften des Forschungsinstitutes für schnellwachsende Baumarten, Hann. Münden, Band 5 (1988)
Raymond WF, Larvor P: *Alternative uses for agricultural surpluses*. Elsevier Applied Science, London New York (1986)
Ress FM: *Geschichte der Kokereitechnik*. Glückauf, Essen (1956)
Rieche A: *Grundriß der technischen organischen Chemie*. Hirzel, Leipzig (1956)
Rübberdt R: *Geschichte der Industrialisierung*. Wirtschaft und Gesellschaft auf dem Weg in unsere Zeit, Beck, München (1972)
Remmert H: *Naturschutz*. Springer-Verlag, Berlin Heidelberg New York London Paris Tokyo (1988)
Reitter FJ, Reichert M: *Verwertung von Biomasse*. Verlag C. F. Müller, Karlsruhe (1984)
Sayigh AAM (Editor): *Energy and the Environment*. Vol. 3, Pergamon Press (1990)
Schliephake D (Hrsg): *Nachwachsende Rohstoffe*. Holz und Stroh – Natürliche Öle und Fette – Alkohole für Kraftstoffe, Kordt, Bochum (1986)
Schwenke KD: *Eiweißquellen der Zukunft*. Urania-Verlag, Leipzig Jena Berlin (1985)
Schütt P, Koch W, Blaschke H, Lang J, Schuck HJ, Summerer H: *So stirbt der Wald*. Schadbilder und Krankheitsverlauf, BLV Verlagsgesellschaft, München Wien Zürich (2. Aufl. 1983)
Schönwiese C-D, Diekmann B: *Der Treibhauseffekt*. Der Mensch ändert das Klima, Rowohlt, Reinbek (1989)
Schönwiese C-D: *Klimaschwankungen*. Springer-Verlag Berlin Heidelberg New York (1979)

Steger U: *Umweltmanagement*. FAZ – Gabler (1988)
Schaefer H (Hrsg): *Folgen der Zivilisation*. Therapie oder Untergang? Umschau Verlag, Frankfurt am Main (1974)
Schultze H (Hrsg): *Umwelt-Report*. Unser verschmutzter Planet, Umschau-Verlag Frankfurt am Main (1972)
VDI Berichte 794: *Energie aus nachwachsenden Rohstoffen und organischen Reststoffen*. Tagung Darmstadt, 8. März 1990, VDI Verlag, Düsseldorf (1990)
Walden P: *Drei Jahrtausende Chemie*. Limpert, Berlin (1944)
Weissermel K, Arpe H-J: *Industrielle organische Chemie*. Bedeutende Vor- und Zwischenprodukte, Verlag Chemie, Weinheim (1988)
Weinitschke H: *Naturschutz* gestern, heute, morgen, Urania-Verlag, Leipzig Jena Berlin (1980)
v. Weizsäcker EU: *Erdpolitik*. Ökologische Realpolitik an der Schwelle zum Jahrhundert der Umwelt, Wissenschaftliche Buchgesellschaft, Darmstadt (1989)
Wiedenroth E-M: *Das grüne Kraftwerk*. Die Primärproduktivität der Erde, Urania-Verlag, Leipzig Jena Berlin (1981)
Weck J: *Die Wälder der Erde*. Springer-Verlag Berlin Göttingen Heidelberg (1957)

Springer-Verlag und Umwelt

Als internationaler wissenschaftlicher Verlag sind wir uns unserer besonderen Verpflichtung der Umwelt gegenüber bewußt und beziehen umweltorientierte Grundsätze in Unternehmensentscheidungen mit ein.

Von unseren Geschäftspartnern (Druckereien, Papierfabriken, Verpakkungsherstellern usw.) verlangen wir, daß sie sowohl beim Herstellungsprozeß selbst als auch beim Einsatz der zur Verwendung kommenden Materialien ökologische Gesichtspunkte berücksichtigen.

Das für dieses Buch verwendete Papier ist aus chlorfrei bzw. chlorarm hergestelltem Zellstoff gefertigt und im ph-Wert neutral.